ZANGAO DE SIYANG
XUNLIAN YU ZHANLAN

藏獒

的饲养训练与展览

肖冠华 李海军 编著

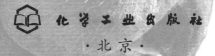

化学工业出版社

·北京·

图书在版编目（CIP）数据

藏獒的饲养训练与展览/肖冠华，李海军编著．—北京：化学工业出版社，2016.2
ISBN 978-7-122-25783-3

Ⅰ．①藏… Ⅱ．①肖…②李… Ⅲ．①犬-驯养
Ⅳ．①S829.2

中国版本图书馆 CIP 数据核字（2015）第 288998 号

责任编辑：邵桂林　　　　　　　文字编辑：焦欣渝
责任校对：王　静　　　　　　　装帧设计：孙远博

出版发行：化学工业出版社（北京市东城区青年湖南街 13 号　邮政编码 100011）
印　　装：北京云浩印刷有限责任公司
850mm×1168mm　1/32　印张 12　字数 322 千字
2016 年 3 月北京第 1 版第 1 次印刷

购书咨询：010-64518888（传真：010-64519686）　售后服务：010-64518899
网　　址：http://www.cip.com.cn
凡购买本书，如有缺损质量问题，本社销售中心负责调换。

定　价：45.00 元　　　　　　　　　　版权所有　违者必究

前　言

西藏是犬生存的天堂，在广阔的西藏由于民族习俗，勤劳善良的藏族牧民从不擅杀犬。犬是人类忠实的朋友，它们世世代代在没有暖床、没有接产医、没有营养师来调剂生活的日子里，披着厚厚的被毛，警惕地巡视在广阔的高原上。

西藏犬之多堪称世界之最，但是藏獒在青藏地区现今可称千里挑一。人们把一切关于忠诚、勇敢、忍耐、强大等溢美之词毫不吝惜地给了藏獒，藏獒甚至被人们称为东方神犬、国犬，可见人们对藏獒的喜爱程度。如今古老而优秀的藏獒，已经从青藏高原走向世界，越来越受到国内外人士的喜爱。

近年来，藏獒受到人们的保护和大力推广，同时得到了政府机构的重视，农业部颁布了我国最权威的《中国藏獒标准》。从事犬业及相关产业的单位和全国性唯一全犬种行业协会中国畜牧业协会犬业分会针对我国藏獒的纯种登记、血统证书发放及管理、展览展示、比赛、种犬资格认定、信息发布、行业与会员宣传推广等方面做了大量而卓有成效的工作。相关政策法规也逐步趋向完善，有关藏獒的纯种保护、品种培育、营养需要、饲养管理、疾病防治、训练和獒展等研究也越来越深入，并取得了很大成就。我国各种犬业展览会、各种协会和俱乐部等相关组织层出不穷，大家积极利用优质藏獒，宣传、推广纯种藏獒，促进我国藏獒向规范化、产业化和国际化方向发展。

但是，目前我国藏獒养殖仍然距离标准化有很大差距，仍有很多问题亟待解决。表现在没有权威的藏獒营养需要和饲养标准、纯种藏獒数量稀少、保种任务重、缺乏科学饲养管理技术、繁育不规范等。

为了推动我国藏獒养殖的进步和发展，使藏獒养殖者掌握藏獒养殖的必备知识。本书对藏獒养殖涉及的各个方面知识进行了全面的介绍，内容包括认识藏獒、獒舍与设备、营养与饲料、藏獒的繁殖、藏獒的饲养管理、藏獒的训练、藏獒的展览与比赛、藏獒的疾病防治等。特别是本书详细地介绍了养獒人士非常需要了解、掌握的藏獒训练、展览和比赛等方面的常识。

　　本书在编写过程中参考和引用了一些相关著作及论文，主要参考书目在书后已列示，在此向相关作者表示衷心的感谢。由于学识所限，书中难免会有不妥或疏漏之处，恳请广大同仁和专家不吝指教。

编著者

2016 年 1 月

目　录

第一章
认识藏獒

第一节　藏獒的品种形成

根据畜禽品种按地域分类的方法，目前将藏獒分为西藏藏獒、青海藏獒和河曲藏獒三大类型。

一、西藏藏獒

西藏藏獒分布于西藏南部、喜马拉雅山南侧和雅鲁藏布江大峡谷等地区。西藏藏獒个体高大雄壮，毛长中等，头大方正、额宽，四肢粗壮，体型较高、长，公犬最大体高达到 78 厘米，骨量充实，最大管围达到 16 厘米，但胸宽略显不足，吻较长。表现出吻长、肢长、背腰长的特点，体型更显硕大。

西藏藏獒毛色以黑背黄腹（俗称"四眼"）毛色最多，其中黑背而腹部红棕色的藏獒最为名贵。

西藏藏獒对高海拔、低氧压、多降雨的环境能适应良好。

二、青海藏獒

青海藏獒分布于青海玉树和果洛两个藏族自治州。青海藏獒嘴方短，鼻子宽大，鼻梁宽平，上嘴唇紧包下嘴唇，嘴皮厚并包得很严实，无吊嘴现象。头型方正，凹凸分明，脖粗，肌肉发达，眼睛微内陷并伴有杏红色，声音非常宏亮、低沉。胸部深而宽，后背骨骼特别宽平，尾部高度稍高于前肩，臀部饱满宽大，走路时不左右摆动，臀部随下肢动态上下运动，身体方正，强健有力，步态轻盈具有弹性，小走步昂首挺胸。颈毛发达，丰厚，呈环状分布于头颈部，颇似雄狮，被称为"狮头型"。但缺点是头额部狭窄，骨量不足，管状骨围径小，体型偏小，成年公獒平均身高 66 厘米，性格凶悍。

青海藏獒属长毛型，毛色表现较杂，有铁包金、纯黑色、狼青色、杂黄色等。即便是玉树、果洛所产"红腹四眼"（铁包金）藏獒也大部分存在头面部毛色表现较差、"四眼"色斑不清楚的问题，有人将这种毛色表现称为"暗四眼"。

在青海玉树和果洛藏族自治州，还有一种纯白色的藏獒品种，被称为"雪獒"，数量极其稀少，非常名贵。该品种被毛修长、纤细柔软，通体雪白，皮肤粉红，目睛、鼻镜粉红。

应注意将雪獒与皮肤色深、鼻镜黑色的白藏獒相区别，因为后者除毛白色外，与其他毛色藏獒没有什么区别。

在青南牧区独特的生态环境中，经千百年的繁育进化，藏獒完全适应了原产地高海拔、低氧压、强辐射、多降雨、严寒劲风的恶劣自然条件，具备了耐饥劳、抗瘟病的生存能力，成为青海独有的原生态藏獒。

三、河曲藏獒

河曲藏獒分布于甘、青、川三省交界处，即甘肃省玛曲县、青海省久治县、四川省若尔盖县，黄河首曲地区及其周围地区为中心产区。

河曲藏獒体型高大，体格粗壮，结构匀称，身躯呈长方形；头大额宽，顶骨略圆；嘴筒粗短，下唇角低垂；眼大小适中，目睛黑黄；两耳呈侧三角形垂贴于额两侧；肌颈丰满，喉皮松弛；胸宽深，背腰宽广平直，肢体前直后曲，爪掌肥大；后肢有力，飞节坚实；被毛丰厚，周毛粗长（臀、尾毛特长，头和四肢下部毛短），绒毛软密；尾大毛长，侧卷于臀上（俗称"菊花尾"）。河曲藏獒具有气质刚强、秉性悍威、性格沉稳、警惕、不惧暴力、护食、标记领地等野性尚存的气质特征和特性。就外形和气质而言，与其他品种相比，体格粗壮和气质凶威是河曲藏獒突出的特点。

河曲藏獒毛色以黑背黄腹（俗称"四眼"）为主，其他还有纯黑色、杏黄色、红棕色、纯白色、狼青色等毛色。河曲藏獒被毛为双层，有长毛型、中长毛型、短毛型三种毛型，但以短毛型为主。

河曲藏獒是藏族群众在高寒生态环境中，长期选育和保存下来的珍贵牧养大型獒种，它对青藏高原寒冷的气候、严酷的自然环境适应力强。河曲藏獒既能适应寒冷阴湿的高原气候，也能在高温暑热的天气中生存成长，表现出较强的生命力和良好的适应性。

第二节　藏獒的生物学特性

藏獒的生物学特性是指藏獒本身所具备的特有性状，包括它的器官组织、生长习性、适应性及变异性等。

一、藏獒的适应性

适应性是指生物体与环境表现相适合的现象。适应性是通过长期的自然选择，需要很长时间形成的。虽然生物对环境的适应是多种多样的，但究其根本，都是由遗传物质决定的。而遗传物质具有稳定性，它是不能随着环境条件的变化而迅速改变的。所以一个生物体有它最适合的生长环境的要求，而且这个最佳生长环境要变化最小，在它的承受范围之内，该生物体就能正常地生长发育、生存繁衍。否则，如果由于生存的环境变化过大，超出该生物体的承受范围，该生物体就表现出各种的不适应，严重的甚至可以致死。

藏獒体大而壮、头大而方、毛长而密、嘴短而粗、吻短鼻宽、颈粗有力、四肢健壮、善于奔跑，是几千年自然选择和人工选育的结果。同时也是藏獒自身对生存环境适应性的选择，因为无论是自然选择还是人工选育，最终还是要依靠自身适应性占主导地位，否则，就谈不上生存。

藏獒生存在海拔 4000 米以上青藏高原地区，那里的冬季寒冷而漫长，强辐射，低气压，空气稀薄，含氧量小，含氧量只有低海拔地区（与海平面相平）的 1/3～1/2。而藏獒具有硕大的肺脏、心脏器官，比同等体型的犬大 1/3 以上，其肺活量比其他犬种大得多，从而具备了适应低氧气候的能力，这是藏獒在奔跑速度方面优于其他犬种的主要因素之一。

藏獒一直被牧民用作护卫犬和看守犬，因此，头大嘴宽、颈粗有力、四肢健壮、力大如虎、吼声如狮的藏獒个体在与猛兽的激烈搏斗中往往会成为胜利者，震慑作用强，生存的机会就多。

藏獒是杂食性动物，但偏肉食、耐腐肉以及有食草的特点，有别于其他犬种，这与它具有纯正的原始血液、发达的腭齿和极强的消化功能是分不开的。有些坚硬的骨头，其他犬种无法嚼碎，而藏獒却对此钟爱有加，轻而易举地嚼碎。另外在耐饥渴方面，藏獒也优于其他犬种。

藏獒还具备浓密的双层被毛，较厚的被皮和发达的肌肉，能抵抗青藏高原恶寒的气候，这也是其他犬种所无法比拟的。但是，藏獒也同样适应平原、气候炎热的地区。

跟随藏族人民进行游牧生活，由于环境的不断改变，加之饥饱不均的饲喂方式，使藏獒在生理方面也有异于其他犬种。

二、藏獒的领地性

藏獒具有领地习性，就是自己占有一定范围领域，并加以保护，不让其他动物侵入。它们利用肛门腺分泌物使粪便具有特殊气味，趾间汗腺分泌的汗液和用后肢在地上抓画，作为领地记号。

藏獒的领地行为表现在不容许外人或生人、外犬和非主人家的家畜进入主人的草场、棚圈和毡房。这是藏獒几千年以来作为守卫犬所具备的最典型的品质和特性，也是守卫犬由看护庭院房舍发展的守卫性能。

三、藏獒的摄食性

藏獒属食肉目犬科动物，但经过多年的驯化，形成藏獒既能适应谷物类饲料，又能吃肉、嚼骨的杂食性特点。同时仍然保留了暴饮暴食、护食性的特点。

护食几乎是野生动物的本能，藏獒亦是如此。所以，当给藏獒投食后切忌再取回，迫不得已要取回已投喂给藏獒的食物时，最好由藏獒最信赖的主人或饲养员在召唤藏獒的过程中，转移其注意力，再设法取走食物。一般为了避免互相撕咬争食，饲喂时应坚持每犬一份，绝对不可一个食盆多犬共用。即便是同窝的藏獒幼犬，在共食中也互不相让，并恶斗一场。尤其是那些性格倔强的藏獒，有可能从此记恨在心，稍有不顺，即有一争，让主人大伤脑筋。最好的办法就是不要取回！

四、藏獒的善解人意

藏獒的生活与藏族牧民是融为一体的。藏獒善解人意，甚至能感知主人的心理和心情，喜主人所喜，忧主人所忧。藏獒也是藏族牧民生活和生产中最得力的助手。

五、藏獒的超常记忆

藏獒有超常的记忆能力，藏獒能辨识主人、熟人或生人，辨识自家的牛羊、草地边界、主人家的器械。所以，在初次接触时，切忌对藏獒冷漠、呵斥、踢、打。藏獒会当即记忆对方的声音、气味，并决定了今后对其人的态度，一旦形成，以后很难改变。显然，藏獒发达的记忆能力，也奠定了藏獒学习和积累经验，以更好地适应于生活环境的基础。

六、藏獒的嫉妒性

藏獒不能容忍其他犬种侵犯自己的任何利益，特别是对主人爱的分享。藏獒有独占主人欣赏爱意的愿望，当看到主人对其他犬种照顾有佳、抚摸关爱时，藏獒都会产生强烈的嫉妒心，有时甚至为此发动对其他犬种的攻击。

七、藏獒的忠诚性

藏獒是藏族人家的守护神、朋友，忠于主人，对主人百般温顺，对外人或生人有高度的警惕、强烈的敌意。忠诚是藏獒最典型的品种特征之一，也是藏獒最优异的特性。它会为主人捍卫草地牧场，帮主人牧马放羊、看家护院。当有外人入侵或者其他动物攻击时，藏獒都会毫不犹豫地挺身而出，为主人而战。哪怕需要牺牲性命，藏獒也不会有丝毫的犹豫。

藏獒一旦认定了一位主人，就很难更改。一旦和主人分开，藏獒就会精神不振，不思茶饭，每晚还会发出撕心裂肺的鸣叫，让人听了为之心酸。即便是将藏獒送往千里之外，它也会时刻牵挂着主人，并为了再回到主人身边而努力逃脱。

八、藏獒的社群行为

在有多只藏獒共处在同一个藏民毡房或同一饲养场时，相互之间有亲疏远近。藏獒群中多以年龄最大的母犬位居至尊，形成争斗序位或低势顺序。但在低势顺序中的位置一般又是以体能和体质、禀性强弱决定。性情凶猛、体质强健的个体多可排位在前。高序位藏獒具有优先取宠于主人、优先摄食的权利，因此，有时会引起其他藏獒强烈的妒忌，引起其他藏獒共同吠咬甚至攻击。

藏獒仍保留着其祖先共同哺育和保护幼藏獒的行为。

九、藏獒的嗅觉和听觉

据报道，藏獒对酸性物质的嗅觉灵敏度要高出人几万倍，其可以感知到分子水平。位于藏獒鼻腔表面的"嗅黏膜"有许多皱褶，面积为人的 4 倍，黏膜内大约有 2 亿多个嗅细胞，是人的 1200 倍。特别是在藏獒的嗅黏膜表面有许多绒毛，可以显著增加物质接触的面积和机会，使藏獒具有敏锐的嗅觉。藏獒对各种气味有高超的记忆力，可以轻而易举地分辨出家中的每一个成员、圈舍中的每只牛羊、家庭的每样器具。所以主人出牧后，无论走多远，藏獒也能找到自家的畜群，永远不会迷失。

藏獒的听觉也很发达。无论何时，卧息的藏獒总是把耳贴在地面。它能听到和分辨出来自 32 个不同方向的极微弱的振动声，其灵敏度是人的 16 倍。据报道，人在 6 米远听不到的声音，藏獒却可以在 25 米外清楚地听到。夜间如有狼逼近羊群，藏獒能立即察觉。恶狼即使再狡猾，也难躲过藏獒的警惕和奋起搏击。藏獒灵敏的听力，也是区分来人、辨别敌友的重要方法。藏獒能区别家庭每个成员脚步的轻重、呼吸节奏乃至心跳声音的大小和快慢。对来自主人和熟人的声音，能以安详、忠诚、欢快的动作或行为来表达自己的情感，而对外人、异声，则产生困惑、怀疑、警惕，并反映出敌视、憎恶、愤怒的心理，采取准备进攻的态势。

十、藏獒的睡眠

藏獒睡觉的时候，总是喜欢把嘴藏在两只下肢下面，这是因为藏獒的嗅觉最灵敏，要对鼻子好好地加以保护。同时也保证了鼻子时刻警惕四周的情况，以便随时作出反应。

藏獒没有较固定的睡眠时间，一天 24 小时都可以睡，有机会就睡。但比较集中的睡眠时间多在中午前后、凌晨两三点钟。每天的睡眠时间长短不一。

年老的藏獒和幼藏獒睡眠时间较长，年轻力壮的藏獒睡眠较少。

第二章
獒舍与设备

藏獒的饲养自古以来都是散养、拴系，条件好的再搭建一个简易的棚子。随着藏獒的饲养地域的逐渐扩大，尤其是进入到人口密集的城市以后，诸多限制也随之而来。同时，为了让藏獒能在饲养地更好地生活和繁殖，给藏獒创造一个舒适的环境也是非常必要的。

第一节 獒舍建设

一、獒舍的选址

藏獒舍的选址要根据藏獒的生活习性、饲养所在地的自然条件和社会条件等因素进行综合衡量而决定。具体应该考虑以下几个方面：

（一）地势地形

藏獒舍选址应选择在地势高燥、采光充足处，远离沼泽湖洼，避开山坳谷底及山谷洼地等易受洪涝威胁地段。地下水位在 2 米以下，地势在历史洪水线以上。背风向阳，避开西北方向的风口地段。场区空气流通，无涡流现象，保证空气清新。南向或南偏东向，夏天利于通风，冬天利于保温。应避开断层、滑坡、塌陷和地下泥沼地段。要求土质透气透水性强、毛细管作用弱、吸湿性和导热性小、质地均匀、抗压性强，以沙壤土类最为理想。

（二）符合卫生防疫要求，隔离条件好

场址选在远离村庄及人口稠密区，其距离视獒舍规模、粪污处理方式和能力、居民区密度、常年主风向等因素而决定，以最大限度地减少相互干扰和降低污染危害为最终目的，能远离的尽量远离。

（三）水源充足可靠

水源包括地面水、地下水和降水等。资源量和供水能力应能满足所养藏獒的总需要，且取用方便、省力，处理简便，水质良好。藏獒养殖过程中需要大量清洁饮水，棚舍和用具的清洗及消毒也都需要水。最好使用自来水，如果没有也可以在獒舍的附近打深井取地下水。要求水质要符合无公害食品饮用水质的要求。

（四）供电稳定

藏獒饲养人员的生活、配制饲料、獒舍照明、通风换气设备等都需要用电，我国南方气候炎热的地区还要给藏獒舍安装空调降温等。所以，獒舍供电不仅要保证满足最大电力需要量，还要求常年正常供电，接用方便、经济。最好是有双路供电条件或自备发电机。

（五）地形开阔

地形开阔整齐，利于建筑物布局和建立防护设施。地面要平坦或稍有坡度，便于排放污水、雨水等。保证场区内不积水，不能建在低洼地。地形应适合建造东西长、坐南朝北的棚舍，或者适合朝东南或朝东方向建棚。不要过于狭长和边角过多，否则不利于藏獒舍及其他建筑物的布局和獒舍、运动场的消毒。

（六）远离噪声源和污染严重的水渠及河边

獒舍周围3千米内无大型化工厂、矿厂，距离其他畜牧场应至少1千米以外。严禁在饮用水源、食品厂上游、水保护区、旅游区、自然保护区、其他畜禽场、屠宰厂、环境污染严重以及畜禽疫病常发区建舍。

（七）交通便利

据公路干线及其他养殖场较远，至少在距离1000米以上，能保证货物的正常运送和人员进出即可。

（八）面积适宜

藏獒养殖场地包括獒舍、藏獒运动场、藏獒展示室、饲料库、消毒室、医疗室及饲养人员生活用房等房舍，建筑用地面积大小应当满足养殖需要，最好还要为以后发展留出空间。

（九）符合国家及所在地行政主管部门关于养犬的有关规定

很多地方对饲养藏獒等大型犬有明确禁养范围的规定。所以，在选址时要首先到城市管理执法部门查询有关规定，待得到明确答复后方可开工建设。

二、獒舍的设计要求

獒舍建筑是一项畜牧生物环境工程，它包括生物措施和工程措施两种技术。獒舍建筑既要符合藏獒的生物学要求，又要便于养藏獒操作。其基本要求如下：

一是满足藏獒对生存环境的要求，獒舍要冬暖夏凉、背风防风、遮阴避雨、空气清新，为藏獒的生长发育、繁殖、运动、健康和生产创造良好的环境条件。藏獒是在青藏高原广阔的原野和自然生态环境下培育的犬品种，生来就具有活动量大的生物特性。因此，即使在圈养条件下，也必须保证藏獒每天有充足的自由活动时间与活动空间，以促进犬只的健康，保持其品种性能。所以，无论是种公犬、基础母犬或育成犬，每天都应放出活动。在藏獒养殖场的设计或进行养殖场规划布局时，必须考虑安排各类犬的自由活动场地，面积应当越大越好。如果所养藏獒较多，就必须设计安排各类犬分别活动，以免相互撕咬和干扰，发生事故。活动场内也应种草种树，以便创造舒适良好的小气候环境，利于提高藏獒的活动质量，促进犬的健康。

二是适合规模化饲养的需要，各类獒舍要齐全，容量要足够，布局要合理，有利于规模化经营管理，减轻饲养人员劳动强度，提高经济效益。

三是便于饲喂和清洁卫生操作，以及饲料和粪便污物的运输等。

四是符合防疫的要求。

三、专门化藏獒舍

规模化养殖藏獒，要建设种类齐全的藏獒舍（图 2-1），通常专门化的藏獒舍包括种公獒舍、种母獒舍、育成獒舍、后备种獒舍和隔离舍等。

图 2-1　藏獒舍

（一）种公獒舍

种公獒要单独饲养。种公獒舍由獒舍和运动场两部分组成。獒舍通常采用坚固耐用的砖瓦结构，可采用前高后低的一面坡式屋顶，前檐高度 2.0 米，后檐高度 1.7 米。上铺设水泥瓦或彩板瓦，并做好保温层。运动场围栏高度 2 米。獒舍长度视场地和饲养的藏獒数量而定，通常总长度不超过 70 米，圈舍中间按照一定的宽度用实墙及钢筋（钢管或粗铁丝网）护栏隔成若干个小单元，每个单元饲养一只藏獒，隔成的单元由獒舍和运动场组成。獒舍采用半开放式，即除朝向运动场一面外其余三面均为砖砌筑的实墙形式，每个单元面积在 10 米² 左右为宜，运动场面积宜大，以满足藏獒运动的需要。整个獒舍地面宜用水泥铺设，并有 3°的坡度，便于清洁和保持地面卫生。獒舍的面积不需要太大，每个獒舍 1.5 米×1 米即可，内距离地面 10 厘米铺设厚度 2 厘米以上木板制作的床。

也可以将运动场统一，中间不做隔断，将獒舍外适当增加 2

米² 左右的活动场地，要安装围栏。每天有计划地分批将所饲养的藏獒放出来到运动场运动后再圈进獒舍内。

需要特别注意的是，从防病的角度考虑，应保证每个单元排出的污水、污物不流到其他相邻的单元内。为此，应将单元之间围栏的底部砌筑 1 米左右的砖墙或水泥墙，或者底部至少砌筑 20 厘米的砖墙，然后在墙的上部再安装围栏，整个高度（包括底部墙和上部围栏）保证 2 米，最大限度地起到阻隔作用。同时要将排污沟统一设在运动场外而不是在运动场内。每个单元都相互联通，这样才能保证污水和污物等能直接排到运动场外而不相互污染，这一点至关重要。因为在饲养过程中，每只藏獒要不断地产生粪便、尿液和脱毛，这些废物中经常会有寄生虫、病原微生物等，一旦让相邻的藏獒接触，是造成传染性疾病的主要原因，不可不防。

每个单元内单独设置水盆和食盆，并保持固定。种公獒舍不用考虑取暖设施，南方条件好的养獒场可考虑安装降温设备。

（二）种母獒舍

种母獒要每只单独饲养。种母獒舍的样式和结构与种公獒舍基本一样，不同点：一是种母獒舍要为母獒产仔准备一个产仔窝；二是獒舍有封闭式（四面均用砖砌筑实墙，朝向运动场一面开设窗户和供犬出入的小门）和半开放式（除朝向运动场一面外其余三面均为砖砌筑的实墙）两种形式，但无论是封闭式还是半开放式的獒舍，都要单独设置产仔窝。建议采用组合式产仔窝，这种窝便于在母獒不产仔期间收起来，不占用獒舍空间，同时也便于每次使用后彻底消毒，对预防疾病非常有益。特别是发生过传染病的圈舍，彻底消毒是决不能忽视的环节。产仔窝以能容纳下母獒和仔獒为原则，不可过高和过宽。根据母獒的体型高度，一般采用长度 1.2 米、宽度 0.7 米、高度 0.9 米，窝顶有盖板的封闭式产仔窝，供獒出入的门宽 70 厘米，用厚棉帘作门帘即可。在母獒产仔前将经过彻底消毒的产仔窝安装在母獒獒舍内，并铺上干净柔软的干草或麻袋片、毛毡等。同时做好防风保温暖。

排污沟和围栏之间的建设要求与种公獒舍相同。

每个单元单独设置水盆和食盆，并保持固定。

（三）育成獒舍

断奶至 6 个月内的育成藏獒应根据公母獒分开饲养的原则，将育成藏獒按性别分开后，合群饲养在育成獒舍内。育成獒舍包括休息区和运动场两部分，休息区宜采用半开放式的结构，即除朝向运动场一面敞开外其余三面均为砖、水泥砌筑的实墙，整个育成獒舍长 8 米、宽 3 米。其中休息区宽 3 米、纵深 3 米左右，休息区内部地面宜用 2 厘米以上厚度的木板、距离地面 10 厘米以上铺设。运动场部分采用砖墙围栏或钢筋、钢管或铁丝网围栏，每个单元宽度与獒舍一致，长 5 米左右，可饲养 5~8 只藏獒，排污沟和围栏之间的建设要求与种公獒舍相同。

由于藏獒的护食性特点，要为每只育成藏獒准备一个食盆，水盆可适当少 1~2 个。

（四）后备种獒舍

6 个月以上的后备种獒宜单独饲养，后备种獒舍的结构与样式同种公獒舍相同，排污沟和围栏之间的建设要求与种公獒舍相同。

（五）隔离舍

隔离舍用于新引进的种獒隔离观察或者本场的患病犬治疗，尤其是患有传染病的犬必须使用隔离舍饲养。隔离舍要求同其他獒舍保持一定的安全距离，位置建在其他獒舍的下风处，有单独的人员、物质和废弃物进出通道，结构和样式可参考种公獒舍。

隔离舍的任何器械、用具等都可能带有病原微生物，因此，隔离舍的任何东西都应该是专用的，不要和其他舍的东西混用，以免发生传染。同时，隔离舍应配备一名专门的工作人员负责犬只的饲养、治疗和防疫工作，并要求其不要随意出入其他獒舍；场内其他人员无特殊情况也不要随意出入隔离舍。

隔离舍饲养藏獒期间应坚持每天进行 1 次消毒，几种消毒剂轮流使用，从而有效杀灭病原微生物。每批藏獒观察期结束、病犬痊愈或者死亡的，必须对隔离舍彻底进行消毒。

第二节　饲养藏獒的基本用具

成功的藏獒饲养必须有足够的设施以给藏獒提供饲料、饮水、消毒、装饰、牵引、约束、运输等以及关爱。适当的设施不仅可以节省劳力，而且还可以减少幼獒甚至成年獒的死亡。所以饲养藏獒的基本用具是不能被忽视的。

某些特征对于藏獒的设施来说是非常必要的，即应该使用方便且经济。另外，由于藏獒易患许多疾病和感染寄生虫，所以这些设施应该便于清洁和消毒。总之，这些设施应该具有实用、耐用和经济的特征。

一、犬笼

犬笼主要有运输藏獒时用的周转笼（图 2-2）和饲养用的笼（图 2-3）。周转用的犬笼体积要求不能太大，通常要放到面包车或小型货车上，采用汽车、火车或飞机运输。

图 2-2　周转用犬笼　　　　　　图 2-3　可移动式饲养用犬笼

饲养用的犬笼体积尽可能大一些，保证藏獒在里面能够自如站立、趴卧和活动，因为藏獒大部分时间要待在里面，所以，要铺上2厘米以上的厚木板作为床板，留有供藏獒出入的门和梯子，里面要光滑无毛刺，防止刮伤或刺伤藏獒，引起感染。还要能够适当移动或者在上面做好遮盖，以防雨雪、贼风侵袭和炎热的夏季阳光直接照射。

由于藏獒凶猛，体型大，力气大，所以无论是周转用还是饲养用的犬笼，都要求坚固，用角铁、钢管、不锈钢等钢材制作。同时还要便于清洗和消毒。

二、犬床

由于藏獒怕潮湿、体重大，要求防潮湿和结实，还要便于清洗消毒。犬床的材料最好用 2 厘米以上厚的木板制作，安装时还要与地面保持 10 厘米以上的距离。

三、颈圈

由于狼、豹子等野兽之间搏杀都是以咬住对方的喉咙部位置对方于死地，因此，野兽都知道喉咙部位是需要保护的重点部位。为此在饲养藏獒的过程中，用牦牛的尾巴毛编织一个颈圈（图 2-4），将颈圈戴在藏獒的脖子上，既可以保护藏獒的喉咙在同其他野兽搏斗时不容易被对方咬住，又可以起到装饰作用，显示出藏獒高大威武的形象。在目前藏獒养殖的环境下，颈圈的装饰作用更突出。

图 2-4 戴颈圈的藏獒

四、脖带

脖带可与牵引绳配合控制藏獒，在拴系固定藏獒以及藏獒运动、训练和外出时使用（图 2-5）。平时只佩戴脖带不系牵引绳，脖带还可以附以养犬证。在藏獒幼犬 3 月龄左右应开始佩戴，让其适应。制作脖带的材料有皮革、尼龙、棉布等，要求无论哪种材质制作的脖带，都必须结实，佩戴时松紧要适度，既不能紧，也不能松，以头钻不出来为度。

图 2-5　脖带

五、牵引绳

牵引绳用于在藏獒运动、训练和外出时控制藏獒，由皮革、尼龙、金属等材料制作。要求结实、耐用、不怕水。牵引绳有与脖带配合使用的（图 2-6、图 2-7），也有不需要脖带而直接单独拴犬的控制式 P 字链（图 2-8）。

图 2-6　尼龙手　　　　图 2-7　皮制手　　　　图 2-8　金属制控
拉牵引绳　　　　　　拉牵引绳　　　　　制式 P 字链

控制式 P 字链如名字一样，可根据需要调节有效控制范围，购买和使用前要测量下颈围和头颅周长，这样可以选择更加准确的尺码。在使用方法得当（如配合口令）的情况下，对犬只具有最强的控制能力，能够在较短的时间内，使用较少的力量施加对犬只的控制，并在最短的时间内纠正犬只的错误行为。金属控制式 P 字链要求质地良好，对犬只的毛发没有任何损害，其优良的链节结构能够保证不会将犬只颈部的毛发拔除或染色。

六、嘴套

嘴套用于戴在藏獒的嘴部，对藏獒的嘴部实行保定（图 2-9、图 2-10）。防止藏獒随意捡食、防止咬人或咬其他动物，还可以防止吠叫，多在外出和就医时使用。一般由皮革、尼龙和金属网等材料制作。最好选用穿戴方便、较为柔软透气、尽量减少藏獒佩戴不适、可以喝水的嘴套，注意不宜长时间佩戴。

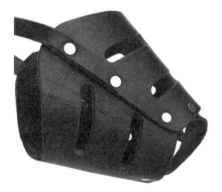

图 2-9　嘴套

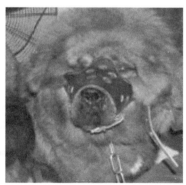

图 2-10　佩戴嘴套的藏獒

七、犬笼头

犬笼头（图 2-11）用于对性格多变、爱咬人、遇生人狂吠、愿意捡食东西的藏獒，用来纠正和防止它的不良行为。一般由皮革和金属网两种材料制作。要求犬笼头要镂空设计，透气性良好，炎热的夏天佩戴也要舒适。

图 2-11　犬笼头

八、食具

　　藏獒的食具包括食盆和饮水盆。要求结实耐用，易于清洗消毒、环保卫生。盆的大小要根据藏獒的嘴部大小确定，盆的深浅要合适。鉴于藏獒吃食和饮水的特点以及藏獒的嘴吻部较短，过深的食（水）盆易弄脏藏獒的脸毛及耳朵；但也不宜过浅，过浅的食（水）盆会使粥状食物和水四处飞溅。合适的深浅度以使它们的口鼻部伸入，耳朵留在碗外为宜。食盆最好用不锈钢、铝制，直接放在地面上的食盆要有底座（图 2-12），不容易被犬掀翻或碰翻，也有直接安装在犬笼固定托架上的（图 2-13），但要注意安装的高度能满足藏獒的采食和饮水。

图 2-12　带底座的不锈
钢食（水）盆

图 2-13　安装在托架
上的食（水）盆

九、清洁洗刷用具

藏獒的日常清洁洗刷及美容用具包括刷子、梳子、剪刀、肥皂、清洁剂、电吹风、吹水机等。

（一）刷子

刷子以钢丝刷为好（图 2-14）。长毛犬宜用钢丝稍长而硬度中等的钢丝刷；短毛犬则用毛稍短而硬度大的毛刷。

图 2-14　钢丝刷

图 2-15　排梳

（二）梳子

犬梳理被毛一般会用到排梳、耙梳、开结梳、针梳、除蚤梳等类型的梳子。以金属梳为好，粗毛犬选用稀齿梳；细毛犬宜用密齿梳。

1. 排梳

排梳（图 2-15）是用于日常梳理的，选择时主要注意梳齿的宽度，简单地讲，毛长的犬宜选择梳齿略宽的梳子，毛短的犬宜选择梳齿略密的梳子。当然对于长毛犬而言，最好购买两把齿宽不同的梳子（各面梳齿宽度不同的两面梳也是不错的选择），先用宽齿的梳理，再用密齿的梳理，不仅犬不难受，也能梳理得更彻底、顺滑。

2. 耙梳

耙梳（图 2-16）作用与排梳是相同的，也是用于日常梳理，大型犬用得较多。

图 2-16 耙梳

图 2-17 开结梳

图 2-18 针梳

3. 开结梳

开结梳（图 2-17）是梳理打结被毛的梳子，梳齿是刀刃状的，对于换毛期的藏獒比较适合。

4. 针梳

针梳（图 2-18）与钢丝刷一样，用于长毛犬梳理的最后一步，目的是使毛蓬松好看。用针梳梳理时只应梳理毛发尾部，不可触及犬的皮肤，否则犬会不舒服。

5. 除蚤梳

除蚤梳（图 2-19）的梳齿很密，跳蚤无法通过梳齿，这样就可以将寄生在被毛中的跳蚤赶走。

图 2-19 除蚤梳

图 2-20 吹水机

（三）剪刀

剪刀用于剪犬的爪尖和被毛。

（四）肥皂、清洁剂

肥皂、清洁剂供犬洗澡用。

（五）吹水机

吹水机是一种专门给犬洗澡后快速吹干皮毛用的专门电器工具

设备（图2-20）。其工作原理是靠机器内部机芯电动机产生高速强力的风，吹向藏獒的皮毛，把皮毛内的水分打散吹走，继而达到吹干皮毛的目的。要求大功率、大风力、高效率。

适合藏獒使用的是双马达双电机吹水机，此种吹水机风力更大，独立电加热，特别适合于长毛、浓密毛发的大型和巨型犬在寒冷的冬春季节护理使用。既提高了效率，也保证了藏獒的健康，打破了以往没有加热的大功率双电动机吹水机在寒冷的冬春季节不能使用或使用后易致使藏獒感冒的窘境。

十、清洗消毒用具

（一）火焰消毒器

火焰消毒器（图2-21）是利用煤气燃烧产生高温火焰对舍内的笼具、工具等设施及建筑物表面进行瞬间高温燃烧，达到杀灭细菌、病毒、虫卵等消毒净化目的。其优点主要有杀菌率高达97%；操作方便、高效、低耗、低成本；消毒后设备和栏舍干燥，无药液残留。

图 2-21 火焰消毒器

图 2-22 喷雾消毒器

（二）喷雾消毒器

喷雾消毒器（图2-22）的主要零部件包括固定式水管和喷头、压缩泵、药液桶等。工作时将药液配制好，使药液桶与压缩泵接通，待药液所受压力达到预定值时，开启阀门，各路喷头即可同时喷出。这种消毒器可用于犬舍内部的大面积消毒，也可作为生产区人员和车辆的消毒设施。

（三）高压冲洗消毒器

高压冲洗消毒器（图2-23）用于房舍墙壁、地面和设施的冲洗消毒，由小车、药桶、加压泵、水管和高压喷头等组成。该消毒器与普通水泵原理相似。高压喷头喷出的水压大，可将消毒部位的灰尘、粪便等冲掉；若加上消毒药物，则还可起到消毒作用。

 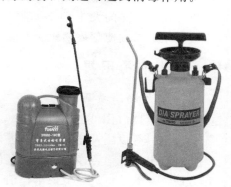

图 2-23 高压冲洗消毒器　　　　图 2-24 背负式的小型喷雾器

（四）自动喷雾器

背负式的小型喷雾器（图2-24）是背在肩上进行喷雾作业的小型药械，有人力和动力两类。前者将活塞泵放在药液箱内，用手抽动活塞杆，压送药液经喷杆至喷头雾化后喷出，工作压力300～500千帕；后者是由药箱、风机及小型汽油机等共同装在由钢管焊成的机架上组成。机体为高强度工程塑料，抗腐蚀能力强，一次充气可将药液喷尽。

（五）紫外线消毒灯

紫外线消毒灯以产生的紫外线来消毒杀菌。

第三章
营养与饲料

第一节　藏獒的营养需要

　　藏獒的营养需要是藏獒维持必要的功能和生产而对营养物质的需要，主要分为维持需要和生产需要两种。维持需要是指藏獒进行新陈代谢、维持体温、补充和修复机体细胞和组织所需要的营养；生产需要是指藏獒在生长、妊娠、泌乳等时期所需要的营养。了解藏獒的营养需要对于做好藏獒的饲养工作十分重要。

一、营养物质的组成和作用

　　营养物质通常是指那些从饲料中获得的、能被动物以适当的形式用于构建机体细胞、器官和组织的物质。藏獒所需要的一切营养物质都来自于饲料，饲料营养物质是藏獒维持生命基本活动和生长发育、繁殖和各种生理机能的物质基础。

　　在藏獒原产地，藏獒通常都能得到充足的食物，包括牧民喂给的畜肉、家畜内脏、牛羊骨头、奶水（提取了酥油后的剩余部分）、瘦死和冻死的家畜、高原上野生的啮齿类动物以及草原上的鲜草。但是对于离开原产地的藏獒来说，食物组成与原产地有很大的不同，以人工配制饲料为主。无论是原产地还是其他地区，藏獒用于维持和生产的营养物质都必须一样，主要包括能量、碳水化合物、脂肪、蛋白质、维生素、矿物质和水等，为犬体提供营养保障，用于构成藏獒的体组织并维持藏獒基本的生命活动。需要说明的是，能量来源于体内碳水化合物、蛋白质和脂肪的代谢，通常也把能量列为营养物质。

（一）能量

能量是藏獒营养中最重要的要素。藏獒机体维持生命活动、生长、发育、繁殖都需要能量，都必须有能量参与才能完成。藏獒机体所需要的能量来自于饲料中的碳水化合物、脂肪和蛋白质。这三类物质在藏獒体内氧化释放出能量，用来维持体温、生理活动和进行生产活动。碳水化合物是藏獒通过采食饲料来获取能量的主要物质，脂肪则是藏獒通过分解自身组织来获取能量的主要物质。当然，藏獒获取能量的最好方式是直接采食饲料中的碳水化合物。

在藏獒的生长过程中，藏獒采食能量饲料过剩时，藏獒机体就以脂肪的形式储存在体内；相反，如果能量饲料供应不足时，藏獒首先满足维持能量的需要，如果维持的能量不足，就会动用体内储备的脂肪作为能量供应，以保证生命的延续。

能量需要平衡供给，能量过多则脂肪沉积多，造成藏獒过肥、母獒的繁殖能力降低等。能量缺乏时表现为生长和发育迟缓，母獒的繁殖力降低、泌乳量降低等。缺乏能量的症状并不是一缺乏就马上显现，而是需要较长时间才能观察出来。这就要求平时保证藏獒所需营养物质的均衡供给，而不能忽高忽低，甚至有啥喂啥。

（二）碳水化合物

藏獒的能量来源主要是碳水化合物。在藏獒的饲料营养物质中，碳水化合物是一大类仅次于蛋白质的非常重要的营养物质。首先，碳水化合物是构成藏獒体组织不可缺少的成分。已经证明，在正常的生理状态下，碳水化合物在藏獒体内被生物氧化产生热能，其对于保持藏獒体温恒定、保证藏獒的生命活力和发挥它的工作能力、保护草原、勇敢搏击起着至关重要的作用。藏獒生活的自然环境极端严酷，因此，碳水化合物对藏獒的营养作用极其重要。

藏獒的植物性饲料如青稞、小麦、玉米、稻子、高粱等粮食作物的加工产品，其主要成分是碳水化合物。其被普遍地用作藏獒的饲料。但由于藏獒的胃中不含有消化纤维素的酶，藏獒又具有摄食粗糙、狼吞虎咽、咀嚼不充分等特点，加之肠管短，吃进的食物在消化道中停留的时间仅 3 小时左右，因而藏獒对饲料粗纤维的消化利用能力极差。粗纤维饲料主要具有刺激藏獒消化道蠕动、加快消化道内容物的排出和清理胃肠道的作用，因此使藏獒感到饥饿，产生食欲。在藏獒的饲料组成中，以干物质计，一般认为粗纤维的含量应不超过 5％～10％，过多不仅不能被利用，反而会影响饲料中其他营养物质的消化率，影响其他营养成分的吸收和利用。

淀粉和糖是藏獒重要的能量来源。是植物性饲料中的重要产能物质。糖类物质才是藏獒主要的"能量物质"。换言之，在藏獒的饲料中大量使用含粗纤维比例较高的麸皮等作为碳水化合物饲料是不合适的。

藏獒的饲料中，糖类物质供应不足，或其中的粗纤维含量太高，不能为藏獒消化利用时，就会影响藏獒的能量平衡。藏獒为了维持基本的生命活动和体温的稳定，就会动用体内能量的储备物质——糖原和脂肪来补充能量消耗；不够时，就会分解体内的蛋白质来获得必需的能量。长此以往，藏獒出现消瘦、乏弱、生长迟缓、发育停滞，成年藏獒的繁殖机能会受到严重影响，母犬停止发情，或不育、流产、产死胎，公犬睾丸萎缩，精液品质差，无性欲等，都与饲料能量供给不足有直接的关系。反之，如果饲料中糖类物质或其他能量物质供给过多，因藏獒具有极强的积累和储备饲料能量的能力，很快就会发胖，过度肥胖同样不利于藏獒的生长和繁殖。一般除藏獒原产地外，在我国内地的诸多地区可选用玉米面、麦面、大米等作为藏獒的碳水化合物饲料，这些物质富含淀粉，又容易消化，可大量使用。但生淀粉藏獒难以消化，应熟制后投喂。在成年藏獒的饲料中，一般碳水化合物的比例可以达到 60％，而处于生长发育阶段的藏獒育成犬每天碳水化合物的饲喂量为每千克体重 21 克。

（三）脂肪

脂肪是机体所需能量的重要来源之一。脂肪主要供给藏獒机体热能，它可以在体内储备，使机体抵御寒冷、震动和冲击等。脂肪也是机体内各种器官和组织细胞的组成成分。饲料中的脂溶性维生素均需溶解于脂肪后才能被机体消化、吸收和利用。

脂肪既是构成细胞、组织的主要成分，又是脂溶性维生素的溶剂，促进维生素的吸收利用。储存于皮下的脂肪层具有保温作用。脂肪进入体内逐渐降解为脂肪酸而被机体吸收。大部分脂肪酸在体内可以合成，但有一部分脂肪酸不能在机体内合成或合成量不足，必须从食物中补充，称为必需脂肪酸，如亚油酸、花生四烯酸等。藏獒有极强的恋膘性，是世界上储备能量物质最强的犬品种。在饲料能量过多时，藏獒就会把这部分能量转化为体脂肪的形式储备于体内，以备在食物匮乏时利用，维持其生命活动。因此在藏獒产区，藏獒都有暴食性，得到的食物藏獒轻易不会放弃，一般都要拼命吃净。在找不到食物时，藏獒甚至1周不吃也安然无恙。体脂肪是藏獒储备能量的主要形式，通常藏獒体内脂肪的含量约为其体重的 11.3%～12.7%。每克脂肪在藏獒体内完全氧化后，可以产生39.33 千焦热量。对生活在雪域高原上的藏獒而言，摄入动物脂肪是获得能量、抵抗严寒、保持体温和保持体能最有效的形式。因此，生长在青藏高原的藏獒在高原严酷的自然生态环境下，发展并形成了能大量食入动物脂肪的能力。

饲料中的脂肪类型和数量会影响其适口性。藏獒对食物中的脂肪有特殊的偏好，尤其是牛、羊体脂肪，或草原上啮齿类动物体内的脂肪，藏獒已形成了一种食癖，一旦嗅闻到，真是急不可待、狼吞虎咽，能强烈地刺激藏獒的食欲和消化能力。饲料中脂肪不足，会引起藏獒严重的消化障碍，甚至中枢神经系统的机能障碍，犬只出现倦怠无力，被毛粗乱，性欲降低。母犬繁殖力降低，发情异常或出现空怀的母犬增多，产仔数降低，流产，死胎率升高；公犬则出现性欲差、精液品质不良等一系列不良反应。日粮中脂肪摄入量过高，还会引起藏獒的食物摄入量减少，导致对蛋白质、矿物质、维生素等其他营养物质摄入量的相应减少而影响藏獒的营养平衡。但脂肪储存过多，会引起发胖，同样也会影响犬的正常生理机能，尤其对生殖活动的影响最大。这一点在实行圈养的藏獒身上表现最严重。

通常藏獒对脂肪的需要量，幼犬为每日 1.3 克/千克体重，成年犬为 1.2 克/千克体重。以饲料干物质计，应达到 12%～14% 为宜。

（四）蛋白质

蛋白质是维持藏獒生命，保证生长发育、繁殖和抵抗疫病的营养物质，是藏獒体内除水分以外含量最多的物质。藏獒体内的各种组织、器官，参与物质代谢的各种酶类及抗体都是由蛋白质组成的，蛋白质是保持藏獒强壮的机体素质或体质，保持其固有的抗病力、繁殖力和工作能力的基础。在机体受到损伤时，蛋白质的需求量更大，用来修复细胞和器官，所以蛋白质是藏獒基本的生命物质。

说到蛋白质，就要说到氨基酸。因为蛋白质是由氨基酸组成的，蛋白质主要以粗蛋白质的形式存在于饲料中，藏獒采食了饲料中的蛋白质，在消化道中分解为氨基酸后被肠道吸收，藏獒利用这些氨基酸来合成其体组织。可以说，藏獒真正需要的是氨基酸而并不是蛋白质本身。氨基酸又可分为必需氨基酸和非必需氨基酸。必需氨基酸是指藏獒自身不能产生或产生不足的氨基酸，必须从食物中吸取；非必需氨基酸是指可以从其他氨基酸转换而来的氨基酸。在营养缺乏时，非必需氨基酸的合成要消耗必需氨基酸。所以在配制饲料时，要注意营养搭配，不要只重数量。

藏獒所需要的蛋白质来源于饲料，而从藏獒的生物学特性可以反映出藏獒是杂食性偏肉食性的动物，能长期广泛地摄食动物性食料。为了保证藏獒的营养健康，在藏獒每天的饲料中，必须供给充足的蛋白质，特别是动物性蛋白质。保证饲料蛋白质的数量和质量对保证藏獒的蛋白质营养水平、维护藏獒的营养健康极其重要。蛋白质缺乏，会使犬体内蛋白质代谢失去平衡，引起食欲下降、体重减轻、生长缓慢、血液内蛋白质含量降低，使免疫力降低。公犬精液品质下降、精子数量减少；母犬发情异常、不受孕，即使受孕，胎儿也常因发育不良而发生死胎或畸胎。但过量饲喂蛋白质不但造成浪费，也会引起体内代谢紊乱，使心脏、肝脏、消化道、中枢神经系统机能失调，性机能下降，严重时发生酸中毒。

有资料说明，按蛋白质占饲料干物质的含量计算，藏獒饲料中的蛋白质含量必须保持在 30％以上，处于哺乳期、断奶期、配种期和生长期时，饲料蛋白质的水平必须达到 40％左右。其中动物性蛋白质饲料应当超过饲料总蛋白质的 1/3 以上。成年藏獒每天每千克体重需要可消化蛋白质在 5 克以上，其中动物性蛋白质应不低于每千克体重 1.6 克。正处于生长发育阶段的藏獒断奶幼犬，每天每千克体重需要可消化蛋白质为 9.6 克，以保证幼犬生长的营养需要。

（五）矿物质

矿物质在藏獒体内所占比例虽然不大，但它在藏獒的生命活动中起非常重要的作用。矿物质元素的总量约占藏獒体重的 3％～5％，各种矿物质元素与藏獒组织器官的构成和功能都有密切关系。矿物质是组织器官和体内许多有机物的组成成分，特别是骨骼和牙齿生长不可缺少的物质，是维持犬体内酸碱平衡和渗透压的基本物质，是许多酶、激素和维生素发挥作用所必需的辅助成分或重要成分。矿物质对促进体内的新陈代谢、血液循环，调节神经和心脏的正常活动都起着重要的作用。

藏獒所需各种矿物质元素的含量各有不同，据此可将矿物质元素分为常量元素和微量元素两大类。常量元素包括钙、磷、钠、镁、钾、氯、硫等，微量元素包括铁、铜、锌、锰、氟、碘、硒、钴、钼等。

矿物质不足会使藏獒发育不良和发生多种疾病，甚至于死亡。当缺乏某种必需矿物质时，藏獒将发生食欲不振、骨质疏松、佝偻病、神经过敏、肌肉无力、贫血、腹泻、异食癖、幼犬生长发育受阻和母犬繁殖力下降等多种病变，对藏獒的养殖和生产造成严重影响。在藏獒产地，其可以摄入到较多的乳、畜肉、兽骨，矿物质可以得到满足。但在其他地方饲养，矿物质的供给就十分重要。

日粮中的矿物质的含量应保持平衡，彼此之间保持适当比例。

以干物质为基础，日粮中食盐的比例，成年藏獒应达到 1.5％。为保证藏獒的生长发育，防止母犬产后瘫痪，保证公犬旺盛的性欲和精力，日粮中应保证充足的钙和磷，并注意这两种矿物质的比例，它们的含量和比例都是与其功能相互关联的。一般保证日粮中钙、磷的比例为（1.2～1.4）：1，利用效果最好，能较好地满足藏獒对钙和磷的需要并维持犬体的健康，保持良好的生长发育和组织器官的正常机能。

在我国西北内陆地区普遍缺硒，由此造成母犬发情异常，或屡配不孕。缺乏铁、铜、钴时，犬常发生贫血。为防止藏獒出现对以上微量元素的缺乏，日粮中应十分注意补加。

（六）维生素

维生素是藏獒维持生命、生长发育，维持正常生理机能和新陈代谢所必不可少的物质，其在藏獒的营养中具有独特的生理功能和重要作用。维生素分为脂溶性和水溶性两种，脂溶性维生素有维生素 A、维生素 D、维生素 E、维生素 K；水溶性维生素有 B 族维生素和维生素 C。除几种水溶性维生素机体自身可以合成外，大都由饲料来提供。

维生素类营养物质在藏獒的营养中具有独特的、不可替代的作用，在藏獒的营养配比中必须给予重视。在规模化的藏獒养殖场内，如果平时在饲养中忽略维生素的补加，往往会引起多种维生素缺乏症。这些维生素不足症初期并无临床症状，也难以诊断。一般发生维生素缺乏症时，外观上，藏獒幼犬主要表现为生长停滞，抗病力弱，成年藏獒则表现为体质衰弱，适应性降低和繁殖机能紊乱等等。实质上藏獒一旦发生维生素缺乏症，就会影响到其体内某些酶的催化能力，从而使该类酶催化或促进的代谢过程受到影响或干扰，会影响到藏獒许多生理生化过程的正常进行。

（1）维生素 A　维生素 A 是犬维持上皮组织正常结构和功能、促进骨骼正常生长发育所必需的脂溶性维生素，而且还与犬的生殖功能有密切的关系。维生素 A 缺乏时，犬表现为视觉障碍、神经症状和发育受阻，如引起眼干燥、结膜炎、角膜浑浊甚至是角膜溃疡等视力方面以及上皮组织的一些问题。动物性食品有助于补充维生素 A，比如肝脏、鱼和肉等。

当然维生素 A 过多也可引起疾病。长期大量投喂维生素 A 制剂，可造成医源性维生素 A 中毒，抑制成骨细胞功能，使韧带和肌腱附着处的骨膜发生增生性病变。

（2）维生素 B_1　维生素 B_1 又称为硫胺素。维生素 B_1 是糖代谢过程所必需的物质，当其缺乏时，犬的糖代谢发生障碍，能量供应减少，使全身细胞特别是脑和末梢神经发生明显的功能障碍，从而出现以神经病变为主的一系列症状。

生鱼肉中含有硫胺酶，可分解破坏硫胺素，所以犬若食入过多则引起体内维生素 B_1 的不足。此外，当犬患腹泻、肝病时导致机体对维生素 B_1 的吸收和利用障碍；妊娠、哺乳、发热、运动量过大、甲状腺功能亢进时，机体对维生素 B_1 需要量增加，若维生素 B_1 摄入不足，均会引发本病。

（3）维生素 B_2　维生素 B_2 又称为核黄素，是犬体内许多酶的重要辅基部分，可参与机体生物氧化还原反应。犬消化道内的微生物可以合成维生素 B_2，一般犬很少发生本病缺乏。但犬饲料中如果长期缺乏维生素 B_2 或胃肠道吸收障碍时，也可发生。缺乏症与眼疾、皮肤异常和睾丸发育不良有关。

（4）维生素 B_6　维生素 B_6 又称为吡哆醇，是多种酶的活性辅基，参与机体内的多种生化反应，与胆固醇和中枢神经系统的代谢有重要关系。当犬的饲料中长期缺乏、慢性腹泻、妊娠、哺乳或使用有拮抗维生素 B_6 作用的药物如异烟肼等，均可引发本病。注意高蛋白质的日粮会加重维生素 B_6 的缺乏症，维生素 B_6 缺乏会引起体重下降、贫血，犬有皮炎和脱毛的症状。

（5）维生素 C　维生素 C 缺乏症也称为坏血病。维生素 C 具有广泛的生理功能，可促进机体内物质的氧化还原反应，增强机体解毒及抗病能力，还参与结缔组织的生成，促进胶原蛋白质的合成。缺乏青绿饲料或饲料过于干燥或蒸煮过度致使维生素 C 被破坏，可引起维生素 C 缺乏症。此外，在慢性疾病和应激过程中，动物体内维生素 C 消耗增加，也可引发维生素 C 相对缺乏。当维生素 C 缺乏时，可延缓疾病痊愈，增加了机体对疾病的易感性。病犬齿龈肿胀、紫红，光滑而脆弱，易出血，常继发感染形成溃疡。病犬可表现为生长缓慢、体重下降、贫血、心动过速、黏膜和皮肤易出血发炎、大量皮屑脱落，发生蜡样痂皮、脱毛和皮炎。

（6）维生素 D　维生素 D 的主要作用是小肠和肾小管刺激机体对钙和磷的吸收及再吸收，参与骨钙的代谢以维持血钙的正常浓度，所以维生素 D 常常与钙一起作为补钙药物。但犬饲料中维生素 D 缺乏或患寄生虫病、慢性消化不良时，均能引起维生素 D 缺乏。另外，犬皮下组织中有 7-脱氢胆固醇，在紫外线或日光照射下，可转变为维生素 D_3，当犬很少晒到太阳时，其体内合成的维生素 D 不足，也会发生维生素 D 缺乏症。幼犬缺维生素 D 容易引起佝偻病；成年犬主要表现为骨软化症，上颌骨肿胀，口腔狭窄，咀嚼障碍，易发生龋齿和骨折。

过量的维生素 D 可能引起犬的软组织、肺、肾和胃钙化，牙齿和颌骨畸形，大剂量饲喂甚至能引起犬死亡。

（7）维生素 E　维生素 E 又叫生育酚、抗不育维生素。维生素 E 作为抗氧化剂在维持细胞膜的稳定上有着很重要的作用。可保护食物和动物机体中的脂肪，保护并维持肌肉及外周血管系统的结构完整性和生理功能，同时还与提高免疫功能、生殖功能和神经功能有关。维生素 E 缺乏可以影响到肌肉、繁殖、神经和血管，而且会引起生殖系统的问题。犬的维生素 E 缺乏还与免疫反应减弱有关。

由于维生素本身并不直接进行代谢，而是通过影响藏獒体内某种酶类的活性或参与代谢调节过程而起作用，所以在藏獒体内的各种生理生化反应中对维生素本身各种成分的消耗量很低。对藏獒维生素的补充一般都采用食物补充的形式。如日粮中的胡萝卜素可补充犬对维生素 A 的需要。饲喂鲜肉可补充维生素 A、维生素 D。新鲜蔬菜中含有 B 族维生素成分和维生素 C，在食料中添加蔬菜可补充这些成分。但在某些特殊生理时期，就必须以投喂维生素丸剂或片剂等形式补充，如在母犬发情前，对母犬和公犬都要每日定量添喂维生素 A、维生素 D、维生素 E 和复合维生素 B 等。由于藏獒对主人是十分温顺的，所以完全可由犬的主人将药物直接投喂到藏獒口中，不会有任何不测。断奶后的藏獒幼犬和老龄犬也应注意补充上述种类维生素，以提高机体抗病力，防止影响幼犬生长，或导致犬只体质和器官功能的减退。

（七）水

水是生命之源，各种生物生命活动的进行都离不开水。水对藏獒或者说对所有生物都是非常重要的。成年藏獒体内的含水量占60％以上，幼年犬更高。在藏獒体内，各种营养物质的消化、吸收和运输、利用，体内各种代谢废物的排出，体内生物化学反应的进行，以及母犬的泌乳、藏獒体温的调节都离不开水。水对藏獒健康的保持、性能的发挥都至关重要。

水供应不足，则食物消化不良，体内代谢受阻，生长发育受到影响。特别是对于幼犬，水分更为重要。对于病犬，如果缺水就无法恢复健康。犬可以 2 天不吃饭，但不能一日无水，缺水达 20％就有生命危险。正常情况下，成年藏獒每千克体重每天需水 100～200 毫升以上，幼年犬甚至达到 100～180 毫升。高温季节、配种期、运动之后或饲喂较干的饲料时，应增加饮水量。应全天供应饮水，任其饮用。

不仅在炎热的夏天藏獒每时每刻都需要水，在严寒的冬天，藏獒也不能无水。冬天尽管青藏高原滴水成冰，但藏獒只要能喝到水，有时甚至是舔冰啃雪，就能保持机体的正常代谢并抵御严寒。藏獒体内没有专门的储水机制，缺乏储备水的能力，不能耐受缺水时对机体的威胁。有资料说明，当藏獒体内水分损失达到 8％时，就会出现严重的干渴感觉，丧失食欲，消化作用减缓，并因黏膜干燥而降低对传染病的抵抗力。无论冬夏，藏獒如果长期缺水，血液会变得浓稠，会因此而降低运输氧气、营养物质和排出体内代谢废物的能力，造成藏獒体能和体质的迅速衰退。藏獒体内的水分减少达到10％时，就会造成循环障碍并导致严重的代谢紊乱；失水达20％以上，就会引起藏獒死亡。由于藏獒喜欢凉爽而害怕高热，因此在高温季节的缺水后果要比低温时更为严重。

在圈养条件下，对于藏獒饮水的问题有不同的认识。有些观点认为，只要喂食，就无需再给水，而更多的人虽注意给水，却忽视水质的更新，甚至水质污秽不堪却视而不见。尤其在夏天，气温高热，蚊蝇滋生，水质极易腐败，将对藏獒造成严重危害。按卫生要求，在藏獒养殖场，应当为每只藏獒单独配有水槽并定期刷洗消毒，水质清洁卫生，逐日更换，这对保证藏獒的健康无疑是极重要的。

二、藏獒的饲养标准

藏獒的饲养标准是配合日粮、检查日粮以及对饲料厂产品的检验的依据。确保动物平衡摄入营养物质，避免因摄入营养物质不平衡而增加代谢负担，甚至罹患疾病。这对于合理、有效地利用各种饲料资源，提高配合饲料质量，提高藏獒饲养水平和饲料效率，具有重要的意义。

科学的饲养标准是以营养科学的理论为基础，以科学实验和生产实践的结果为依据制定的，而且经过广泛的中间试验和生产实践的验证以及进一步修改，具有很高的科学性和实用性。

营养需要和饲养标准的区别在于：前者是最低需要量，未加保险系数；后者是实际生产条件下的营养需要，加有保险系数。在内容上，实际是指标多少和水平高低的问题，所以指标是指饲养标准中所规定营养需要的项目多少，而水平是指各个指标的高低。

我国藏獒的养殖虽然历史悠久，但是一直以传统的粗放式饲养为主，在青藏高原藏獒完全适应了那里的一切环境条件，而离开原产地的藏獒，也没有一个系统全面的营养需要及饲养标准，养殖者凭经验配料，营养水平参差不齐，只能借鉴国外的饲养标准，如美国NRC犬的营养需要量（2006年）（表3-1）、美国饲料管理协会（AAFCO）犬饲养标准（1997）（表3-2）。

表 3-1　断奶后生长幼犬营养需要

营养成分	建议供给量		
	需要量①/千克干物质(4000 千卡)	需要量②/1000 千卡代谢能	需要量③/千克体重$^{0.75}$
4～14 周龄生长期幼犬			
粗蛋白/克	225	56.3	15.7
精氨酸/克④	7.9	1.98	0.55
组氨酸/克	3.9	0.98	0.27
异亮氨酸/克	6.5	1.63	0.45
蛋氨酸/克	3.5	0.88	0.24
蛋氨酸和胱氨酸/克	7	1.75	0.49
亮氨酸/克	12.9	3.22	0.9
赖氨酸/克	8.8	2.2	0.61
苯丙氨酸/克	6.5	1.63	0.45
苯丙氨酸和酪氨酸/克⑤	13	3.25	0.9
苏氨酸/克	8.1	2.03	0.56
色氨酸/克	2.3	0.58	0.16
缬氨酸/克	6.8	1.7	0.47
14 周龄后生长期幼犬			
粗蛋白/克	175	43.8	12.2
精氨酸/克	6.6	1.65	0.46
组氨酸/克	2.5	0.63	0.17
异亮氨酸/克	5	1.25	0.35
蛋氨酸/克	2.6	0.65	0.18
蛋氨酸和胱氨酸/克	5.3	1.33	0.37
亮氨酸/克	8.2	2.05	0.57
赖氨酸/克	7	1.75	0.49
苯丙氨酸/克	5	1.25	0.35
苯丙氨酸和酪氨酸/克	10	2.5	0.7

续表

营养成分	建议供给量		
	需要量①/千克干物质(4000千卡)	需要量②/1000千卡代谢能	需要量③/千克体重$^{0.75}$
苏氨酸/克	6.3	1.58	0.44
色氨酸/克	1.8	0.45	0.13
缬氨酸/克	5.6	1.4	0.39
断奶后后生长期幼犬			
总脂肪/克	85	21.3	5.9
亚油酸/克	13	3.3	0.8
α-亚油酸/克⑥	0.8	0.2	0.05
花生四烯酸/克	0.3	0.08	0.022
二十碳五烯酸和二十二碳六烯酸/克⑦	0.5	0.13	0.036
钙/克⑧	12⑧	3.0⑧	0.68⑧
磷/克	10	2.5	0.68
镁/毫克	400	100	27.4
钠/毫克	2200	550	100
钾/克	4.4	1.1	0.3
氯化物/毫克	2900	720	200
铁/毫克⑨	88	55	6.1
铜/毫克	11	2.7	0.76
锌/毫克	100	25	6.84
锰/毫克	5.6	1.4	0.38
硒/微克	350	87.5	25.1
碘/微克	880	220	61
维生素A/RE⑩	1515	379	105
维生素D_3/微克⑪	13.8	3.4	0.96
维生素E(α-生育酚)/毫克⑫	30	7.5	2.1
维生素K(维生素K_3)/毫克⑬	1.64	0.41	0.11
维生素B_1/毫克	1.38	0.34	0.096

续表

营养成分	建议供给量		
	需要量[1]/千克干物质（4000 千卡）	需要量[2]/1000 千卡代谢能	需要量[3]/千克体重$^{0.75}$
维生素 B_2/毫克	5.25	1.32	0.37
维生素 B_6/毫克	1.5	0.375	0.1
尼克酸/毫克	17	4.25	1.18
泛酸/毫克	15	3.75	1.04
维生素 B_{12}/毫克	35	8.75	2.4
叶酸/微克	270	68	18.8
胆碱/毫克[13]	1700	425	118

① 需要量/千克干物质的值是假设日粮浓度为4000 千卡代谢能/千克时计算出来的。如果日粮浓度不是4000 千卡代谢能/千克，计算每种营养成分的需要量/千克干物质，乘以列表中相应营养素需要量/千克干物质，然后除以4000。

② 计算每种营养素用量时，用需要量/1000 千卡代谢能对应值乘以小犬对该营养成分的需要量，再除以1000。

③ 需要量/千克体重$^{0.75}$仅适用于5.5 千克的小犬（预计成年体重35 千克）。

④ 对于4～14 周龄的小犬，精氨酸添加比例为每克粗蛋白中0.01 克，最低需要量和建议供给量分别高于180 克和225 克；对于14 周龄以上的小犬，精氨酸添加比例为每克粗蛋白中0.01 克，最低需要量和建议供给量分别高于140 克和175 克。

⑤ 酪氨酸要达到最大限度增加黑色毛的效果时，添加量应该是现在的1.5～2 倍。

⑥ α-亚油酸的需要量因日粮中亚油酸的含量不同而不同。亚油酸和α-亚油酸的比例应在2.6～16 之间。需要注意0.8 克/千克干物质值表示的是α-亚油酸在亚油酸含量为13 克/千克干物质时的最低 RA 值。

⑦ 二十碳五烯酸的比例不能超60％。

⑧ 对于14 周龄以上的断奶小犬，钙的建议供给量不能低于0.54 克/千克体重。

⑨ 一些铁和铜的氧化形式生物利用率太低而不能使用。

⑩ 维生素 A 用视黄醇当量（RE）表示，一个视黄醇当量等于1 克反式视黄醇，1单位维生素 A 等于0.3RE，安全上限值表示的是视黄醇量（微克）。

⑪ 1 微克维生素 D＝40 单位维生素 D_3。

⑫ 不饱和脂肪酸含量高的日粮中维生素 E 的用量要增加。

⑬ 充足的维生素 K 是由肠道微生物合成的，维生素 K 的供给量是用商业化的维生素 K_3 的前体表示的，它需要经过烷基化才能生成有活性的维生素 K。

⑭ 通常的日粮中不需要添加，肠道微生物可合成充足的生物素，但是当日粮中含有抗生素时应注意补充。

注：1 千卡＝4.184 千焦

表 3-2 AAFCO 犬只食品营养[①]（基于干基）

营养成分	单位	成长和生长期 最小值	成年维持期 最小值	最大值
粗蛋白	%	22.0	18.0	—
精氨酸	%	0.62	0.51	—
组氨酸	%	0.22	0.18	—
异亮氨酸	%	0.45	0.37	—
亮氨酸	%	0.72	0.59	—
赖氨酸	%	0.77	0.63	—
蛋氨酸-胱氨酸	%	0.53	0.43	—
苯丙氨酸-络氨酸	%	0.89	0.73	—
苯丙氨酸	%	0.42	0.42	—
苏氨酸	%	0.58	0.48	—
色氨酸	%	0.20	0.16	—
缬氨酸	%	0.48	0.39	—
粗脂肪[②]	%	8.0	5.0	—
亚油酸	%	1.0	1.0	—
钙	%	1.0	0.6	2.5
磷	%	0.8	0.5	1.6
钙磷比		1∶1	1∶1	2∶1
钾	%	0.6	0.6	—
钠	%	0.3	0.06	—
氯	%	0.45	0.09	—
镁	%	0.04	0.04	0.3
铁[③]	毫克/千克	80.0	80.0	3000.0
铜[④]	毫克/千克	7.3	7.3	250.0
锰	毫克/千克	5.0	5.0	—
锌	毫克/千克	120.0	120.0	1000.0
碘	毫克/千克	1.5	1.5	50.0
硒	毫克/千克	0.11	0.11	2.0

续表

营养成分	单位	成长和生长期最小值	成年维持期最小值	最大值
维生素 A	单位/千克	5000.0	5000.0	250000.0
维生素 D	单位/千克	500.0	500.0	5000.0
维生素 E	单位/千克	50.0	50.0	1000.0
维生素 B_1（硫胺素）[5]	毫克/千克	1.0	1.0	——
维生素 B_2（核黄素）	毫克/千克	2.2	2.2	——
维生素 B_5（泛酸）	毫克/千克	10.0	10.0	——
维生素 B_3（烟酸）	毫克/千克	11.4	11.4	——
维生素 B_6（吡哆醇）	毫克/千克	1.0	1.0	——
叶酸	毫克/千克	0.18	0.18	——
维生素 B_{12}（钴铵素）	毫克/千克	0.022	0.022	——
胆碱	毫克/千克	1200	1200	

① 假如根据规定 PF9 测定的能量密度为 3500 千卡干物质/千克；大于 4000 千卡干物质/千克需要根据能量密度修正；小于 3500 千卡干物质/千克不需要根据能量密度进行修正；基于单独和该表比较，低能量密度的被认为不能满足对成长和再生的犬只的需要。

② 虽然本质上粗脂肪的真实需求量还没有被建立，最低的水平基于将粗脂肪作为必需脂肪酸的一个来源，作为脂溶性维生素的载体，增强适口性和提供充足的能量密度的认识。

③ 因为很低的生物利用率，添加到膳食中的铁如来源于碳酸盐或氧化物不能被考虑决定最低的营养水平。

④ 因为很低的生物利用率，添加到膳食中的铜如来源于氧化物不能被考虑决定最低的营养水平。

⑤ 因为在加工过程中，膳食中 90% 的维生素 B_1 容易损失，配方中的限量需要保证在加工后达到最低的营养需求。

第二节　常用饲料

藏獒喂养常用的饲料有能量饲料、青绿饲料、蛋白质饲料、矿物质饲料和饲料添加剂。现将常用饲料的营养特点介绍如下：

一、能量饲料

每千克干物质中粗纤维的含量在18%以下，可消化能含量高于10.45兆焦/千克，蛋白质含量在20%以下的饲料称为能量饲料。能量饲料主要包括谷物籽实类饲料，如玉米、稻谷、大麦、小麦等；谷物籽实类加工副产品，如米糠、小麦麸等；富含淀粉及糖类的根、茎、瓜类饲料；液态的糖蜜、乳清和油脂等。藏獒常用的能量饲料主要有玉米、高粱、稻谷、小麦、青稞等，谷物籽实类加工的副产品如麦麸、稻糠等糠麸类。

（一）谷物籽实类

1. 玉米

玉米的能量含量在谷实类籽实中居首位，所以玉米被称为"饲料之王"。玉米适口性好，粗纤维含量很少，淀粉消化率高，且脂肪含量可达3.5%～4.5%，可利用能值高，是犬的重要能量饲料来源。玉米含有较高的亚油酸，可达2%，玉米中亚油酸含量是谷实类饲料中最高的，占玉米脂肪含量的近60%。玉米氨基酸组成不平衡，特别是赖氨酸、蛋氨酸及色氨酸含量低。缺少赖氨酸，故使用时应添加合成赖氨酸。玉米营养成分的含量不仅受品种、产地、成熟度等条件的影响而变化，同时玉米水分含量也影响各营养素的含量。玉米水分含量过高，还容易腐败、霉变和污染黄曲霉菌。玉米经粉碎后，易吸水、结块、霉变，不便保存；因此一般玉米要整粒保存，且储存时水分应降低至14%以下，夏季储存温度不超过25℃，注意通风、防潮等。

2. 高粱

高粱的籽实是一种重要的能量饲料。高粱与玉米一样，主要成分为淀粉，粗纤维少，可消化养分高。粗蛋白质含量和粗脂肪含量与玉米相差不多。高粱蛋白质含量略高于玉米，同样品质不佳，缺乏赖氨酸和色氨酸，蛋白质消化率低，原因是高粱醇溶蛋白质的分子间交联较多，而且蛋白质与淀粉间存在很强的结合键，致使酶难以进入分解。同玉米一样，钙少磷多，含植酸磷量较多，矿物质中锰、铁含量比玉米高，钠含量比玉米低。缺乏胡萝卜素及维生素D，B族维生素含量与玉米相当，烟酸含量多。另外，高粱中含有单宁，有苦味，适口性差。使用单宁含量高的高粱时，还应注意添加维生素A、蛋氨酸、赖氨酸、胆碱和必需脂肪酸等。高粱的养分含量变化比玉米大。

3. 小麦

小麦是人类最主要的粮食作物之一，营养价值高，适口性好，在来源充足或玉米价格高时，小麦可作为犬的主要能量饲料，一般可占日粮的 30% 左右。粗纤维含量略高于玉米，粗脂肪含量低于玉米。小麦粗蛋白质含量高于玉米，是谷实类中蛋白质含量较高者，仅次于大麦。小麦的能值较高，仅次于玉米。但小麦和玉米一样，钙少磷多，且含磷量中一半是植酸磷。小麦缺乏胡萝卜素，氨基酸含量较低，尤其是赖氨酸。因此，配制日粮时要注意这些物质，保证营养平衡。

4. 大麦

大麦是一种重要的能量饲料，与玉米相比，大麦的蛋白质（赖氨酸、色氨酸、异亮氨酸，特别是赖氨酸）含量高于玉米，粗蛋白质含量比较多，约 13%，比玉米高，是能量饲料中蛋白质品质最好的。粗纤维含量高于玉米，粗脂肪含量少于玉米，钙、磷含量比玉米略高，胡萝卜素、维生素A、维生素K、维生素D和叶酸不足，硫胺素和核黄素与玉米相差不多，烟酸含量丰富，是玉米的3倍多。但是，大麦适口性比玉米差，因大麦纤维含量高，热能低，日粮中取代玉米用量一般以不超过 50% 为宜，配合饲料中所占比例不得超过 25%。建议使用脱壳大麦，既可增加饲养价值，又可提高日粮比例。注意不能粉碎得太细，饲料中应添加相应的酶制剂。

5. 稻谷

稻谷是世界上最重要的谷物之一，在我国居各类谷物产量之首。稻谷加工成大米作为人类的粮食，但在生产过剩、价格下滑或缓解玉米供应不足时，也可作为饲料使用。稻谷具有坚硬的外壳，

粗纤维含量高达 9%，故能量价值较低，仅相当于玉米的 65%～
85%。若制成糙米，则其粗纤维可降至 1% 以下，能量价值可上升
至各类谷物籽实类之首。糙米中蛋白质含量为 7%～9%，可消化
蛋白多，必需氨基酸、矿物质含量与玉米相当。维生素中 B 族维
生素含量较高，但几乎不含 β-胡萝卜素。碎米是大米加工过程中，
由机械作用而打碎的大米，所以通常用作饲料。碎米的营养价值和
大米完全相同。在某些产稻区，常因玉米短缺而用碎米代替玉米，
可起同样的作用。

（二）谷实类加工副产品

1. 米糠

稻谷的加工副产品称稻糠，稻糠可分为砻糠、米糠和统糠。砻
糠是粉碎的稻壳；米糠是糙米（去壳的谷粒）精制成的大米的果
皮、种皮、外胚乳和糊粉层等的混合物；统糠是米糠与砻糠不同比
例的混合物。一般 100 千克稻谷可出大米 72 千克，砻糠 22 千克，
米糠 6 千克。米糠的品种和成分因大米精制的程度不同而异，精制
的程度越高，则胚乳中物质进入米糠越多，米糠的饲用价值越高。
米糠含脂肪高，最高达 22.4%，且大多属不饱和脂肪酸。蛋白质
含量比大米高，平均达 14%。氨基酸平衡情况较好，其中赖氨酸、
色氨酸和苏氨酸含量高于玉米。米糠的粗纤维含量不高，所以有效
能值较高。米糠含钙少磷多，微量元素中铁和锰含量丰富，锌、
铁、锰、钾、镁、硅含量较高，而铜偏低。B 族维生素及维生素 E
含量高，是核黄素的良好来源，缺少维生素 A、维生素 D 和维生
素 C。米糠是能值较高的糠麸类饲料。由于米糠含脂肪较高，且大
部分是不饱和脂肪酸，易酸败变质，储存时间不能长，最好经压榨
去油后制成米糠饼（脱脂处理）再作饲用。

2. 小麦麸和次粉

小麦麸和次粉数量大，是小麦加工副产品，是我国畜禽常用的
饲料原料。小麦麸俗称麸皮，成分可因小麦面粉的加工要求不同而
不同，一般由种皮、糊粉层、部分胚芽及少量胚乳组成，其中胚乳
的变化最大。在精面生产过程中，大约只有 85% 的胚乳进入面粉，

其余部分进入麦麸，这种麦麸的营养价值很高。在粗面生产过程中，胚乳基本全部进入面粉，甚至少量的糊粉层物质也进入面粉，这样生产的麦麸营养价值就低得多。一般生产精面粉时，麦麸约占小麦总量的 30%；生产粗面粉时，麦麸约占小麦总量的 20%。次粉由糊粉层、胚乳和少量细麸皮组成，是磨制精粉后除去小麦麸、胚及合格面粉以外的部分。小麦麸含有较多的 B 族维生素，如维生素 B_1、维生素 B_2、烟酸、胆碱，也含有维生素 E。粗蛋白质含量 16% 左右，这一数值比整粒小麦含量还高，而且质量较好。与玉米和小麦籽粒相比，小麦麸和次粉的氨基酸组成较平衡，其中赖氨酸、色氨酸和苏氨酸含量均较高，特别是赖氨酸含量较高。脂肪含量约 4%，其中不饱和脂肪酸含量高，易氧化酸败。矿物质含量丰富，但钙少磷多，磷多属植酸磷，但含植酸酶，因此用这些饲料时要注意补钙。由于麦麸能值低，粗纤维含量高，容积大，可用于调节日粮能量浓度，起到限饲作用。小麦麸的质地疏松，适口性好，含有适量的硫酸盐类，有轻泻作用，可防止便秘，有助于胃肠蠕动和通便润肠，是妊娠后期和哺乳母犬的良好饲料。

二、青绿饲料

青绿饲料是指天然水分含量在 60% 以上的青绿牧草、饲用作物、树叶类及非淀粉质的根茎、瓜果类等。蔬菜类和非淀粉质的块根块茎均属于青绿多汁饲料，如白菜、甘蓝、菠菜、西红柿、胡萝卜等。此种饲料含水分 75%～90%，蛋白质含量丰富，粗纤维含量较低，钙、磷比例适量，维生素含量丰富，尤其是胡萝卜素含量较高。据测定，在各种青饲料中都含有丰富的维生素，其中胡萝卜素在藏獒体内可以被转化成维生素 A，其对保证藏獒视力健康、上皮细胞和组织结构的完整，乃至维护藏獒呼吸、消化、泌尿与生殖健康有重要的作用。在青饲料中 B 族维生素含量也十分丰富，硫胺素、核黄素、烟酸的含量都足以满足藏獒的营养需要并保证藏獒各种生理过程和生化反应的正常开展。同时，青绿多汁饲料是一种营养相对平衡的饲料，然而，它的干物质的消化能较低，对于藏獒来说只作为维生素的一种补充饲料利用。

蔬菜是维生素的重要来源，同时还能增强消化腺的分泌和酶的活性，提高饲料的消化率。蔬菜来源广泛，可使用当地最经济实惠的蔬菜。无毒的山菜也可以加工利用，在使用前用清水洗净泥土，然后切碎、加温，煮制过程中不能煮得过熟，以防维生素遭到破坏。使用各种青绿饲料时必须边用边购买，切忌购买过多积压，避免青绿饲料发酵、腐烂。由于药物残留，各种青绿饲料在使用时必须充分冲洗，以免对藏獒造成毒害。

三、蛋白质饲料

蛋白质饲料是指饲料干物质中粗蛋白质含量大于或等于 20%，消化能含量超过 10.45 兆焦耳/千克，且粗纤维含量低于 18% 的饲料。与能量饲料相比，这类饲料的蛋白质含量高，且品质优良，在能量价值方面则差别不大，或者略偏高。根据其来源和属性不同，主要包括以下几个类别：

（一）植物性蛋白质饲料

1. 豆饼和豆粕

豆饼和豆粕是我国最常用的一种主要植物性蛋白质饲料，营养价值很高，大豆饼粕的粗蛋白质含量在 40%～45% 之间，豆粕的粗蛋白质含量高于豆饼，去皮大豆粕粗蛋白质含量可达 50%。大豆饼粕的氨基酸组成较合理，尤其赖氨酸含量 2.5%～3.0%，是所有饼粕类饲料中含量最高的，异亮氨酸、色氨酸含量都比较高，但蛋氨酸含量低，仅 0.5%～0.7%，故玉米-豆粕基础日粮中需要添加蛋氨酸。大豆饼粕中钙少磷多，但磷多属难以利用的植酸磷。维生素 A、维生素 D 含量少，B 族维生素除维生素 B_2、维生素 B_{12} 外均较高。粗脂肪含量较低，尤其豆粕的脂肪含量更低。大豆饼粕含有抗胰蛋白酶、尿素酶、血球凝集素、皂角苷、甲状腺肿诱发因子、抗凝固因子等有害物质，但这些物质大都不耐热，一般在饲用前，先经 100～110℃ 加热处理 3～5 分钟，即可去除这些不良物质。注意加热时间不宜太长，温度不能过高也不能过低，加热不足破坏不了毒素则蛋白质利用率低，加热过度可导致赖氨酸等必需氨基酸的变性反应，尤其是赖氨酸消化率降低，引起畜禽生产性能下降。

2. 花生饼粕

带壳花生饼含粗纤维 15％以上，饲用价值低。国内一般都去壳榨油。去壳花生饼含蛋白质、能量比较高。花生饼粕的饲用价值仅次于豆饼，蛋白质和能量都比较高。花生饼粕含赖氨酸含量仅为大豆饼粕的一半左右，蛋氨酸含量低，精氨酸含量在所有饲料中最高。花生饼粕含胡萝卜素和维生素 D 极少。花生饼粕本身虽无毒素，但因脂肪含量高，长时间储存易变质，而且容易感染黄曲霉，产生黄曲霉毒素。黄曲霉毒素毒力强，对热稳定，经过加热也去除不掉，食用能致癌。因此，储藏时应保持低温干燥的条件，防止发霉。一旦发霉，坚决不能使用。

（二）动物性蛋白质饲料

动物性饲料是指来源于动物体的饲料。这类饲料蛋白质含量高且品质好，而且所含的氨基酸比较全面，矿物质元素铁及 B 族维生素含量丰富。犬对动物性饲料营养成分的吸收利用率较高，是犬类最可口的饲料。但必须饲喂新鲜、无腐败变质的动物性饲料。为了防止感染寄生虫，鱼、肉最好要煮熟以后再喂犬。常用的动物性饲料有肉类、鱼类、蛋类和畜禽副产品等。这类饲料中包括鱼粉、肉骨粉、血粉，以及畜禽的肉、内脏、血、骨头，此外还有鱼类、蛋类及乳汁等。

1. 鱼粉

鱼粉是用一种或多种鱼类为原料，经去油、脱水、粉碎加工制成的高蛋白质饲料。鱼粉为重要的动物性蛋白质添加饲料，在许多饲料中尚无法以其他饲料取代。鱼粉的主要营养特点是蛋白质含量高，品质好，生物学价值高。一般脱脂全鱼粉的粗蛋白质含量高达60％以上。在所有的蛋白质补充料中，其蛋白质的营养价值最高。进口鱼粉在 60％～72％，国产鱼粉稍低，一般为 50％左右，富含各种必需氨基酸，组成齐全且平衡，尤其是主要氨基酸与猪体组织氨基酸组成基本一致。鱼粉中不含纤维素等难消化的物质，粗脂肪含量高，所以鱼粉的有效能值高，生产中以鱼粉为原料很容易配成高能量饲料。鱼粉富含 B 族维生素，尤以维生素 B_{12}、维生素 B_2含量高，还含有维生素 A、维生素 D 和维生素 E 等脂溶性维生素，但在加工条件和储存条件不良时，很容易被破坏。鱼粉是良好的矿物质来源，钙、磷的含量很高，且比例适宜，所有磷都是可利用磷。鱼粉的含硒量很高，可达 2 毫克/千克以上。此外，鱼粉中碘、锌、铁、硒的含量也很高，并含有适量的砷。鱼粉中含有促生长的未知因子，这种物质可刺激动物生长发育。通常真空干燥法或蒸汽干燥法制成的鱼粉，蛋白质利用率比用烘烤法制成的鱼粉约高10％。鱼粉中一般含有 6％～12％的脂类，其中不饱和脂肪酸含量较高，极易被氧化产生异味。进口鱼粉的质量因生产国的工艺及原料不同而异，质量较好的是秘鲁鱼粉及白鱼鱼粉。国产鱼粉由于原料品种、加工工艺不规范，产品质量参差不齐。

鱼粉可以补充藏獒所需要的赖氨酸和蛋氨酸，具有改善饲料转化效率和提高增重速度的效果，而且犬年龄愈小，效果愈明显。

2. 肉骨粉

肉骨粉的营养价值很高，粗蛋白质含量为 50％～54％，是屠宰场或病死畜尸体等成分经高温、高压处理后脱脂干燥制成的。其饲用价值比鱼粉稍差，但价格远低于鱼粉，因此是很好的动物蛋白质饲料。肉骨粉脂肪含量较高，粗脂肪含量为 8.5％～12％。肉骨粉氨基酸组成不佳，除赖氨酸含量中等外，蛋氨酸和色氨酸含量低，有的产品会因过度加热而无法吸收。脂溶性维生素 A 和维生素 D 因加工被大量破坏，含量较低，但 B 族维生素含量丰富，特别是维生素 B_{12} 含量高，其他如烟酸、胆碱含量也较高。含钙 7.69％～9.2％，总磷为 4.70％～3.88％，肉骨粉中所含的磷全部为非植酸磷。钙、磷不仅含量高，且比例适宜，磷全部为可利用磷，是动物良好的钙磷供源。此外，微量元素锰、铁、锌的含量也较高。

因原料组成和肉、骨的比例以及制作工艺的不同，肉骨粉的质量及营养成分差异较大。肉骨粉的生产原料存在易感染沙门氏菌和掺假掺杂问题，购买时要认真检验。另外，储存不当，所含脂肪易氧化酸败，影响适口性和动物产品品质。肉骨粉容易变质腐烂，喂前应注意检查。

3. 血粉

血粉是畜禽鲜血经脱水加工而制成的一种产品，是屠宰场的主要副产品之一。血粉的主要特点是粗蛋白质含量很高，可达80％～90％，高于鱼粉和肉骨粉。氨基酸极不平衡，氨基酸中赖氨酸含量很高，居天然饲料之首，达到7％～8％，比常用鱼粉含量还高，赖氨酸是犬饲料的第一限制性氨基酸，使用赖氨酸含量高的血粉可满足赖氨酸的不足；亮氨酸含量也高（8％左右）；但蛋氨酸、异亮氨酸、色氨酸含量很低，故与其他饼粕（花生仁饼粕、棉仁饼粕）搭配，可改善饲养效果。血粉中蛋白质、氨基酸利用率与加工方法、干燥温度、时间的长短有很大关系，通常持续高温会使氨基酸的利用率降低，低温喷雾法生产的血粉优于蒸煮法生产的血粉。与其他动物性蛋白质饲料不同，血粉缺乏维生素，如核黄素。矿物质中钙、磷含量很低，但含有多种微量元素，如铁、铜、锌等，其中含铁量过高（2800毫克/千克），这常常是限制血粉利用的主要因素。

4. 畜禽的肉、内脏，鱼类、蛋类及乳汁等

这类饲料，其蛋白质的含量可高达50％～85％，必需氨基酸的组成也比较完全，生物学价值高，能补充植物性饲料中必需氨基酸的不足，从而提高日粮的营养价值。动物性饲料还含有丰富的B族维生素和无机盐，尤其是钙、磷含量多，比例合适，利用率高，是犬最好的蛋白质和钙、磷的补充饲料。

动物肉是最可口的犬饲料，加入适量的钙、磷、维生素A、维生素D、骨粉及血粉或禽类内脏，便是无可挑剔的优质犬饲料。

动物内脏和血液的数量很大，作为犬饲料，不仅可明显促进犬的生长发育，而且又可降低饲养成本，更有利于畜禽传染病和寄生虫病的预防。

鱼和其他一些水产品都是很好的全价蛋白质饲料，是理想的犬

食物，但鱼肉容易变质，生鱼肉中还可能含有寄生虫，且携带沙门氏菌情况较严重，因此鱼肉一定要保证新鲜，并且要煮熟后喂。用新鲜整鱼或鱼骨喂藏獒时应注意鱼刺。在沿海地区用虾粉喂藏獒时，虾粉的用量不应超过饲料总量的 10%，因虾粉中含有多量能破坏维生素 B_1（硫胺）的硫胺化酶，易引起维生素 B_1 缺乏。

脱脂奶、奶渣、牛奶等都是富含蛋白质、脂肪、维生素等营养物质的动物性饲料，是犬的可口食物，新鲜的乳中乳糖含量较高，易被犬体所吸收，尤其是哺乳后期或刚离乳的仔犬，以及配种期的种公犬，在日粮中添加一定量的鲜乳，对其生长发育、提高种犬的配种质量和体质都是非常必需的。

四、矿物质饲料

矿物质饲料是藏獒正常生长发育不可缺少的物质。矿物质饲料包括人工合成的、天然单一的和多种混合的，以及配合有载体或赋形剂的痕量、微量、常量元素补充剂。矿物质元素在各种动植物饲料中都有一定含量，由于动物采食饲料的多样性，可在某种程度上满足动物对矿物质的需要。但在舍饲条件下，矿物质元素来源受到限制，犬对它们的需要量增多，特别是泌乳期的母犬、快速生长的青年犬很容易产生缺钙症，犬日粮中另行添加所需的矿物质成了唯一方法。目前已知畜禽有明确需要的矿物质元素有 14 种，其中常量元素 7 种，即钾、镁、硫、钙、磷、钠和氯，饲料中常不足，需要补充的有钙、磷、氯、钠 4 种；微量元素 7 种，即铁、锌、铜、锰、碘、硒和钴。常用的矿物质饲料有食盐、贝壳粉、骨粉和其他矿物质粉。

（一）食盐

食盐即氯化钠（NaCl），钠和氯都是犬需要的重要元素。食盐是最常用又经济的钠、氯的补充物。食盐除了具有维持体液渗透压和酸碱平衡的作用外，还可刺激唾液分泌，提高饲料适口性，增强动物食欲，具有调味剂的作用。饲用食盐一般要求较细的粒度。美国饲料制造者协会（AFMA）建议，应 100% 通过 30 目筛。食盐中含氯 60％、含钠 40％，碘盐还含有 0.007％的碘。纯净的食盐尚有少量的钙、镁、硫等杂质，饲料用盐多为工业盐，含氯化钠95％以上。

食盐的补充量与动物种类和日粮组成有关。一般食盐在风干饲粮中的用量以 0.25％～0.5％为宜。添加的方法有直接拌在饲料中，也可以食盐为载体，制成微量元素添加剂预混料。使用含盐量高的鱼粉、酱渣等饲料时应调整日粮食盐添加量，若水中含有较多的食盐，饲料中可不添加食盐。

（二）贝壳粉

贝壳（包括蚌壳、牡蛎壳、蛤蜊壳等）烘干后制成的粉，含有一些有机物，呈白色粉末状或片状，主要成分是碳酸钙。海边堆积多年的贝壳，其内部有机质已消失，是良好的碳酸钙饲料。饲料添加的贝壳粉含钙量应不低于 33％。加工时应注意消毒，以防蛋白质腐败，消除传染病。

微量元素预混料常使用石粉或贝壳粉作为稀释剂或载体，而且所占配比很大，配料时应把它的含钙量计算在内。

（三）骨粉

骨粉的营养价值在前面的蛋白质饲料部分已作介绍，这里不再重述。

五、饲料添加剂

饲料添加剂是指为补充营养、促进生长、增进健康、防止饲料品质下降等目的而微量添加于配合饲料中的各种成分。饲料添加剂一般可分为营养物质添加剂（包括微量元素、维生素及氨基酸）、生长促进剂（包括抗生素、酶制剂、激素等）、驱虫保健添加剂（包括抗寄生虫药物等）。合理地使用添加剂，可以改善藏獒饲料的营养水平，提高饲料的利用率，增强藏獒的抗病力，促进藏獒良好地生长发育和保持其健康，提高繁殖力。使用添加剂类的饲料，应当全面了解欲用添加剂的功能、性质、用法、用量和有效期。

（一）酶制剂

饲用酶制剂作为一种饲料添加剂能有效地提高饲料的利用率，促进动物生长，防止动物疾病的发生，可明显提高动物对饲料养分的利用率，大大降低有机质、氮、磷等物质的排泄量，减少对环境的污染。与抗生素和激素类物质相比，酶制剂对动物无任何毒副作用，不影响动物产品的品质，被称为"天然"或"绿色"饲料添加剂，具有卓越的安全性，因此引起了全球范围内饲料行业的高度重视。

常用的酶制剂有胃蛋白酶、胰蛋白酶、菠萝蛋白酶、支链淀粉酶、淀粉酶、纤维素分解酶、胰酶、乳糖分解酶、葡萄糖酶、脂肪酶和植酸酶等。

（二）活菌制剂

活菌制剂又名生菌剂、微生态制剂。即动物食入后，能在消化道中生长、发育或繁殖，并起有益作用的活体微生物饲料添加剂。它是近十多年来为替代抗生素饲料添加剂开发的一类具有防治消化道疾病、降低幼畜死亡率、提高饲料效率、促进动物生长等作用，安全性好的饲料添加剂。常用的活菌制剂有乳酸菌、双歧杆菌、芽孢杆菌。

（三）益生菌

世界著名生物学家、日本琉球大学比嘉照夫教授将光合菌群、酵母菌群、放线菌群、丝状菌群、乳酸菌群等80余种有益微生物巧妙地组合在一起，让它们共生共荣，协调发展。人们统称这些多种有益微生物为益生菌。它的结构虽然复杂，但性能稳定，在农业、林业、畜牧业、水产、环保等领域应用后，效果良好。有益菌兑水加入饲料中直接饲喂牲畜、家禽等动物，能增强动物的抗病力，并有辅助治疗疾病作用。用有益菌发酵饲料时，通过有益微生物的生长繁殖，可使木质素、纤维素转化成糖类、氨基酸及微量元素等营养物质，可被动物吸收利用。有益菌的大量繁殖又可消灭沙门氏菌等有害微生物。

目前，生产益生菌的厂家很多，要选购大型厂家生产的有批号的产品。这种产品有固体的，有液体的，以液体为好。

除上述添加剂饲料外，还应根据藏獒的不同生理特点，补充维生素饲料，如公犬应适当地补充维生素 A，妊娠母犬和幼犬补充维生素 D，以促进钙、磷的代谢和吸收。在运输或应激时，补充维生素 C 以缓解应激反应带来的不利影响。

第三节 饲料配制

一、藏獒的饲料要求

藏獒是食肉目犬科动物，犬的消化道比食草动物要短，犬胃盐酸含量在家畜中居于首位，加之肠壁厚吸收能力强，所以适宜消化肉食食品。但是由于藏獒和人类共同生活，藏獒的食物构成逐渐发生了变化。一方面，保留野生祖先的喜爱吃肉、嚼骨的遗传性；另一方面，由于藏獒和藏族牧民生活在一起，逐渐演化成为杂食性动物。以肉食为主，在喂养时，需要在饲料中加入较多的动物蛋白和脂肪，辅以素食成分，以保证藏獒的正常发育和健康的体魄。由于肉食动物的口水里不含唾液淀粉酶，所以只能靠胰脏来分泌淀粉酶，消化碳水化合物。把藏獒当作杂食动物或素食动物来喂养，为了消化碳水化合物，其胰脏会超负荷工作。因此，藏獒的日粮中不能全部是素食，应有一定比例的肉食。

藏獒对于玉米、大米、小麦等食物都能正常进食，没有不良反应。虽然生活在草原上的藏獒对于各种鱼类、禽蛋均无丝毫兴趣或食欲，这是因为藏獒对这些动物的气味十分不习惯，但是藏獒的适应性很强，它能很快调整自己的摄食习惯和食性，吞食食物中主人新添加的鱼粉或是其他水产品。

藏獒对畜骨一直有着特别的喜好，这也是野生藏獒撕咬猎物所留下的习惯。一般情况下，对于 6 月龄以上的藏獒，有时常喂给新鲜畜骨，来满足其生理需要，保证其生长发育和健康；要求所投块骨宁大勿小，防止藏獒吞食粗糙发生不测。以牛、羊、猪骨头为宜，不能喂其他禽类骨头。

藏獒属犬科，在进食时不大咀嚼，可谓"狼吞虎咽"。如果要喂粗纤维的蔬菜，最好把蔬菜切碎或煮熟。

二、藏獒饲料应具备的特点

一是营养要全面。根据藏獒各种饲料的营养成分及犬的营养需要，合理搭配。配制时先考虑满足蛋白质、脂肪、碳水化合物的需要，然后适当补充维生素和矿物质。

二是营养要均衡。虽然各种营养已齐备，但不等于营养均衡，这就是说，在配制日粮时，各种营养成分的量及各种养分之间的比例都很重要。例如，蛋白质与脂肪的比例、磷与钙的比例，都必须按一定的标准，才能把饲料中的营养优势发挥出来。还要注意不能长期饲喂单一的饲料，以免引起厌食和营养不良，要适时地改变日粮的配方，调剂饲喂。

三是要考虑食物的消化率。营养成分虽都已齐全，也均衡，但吃进体内的食物并不能全部被消化吸收与利用，如植物性蛋白质的消化率是80％，有20％是不能利用的。特别是幼犬日粮的粗纤维不能过高，幼犬对粗纤维的消化能力很弱，故饲料配方中不宜采用含粗纤维较高的饲料；而对维持期成年犬可适当提高日粮粗纤维的含量。

如果只考虑经济价值而不考虑饲料的营养，只选用价格比较便宜的植物性蛋白质，虽然标明有较高的蛋白质含量，但蛋白质难以被犬吸收利用，其营养效率很差，部分营养物质被排出体外。用植物性蛋白质喂犬时有两大特点，即每天给的量多，排粪量也多。因此，日粮中的各种营养物质含量应高于犬的营养需要。

四是适口性要强。这是配制犬饲料日粮普遍关注的一个主要内容，饲料配得再好，如果犬不爱吃，营养再好也没用。犬是靠嗅觉而不是靠视觉或味觉来确定喜不喜欢吃某种食物。由此可见，不必每天更换食物，调剂口味，一年到头每天吃同一饲料也无妨，最重要的是能不能通过犬鼻子这一关。为了提高饲料的可口性，有的单位采用膨化饲料，这种经膨化熟化后的饲料具有醇香味，变得松脆可口，又便于犬的消化吸收，屠宰畜禽的内脏、骨头，甚至猪、鸡场淘汰的老龄动物，经加热或者煮熟后都是良好的优质蛋白质，这就大大降低了饲料的成本。

五是讲究卫生。饲料要新鲜、清洁、易于消化，发霉变质的饲料不能用。

六是适当的加工处理。各种饲料在饲喂前要经过清洗、蒸煮等加工处理，以杀灭病菌和寄生虫，提高饲料的适口性，改善犬的食欲和饲料消化率，防止有害物质对犬的危害。

七是要保持稳定。选用日粮配方中的饲料时，应根据当地各种饲料资源的品种、数量、各种饲料的理化特性及饲用价值，尽量做到全年比较均衡地使用各种原料。

三、藏獒饲料配制方法

合理地设计饲料配制，是科学养殖藏獒的一个重要环节，在设计饲料配方时，既要考虑藏獒的营养需要和生理特点，又要合理地利用各地方的各种饲料资源，才能设计出最低成本，并能获得最佳的饲养效果和经济效益的饲料配方。具体步骤如下：

（一）确定营养需要标准

藏獒的饲料标准，暂时还没有统一，都是根据其不同生长发育时期的生理特点，按地方情况配制的。可参考美国 NRC 所推荐的犬营养需要来制定标准。

（二）掌握饲料原料的营养价值

可参照最新的《中国饲料成分及营养价值表》，掌握常用饲料的成分及营养价值的准确数据。在选料时，要根据各地的饲料资源和品种的理化特征，尽量做到全年比较均衡地使用饲料资源。在取料配制时，还应注意营养与价格的关系，使多种原料搭配，以便使各种饲料营养物质互补，提高饲料的利用率。

（三）配方确定

饲料配方确定方法有计算机法、正方形法、联立方程法和实验-误差法 4 种方法。我们以目前普遍采用的计算机法为例介绍藏獒日粮配方设计方法。

1. 根据使用对象确定饲养标准

营养需要量通常代表的是特定条件下实验得出的数据，是最低需要量。实际应用中需要根据饲养的品种、生理阶段、遗传因素、环境条件、营养特点等进行适当的调整，确定保险系数，以使藏獒达到最佳生产性能为目的。

参照最新版的《中国饲料成分及营养价值表》确定可用原料的营养成分，必要时可对大宗和营养价值变化大的原料的氨基酸、脂肪、水分、钙和磷等进行实测。

确定用于配方的原料的最低和最高量并输入饲料配方系统。

2. 对配方结果进行评估

（1）该配方产品能否基本或完全预防藏獒营养缺乏症的发生，特别是微量元素的用量是重点。

（2）配方设计的营养需要是否适宜，不出现营养过量情况。

（3）配方的饲料原料种类和组成是否适宜、理想，整个配方是否有利于营养物质的吸收利用。

（4）配方产品成本是否最适宜或最低，最低成本配方的饲料应不限制藏獒对有效营养物质的摄入。

（5）配方设计者留给用户考虑的补充成分是否适宜。

（6）对配合的饲料取样进行化学分析，并将分析结果和预期值进行对比。如果所得结果在允许误差的范围内，说明达到饲料配制的目的；反之，如果结果在这个范围以外，说明存在问题，问题可能出在加工过程、取样混合或配方方面，也可能是出在实验室。为此，送往实验室的样品应保存好，供以后参考用。

3. 实际检验

配方产品的实际饲养效果是评价配制质量的最好尺度，有条件的最好以实际饲养效果和藏獒的生长发育情况作为配方质量的最终评价手段。根据试验反馈情况进行修正后完成配方设计工作。

4. 参考配方

参考配方一：玉米面 47％，细麦麸 4％，牛、羊、鸡肝等肉类 20％，胡萝卜 10％，鸡蛋 2％，豆粕 7％，骨肉粉 4％，鱼粉 2％，马铃薯 4％，另加食盐 0.8％。满月后的幼犬，应在犬料中加适量牛奶、钙片和葡萄糖，每 3 天在饲喂时加适量的抗生素药类。

参考配方二：见表 3-3。

表 3-3　藏獒日粮参考配方　　　　　单位：克

类别	谷物饲料	蛋白质饲料①	蔬菜	骨粉	植物油	加碘盐
工作犬	400～600	300～500	200～300	20～30	0～49	10～15
休产犬	400～600	350～500	300～400	20～30	0～52	10～15
种公犬	400～600	450～600	250～400	20～30	0～55	10～15
妊娠母犬	500～600	600～800	300～400	30～50	0～61	15～20
哺乳母犬	600～700	800～1000	300～400	40～60	0～73	15～20
3 月龄内幼犬	100～300	300～500	100～150	10～15	0～34	10～15
4～8 月龄幼犬	400～600	400～700	200～300	10～30	0～56	15～20

① 动物性蛋白质饲料占 80％，植物性蛋白质饲料占 20％。

四、藏獒饲料的加工调制

饲料的加工调制是为了改善饲料的适口性、提高消化率和营养吸收率，因而对不同的饲料应采取不同的加工调制方法，如粉碎、发酵、蒸煮、膨化等。藏獒的祖先是食肉类动物，故不能直接消化生淀粉，因此，饲料必须经过煮熟处理，焙炒也能使淀粉转化为糊精，具有甜味，有利于犬消化吸收，增强适口性。加工调制的原则是，讲究卫生，保证营养，适口性好，容易消化，降低成本。

常用方法是将饲料煮成半流状粥糊或蒸熟做成窝窝头备用，在加工调制时应注意以下几点：

一是蒸煮时不要将饲料煮夹生或烧煳，否则会影响饲料的适口性及犬对饲料的消化吸收。

二是制作肉类饲料尽量保持蛋白质少损耗。洗肉要用冷水浸泡，时间不宜过长，否则会使蛋白质损耗。煮沸的时间长短以杀菌、肉熟为度，不应碎烂过火。肉汤要与淀粉类饲料同时食用。

三是动物内脏中肺是结核杆菌的"巢穴"，喂肺脏时必须充分煮熟。肝脏的营养价值最高，但饲喂时间过长，有时会引起腹泻，应当注意，适当调配比例。

四是谷物籽实类只需用清水将沙土淘净，不必多次过水。如需浸泡膨胀可在浸泡后将粮、水一起倒入锅内煮熟，以保证营养成分不受损失。也可以将谷物籽实粉碎后再进行加工。

五是蔬菜类应将其洗干净再切碎，萝卜、薯类等不必削皮。放入锅内煮沸，切勿煮得太熟，以免破坏其中的维生素。

六是注意调制的温度。喂藏獒食物的温度避免过冷或过热，一般为40℃左右。

七是饲料应现做现喂，不宜过夜。腐败变质食物千万不可喂犬。

五、配制饲料需要注意的问题

（一）饲料配方

要配制饲料，就要知道饲养标准，饲养标准中规定了动物在一定条件（生长阶段、生理状况、生产水平等）下对各种营养物质的需要量。国外有犬的饲养标准，如美国的NRC《美国NRC建议的犬的营养需要量》（2006）和美国饲料协会（AAFCO）的犬饲养标准（1997），要根据所养藏獒的生长阶段参考选用不同营养需要标准，这两个饲养标准对我们有很重要的参考价值。

配制饲料还要考虑原料的成分和营养价值，可参照最新的《中国饲料成分及营养价值表》，而原料成分并非固定不变，要充分考虑原料成分可因收获年度、季节、成熟期、加工、产地、品种、储藏等不同。原则上要采集每批原料的主要营养成分数据，掌握常用饲料的成分及营养价值的准确数据，还要知道当地可利用的饲料及饲料副产物、饲料的利用率。

由于藏獒的生产性能、饲养环境条件与标准有一定的差距，在应用饲养标准时，可适当进行调整，最后确定自己的饲养标准。

（二）原料采购的质量

每批原料、每个地区所产的原料，其饲料原料的成分和营养价值都不同，必须具备完善的检验手段。采购时每进一种原料都要经过肉眼和化验室的严格化验，每个指标均合格才能购买和使用。

（三）适当储存原料

藏獒是食肉性动物，尽管可以使用一定比例的植物性饲料，但是动物性饲料不可以省。但是在货源供应上，动物性饲料有一定的局限性，比如屠宰加工厂不是什么时候都有肉、内脏和骨头的供应，为了保证动物肉、内脏和骨头的均衡供应，藏獒养殖场要自己建设冷库储备。

（四）饲料加工工艺

饲料加工方法和加工过程（或工艺过程）是决定饲料质量和饲料加工成本的主要因素。选定加工方法以后，工艺过程则是饲料营养价值和成本的决定因素。

现代配合饲料或饲料加工工业除了考虑尽量选用能耗低、效率高的设备以外，为保证饲料的适宜营养质量，工艺过程也是要重点考虑的对象之一。必须不断改进不同饲料用于不同动物的适宜加工工艺。大至加工工艺各个环节，小至具体饲料加工程度，不同动物的不同要求都必须认真考虑。

六、饲料的储藏

储藏过程中注意保证饲料营养质量是最重要的问题，应根据不同饲料采取不同储藏措施。

1. 基本储藏条件

（1）鲜饲料　块根饲料，冬天以 2～3℃ 为宜。其他季节可适当提高温度，以利于降低储藏成本，如红薯可在 13℃ 左右储藏。

（2）精料　含水量 14%～15%，空气温度在 27℃ 以下是比较理想的储藏条件。小麦、玉米、高粱含水 12% 以下可在温暖季节较长时间储藏。

植物蛋白质、副产品饲料、糠麸，含水 10%～13%，可在温暖季节较长时间储藏。粉碎后的饲料易吸湿，不适宜较长期储藏。

（3）动物性饲料　较长时间储藏以含水量 10％以下较为适宜。奶产品储藏水分应控制在 5％以下为宜。

2. 影响饲料储藏的其他因素

（1）虫害影响　如甲壳虫、蛾类等，不但吃饲料造成损失，同时产热可能使饲料发霉损害，特别是在温度较高、湿度较大的条件下更应注意。

（2）饲料自身氧化，发霉损害　特别是脂肪含量高的饲料更为严重，储藏中霉菌繁殖产生黄曲霉毒素，越来越引起人们的注意。此毒素对各种家畜都有毒害，特别是已证明其有致癌作用。

（3）光线　对脂肪、维生素都可能造成损失。应尽量避免阳光直射到饲料原料和成品上。

（4）鼠害　吃饲料，粪、尿污染，影响饲料适口性。

（5）其他　储藏设备不良、损坏、封闭不好等。

第四章
藏獒的繁殖

第一节 藏獒的生殖器官及其功能

藏獒的生殖器官主要功能是产生生殖细胞，繁殖后代，使种族得以延续。此外还能分泌性激素，并与神经系统及脑垂体一起共同调节生殖器官的功能活动。

一、公犬的生殖器官及其功能

公犬的生殖器官由睾丸、输精管道、副性腺、阴茎等组成。公犬的生殖机能是生成精子，储存精子，并将精子射入母犬的生殖道，达到使母犬卵细胞受精的目的。

（一）睾丸

犬的睾丸较小，位于阴囊内，左右各一，呈椭圆形，是产生精子和雄性激素的器官。在繁殖期，睾丸膨大，富有弹性，功能旺盛，能生产出大量的精子。在乏情期，睾丸体积变小、变硬，不具备繁殖能力。雄性激素的作用是促进生殖器官的发育、成熟，维持正常的生殖活动。缺乏雄性激素将导致生殖器官发育不良，丧失生殖活动的欲望和能力。

（二）输精管道

输精管道包括附睾、输精管和尿生殖道。附睾是储存精子的场所，并使精子达到生理成熟，从而具有使卵子受精的能力。输精管是输送精子的管道。尿生殖道是尿液排出和射精的共用通道。

（三）副性腺

副性腺指的是前列腺。犬没有精囊和尿道球腺。前列腺的分泌物具有提供给精子营养和增强精子活力的作用。

（四）阴茎

阴茎是交配器官。犬的阴茎构造比较特殊，一是有一块长约8～10厘米的阴茎骨；二是在阴茎的根部有两个很发达的海绵体，在交配过程中，海绵体充血膨胀，卡在母犬的耻骨联合处，使得阴茎不能拔出而呈栓塞状。这种栓塞状态往往会持续10～30分钟，有时会更长，此时公犬的阴茎会在母犬的阴道内旋转180度，再次射精。因此，这时绝不可将两犬强行分开，否则会严重损伤犬的生殖器。当公犬与母犬自行松脱后，它们会各自舔舐阴部，这时也不可马上对犬牵拉和驱赶，特别是公犬。因为公犬在交配之后常常出现腰部凹陷，俗称"掉腰子"，切不可让其进行剧烈的运动。

二、母犬的生殖器官及其功能

母犬的生殖器官由卵巢、输卵管、子宫、阴道和阴门等组成。母犬的生殖器官机能是生成卵子，排卵，卵子与进入的精子结合完成受精，为胚胎提供适当的子宫内环境直至分娩。

（一）卵巢

卵巢位于第三或第四腰椎的腹侧，肾脏的后方，呈长卵圆形，稍扁平，是产生卵子和雌性激素的器官。性成熟后的母犬，每到发情期，将有一批卵子成熟、排出，如遇精子，即可受精、怀孕。雌性激素的作用是促进雌性生殖器官发育，维持生殖机能。

（二）输卵管

输卵管是输送卵子和受精的管道，长约5～8厘米。卵子由卵巢排出后，即进入输卵管里，在此与精子相遇，完成受精过程，并被输送到子宫内发育。

（三）子宫

子宫是胎儿发育的场所。犬的子宫属双角子宫，子宫角细长，内径均匀，没有弯曲，两侧子宫角呈"V"字形。子宫体短小，只有子宫角的 $1/4 \sim 1/6$。胎儿在子宫角内发育，由于子宫角比较发达，因此，一窝最多时可产十几只仔犬。

（四）阴道

阴道是交配和胎儿产出的通道。犬的阴道比较长，环形肌发达。

（五）阴门

阴门为外生殖器官，包括阴唇和阴蒂。在发情期常呈规律性变化，是识别发情与否的重要部位。

第二节　藏獒的性成熟与发情

一、藏獒的性成熟

性成熟是指犬出生后，发育到一定时期，公犬便可产生具有授精能力的精子，母犬排出成熟的卵子，其他的生殖器官也发育完善，有正常的发情表现和行为，母犬与公犬一旦交配即能正常受孕。

性成熟的年龄受品种、饲养管理条件、地理环境、气候等诸多因素的影响，就是同一品种的不同个体也存在着差异。通常根据有无发情表现确定犬的性成熟时间。

藏獒属大型犬，性成熟较晚。一般公藏獒在 10 月龄表现出明显的性行为，$12 \sim 14$ 月龄达到性成熟；母藏獒 $10 \sim 12$ 月龄达到性成熟。

二、藏獒的发情

母藏獒发情与配种是繁殖工作的一个重要环节。只有正确地掌握母藏獒的性周期性变化和排卵时期，才能做到适时配种，提高受孕率和繁殖力。

（一）母藏獒发情

母藏獒每年发情 1 次，发情 2 次的极少。根据饲养地区的不同，发情时间略有差异，一般在每年秋季的 9～11 月发情。母藏獒的发情早晚还与其体况有关，体质差的母藏獒发情较迟，膘情过肥的母藏獒也不能按时发情，只有适龄、营养良好、中上等体况的母藏獒能准时发情。

发情周期是指第一次发情开始至下次发情开始的一段时间，初情期的母藏獒发情持续时间较长。一般需 20～30 天，而老龄母藏獒发情持续时间较短，从发情开始到结束持续 9～21 天。

发情周期中，母藏獒的全身状态和生殖器官都发生一系列复杂的变化。根据这些变化，可将发情周期分为四个阶段。

1. 发情前期

这是发情周期的第一个阶段，为发情的准备阶段，以母藏獒的阴户滴出带有鲜血的黏液开始，到接受公藏獒的交配为止，时间约为 7～10 天。生殖系统开始为排卵作准备。卵子已接近成熟，生殖道上皮开始增生，腺体活动开始加强，分泌物增多，外阴充血，阴门肿胀，潮红湿润，流混有血液的黏液。排尿次数增加而量少，吸引公藏獒嗅闻尿液。公藏獒常会闻味而来，但母藏獒不允许交配。涂片检查时，主要有核上皮细胞、多量红细胞和少量嗜中性白细胞。

此时期母藏獒的行为也发生一系列变化，如性情急躁，食欲锐减，兴奋不安，注意力不集中，服从性差，饮水量增加，排尿频繁，喜接近并挑逗公藏獒，甚至爬跨公藏獒，但不接受交配。处于发情前期的母藏獒应多放出栏圈，任其在场院中活动。其他发情母藏獒的尿液或公藏獒的气味有助于促进母藏獒发情并引起性兴奋，加快母藏獒进入发情期，并接受交配。

2. 发情期

发情期是发情征兆最明显的时期，从见到母藏獒阴道有深红色血样分泌物（俗称见红）之日算起，然后母藏獒接受交配，最后到拒绝交配为止，持续时间约 15 天。发情期紧接在发情前期之后，是一种自然的过渡，并没有什么严格的界限。

此时期母藏獒性情更显急躁不安，食欲几乎废绝，饮水量增大，很少卧息。从外部表现看，早期阴户肿大，末期有所消退，滴出的带血黏液减少，色由鲜红变为淡红，此时母藏獒进入发情高峰期。这时的母藏獒阴道分泌物由血样变为浅黄色，阴唇开始消退并变软，用手指轻轻触动肛门和阴唇之间，阴唇会有节律地收缩，母藏獒排出的气味显著诱惑公藏獒追逐和爬跨，经产的母藏獒会主动挑逗公藏獒，主动接近公藏獒，当公藏獒舔其阴户或爬跨时，母藏獒主动下塌腰部，四肢站立不动，尾翘起并偏向一侧，阴户屡屡上提，出现性欲要求，交配易成功。涂片检查时，主要为角质化上皮细胞，缺乏嗜中性白细胞，红细胞早期较多，末期减少。

母藏獒的年龄不同，发情期也不相同，一般初情期的母藏獒发情不规律，有的近 20 天才接受交配。而老龄母藏獒发情持续时间较短，见红后 5 天左右就可以交配，只有 2 岁以上的适龄母藏獒比较有规律，一般在见红后 9～11 天为最佳配种时间。

3. 发情后期

发情期结束之后的一段时期，从母藏獒开始拒绝公藏獒交配开始（这是母藏獒进入发情后期的界限），至卵巢黄体退化的一段时间。此时母藏獒由发情的性欲激动状态逐渐转入安静状态，逐渐恢复正常，不准公藏獒靠近。母藏獒表现出活动量减少、安静少动等生理现象。母藏獒子宫颈管道逐渐收缩，腺体分泌活动渐减，黏液分泌量少而黏稠。子宫内膜逐渐增厚，表层上皮较高，子宫腺体逐渐发育，卵泡破裂，排卵后开始形成黄体。涂片检查时，重新出现有核上皮细胞和嗜中性白细胞，缺乏红细胞和角质化细胞。

如已怀孕，则发情期后为怀孕期。否则发情后期一般维持 2 个月，然后进入乏情期。

4. 乏情期

发情后期到下次发情前期的一段期间称为乏情期，也叫休情期或间情期。其外部表现为阴户干瘪，无带血黏液滴出，不愿接近公藏獒，不容许公藏獒爬跨，公藏獒对其尿液和身体气味不感兴趣。涂片检查时，主要有核上皮细胞和少量嗜中性白细胞，缺乏红细胞。

乏情期期间，母藏獒的性欲完全停止，精神状态也恢复正常，体内生殖器官呈休止状态，直至乏情期结束，生殖活动再重新开始。母藏獒的乏情期较长，约 40～42 周。1 年发情 1 次是藏獒的种质特征，健康正常的适龄母藏獒 1 次发情后，只有到下一年度秋季发情季节才会再次发情。

（二）公藏獒发情

公藏獒发情无规则性，在母藏獒集中发情的繁殖季节，睾丸进入功能活跃状态，当接近发情母藏獒时，嗅到母藏獒发情时的特殊气味，便可引起兴奋，完成交配。

（三）影响母藏獒性周期的因素

1. 地域环境

在藏獒的原产地，海拔 3000～4000 米的青藏高原地区，通常母藏獒于 8 月下旬逐渐进入发情区。而在海拔 1500 米的兰州，藏獒集中发情的时间是 9 月下旬至 10 月上旬，在我国北方大部分地区发情时间在 9 月份至 11 月份。但在台湾和广东等沿海省份，母藏獒约在 11 月份后才发情。

2. 年龄

藏獒随着年龄的增大，身体代谢机能逐渐下降，发情周期也出现紊乱，往往使乏情期延长，而发情前期和发情期缩短，母藏獒通常在 8 岁以后繁殖性能开始下降。

3. 初情期

初情的藏獒，发情前期和发情期都较长。另外，营养和环境温度也影响初情，营养水平高的较营养水平低的早，热带的较寒带或温带的早。

4. 营养

由于营养缺乏或过剩（肥胖），也会延长乏情期或导致异常发情。

5. 疾病

由于卵巢囊肿、子宫蓄脓等生殖器官疾病往往导致乏情期时间过长，或不发情。

6. 母藏獒异常发情

（1）不按时发情　母藏獒有着一定的发情周期，若前一年发情的时间比较晚，次年发情的时间也相对较晚，这属于正常现象，无需担心。若想使其尽早发情，可让其与发情母藏獒经常接触，产生刺激而发情。初情期或母藏獒营养过多或营养不良，或年龄偏大，或缺乏运动，或患有子宫内膜炎和卵巢有持久黄体等原因，可能造成母藏獒发情时间比较晚。

（2）隐性发情　隐性发情是指有生殖能力的母藏獒外观无发情表现或发情表现不很明显，但体内卵泡却已发育成熟并排卵。一般表现为发情征兆微弱，母藏獒的外阴部不红不肿，食欲略减但不突出，鸣叫不安的状况不明显。这种情况如不细心观察，往往容易被忽视。这种母藏獒在发情时，由于脑下垂体前叶分泌的促卵泡生长素量不足，卵泡壁分泌的雌激素量过少，致使这两种激素在血液中含量过少所致。母藏獒年龄过大，或膘情过于瘦弱、营养不良，往往也会出现脑下垂体前叶分泌的促卵泡素和卵泡壁分泌的雌激素量少，发生隐性发情。因此要调控好母獒的体况，同时对年龄偏大或患有慢性生殖道疾病而又无种用价值的母藏獒应进行淘汰处理。

（3）假性发情　假性发情是指母藏獒虽有发情表现，实际上是卵巢根本无卵泡发育的一种假性发情。母藏獒在妊娠期间的假性发情，主要是母藏獒体内分泌的生殖激素失调所造成的，当母藏獒发情配种受孕后，妊娠黄体和胎盘都能分泌孕酮，同时胎盘又能分泌雌激素。孕酮有保胎作用，雌激素有刺激发情的作用，通常妊娠母藏獒体内分泌的孕酮、雌激素能够保持相对平衡。但是当两种激素分泌失调后，即孕酮激素分泌减少，雌激素分泌过多，将导致母藏獒血液里雌激素增多，这样个别母藏獒就会出现妊娠期发情现象，这也是一种异常发情现象。

母藏獒无卵泡发育的假性发情，多数是由于个别年轻母藏獒虽然已经性成熟，但卵巢机能尚未发育完全，此时尽管发情，往往没有发育成熟的卵泡排出。或者是个别母藏獒患有子宫内膜炎，在子宫内膜分泌物的刺激下也会出现无卵泡发育的假性发情。

（4）短促发情　发情时间很短，从 3～4 天到 7～8 天不等，如不注意观察，常易错过配种机会。短促发情多见于青年母藏獒，原因可能是神经内分泌系统失调，导致卵巢内发育卵泡快速成熟、破裂和排卵而缩短了发情期。但也有可能由于卵泡停止发育受阻而引起。

（5）持续发情　持续发情是指母藏獒发情时间长，大大超过正常的发情期限，某些在 30 天左右还能接受交配，但卵泡却不排卵，无法发生妊娠。这主要是由于母藏獒有卵巢囊肿或母藏獒两侧卵泡不能同时发育所致。卵巢囊肿，主要是卵泡囊肿。这时发情母獒的卵巢有发育成熟的卵泡，越发育越大，但就是不破裂，而卵泡壁却持续分泌雌激素。在雌激素的作用下，母藏獒的发情时间就会延长。此时假如发情母藏獒体内黄体分泌较少，母藏獒发情的表现则非常强烈；相反，体内黄体分泌过多，则母藏獒发情表现沉郁。

（6）断续发情　发情时断时续，发情表现时有时无，整个发情过程延续很长时间，可维持 30 天左右。这种情况可能是卵泡交替发育所致。先发育的卵泡中途停止发育，萎缩退化，而另一新卵泡又开始发育，导致断续发情的出现。当转入正常发情时，配种也可正常受孕。

（7）孕后发情　妊娠状态下仍有发情表现，称为孕后发情，其原因主要是由于生殖激素分泌失调所致。怀孕期间，胎盘分泌雌激素的功能亢进，抑制垂体促性腺激素的分泌，使卵巢黄体分泌孕酮不足，而胎盘分泌的雌激素又剧增，由此导致母藏獒出现了发情表现。

第三节　藏獒繁育体系

现存家畜的不同类型和品种是起源于物种内的有限几个野生类型。这些早期驯化的动物拥有的基因使得育种者们可以灵活地进行选配和选种。藏獒也不例外。

在任何情况下，一开始都没有一个最佳的育种体系或者是成功选种的秘诀。每一个育种方案都是个例，需要仔细研究。育种体系的选择应该主要考虑群体大小和质量、育种者对动物育种原理的技术和知识的掌握、资金和最终的育种目标。

一、纯种繁育

所谓纯种是指其所在的整个家系无论上溯多少代，直至公认的纯种基础群或者后来批准引入的个体都是纯种。

一只纯种藏獒可认为是某一品种的一员，而这个品种中的所有成员都拥有共同的祖先和独有的特征，并且已经被有关机构认定为这个品种的一员。

纯种繁育和纯合性这两个词含义差别很大。但二者之间也有一些联系。由于大多数品种的基础群都比较小，藏獒更是这样。因此，在繁育过程中不可避免地会导致近交和品系繁育，这就导致了一定比例的纯合性。而且，根据过去的经验，每繁殖一代，纯种的纯合性将提高 $0.25\%\sim0.5\%$。

应该强调的是，纯种家畜不是优良家畜和高产家畜，性能优秀不是成为纯种的必需条件。也就是说，纯种这个词语本身并不神圣也没有魔力。很多人都有过经验，有的纯种生产性能根本不好。然而，纯种家畜比非纯种家畜的优势在于能够忠实地传递优良性状的基因，而杂种可能在实际表现性状时做得更好。

纯种繁育是一项高度专业化的生产工作。一般来说，只有非常有经验的育种者才能承担纯种繁育工作，为其他纯种繁育者们提供所需的基础群和后备群，或者为杂交提供者提供纯种獒。

二、近亲繁殖

近亲繁殖即近交，是指亲缘关系更近的个体间的交配，如父女间交配、母子间交配、全同胞（兄弟姐妹）间交配。此方法在大部分品种基础群的组建中较为常用。

1. 近交的优势

近交增加了家畜的纯合性，使得后代的大多数基因的纯合性比品系繁育和远缘杂交后代更高。这样做的目的是使不想要的隐性基因显现出来而更容易剔除。因此，近交与严格的选择结合提供了一个最可靠的和最快的方法来消除有害基因和固定或保持有利基因。

经过一段时间的近交，群体就会逐渐形成表型及其他特征一致的品系。

近交维持了个体和理想祖先之间有最大相关。

较高的纯合性使得近交后代有更大的优先遗传。也就是说，经过选择的近交后代有利基因（常常是显性）的纯合性较高，因此，它们往下传递的基因就有更大的一致性。

通过培育近交系以及随后进行的某些近交系间的杂交，人们摸索出来一条现代家畜改良育种的道路，而且，最优秀的近交个体在远交中也倾向于得到最好的杂交结果。

依靠到外面引入种獒以维持獒群的优势是一种倒退，当育种者处于这样的特殊境地时，近交可以为其提供最好的健康后备藏獒，以维持现有的獒群品质不下降或者进行进一步的遗传改良。

2. 近交应注意的问题

因为近交极大地增加了在前几代中由于纯合性增强而出现隐性性状的概率，培育出不良个体的概率增加是一定的。这包括所谓的退化性状，如体型减小、繁殖力下降、生活力下降。在近交个体中致死因子和其他遗传畸形的发生频率都有增加趋势。

为了防止有害性状的固定应采取严格的淘汰措施，特别是近交繁育的前几代，这个繁育系统必须保证群体数量足够大，并且养殖场要有足够的资金来支持这种与育种规划同时进行的严格选育工作。

近交要求在制订选配计划和严格选育方面具有一定的技巧，因此只有好的育种者采用这种育种方案才能取得良好的效果。

育种者在处理边际群体时不应采用近交育种方式，因为当动物表现均一时就意味着存在很少的优良基因，近交将使有害基因的纯合子的频率增加。

单从表型来说，近交的结果非常不利，近交常导致有缺陷的家畜出现，它们缺乏成功和高效生产所必需的生命力。但是这绝不意味着适用于所有情况。虽然近交常常导致表型值低的家畜产生，但是优良的个体无疑比普通个体拥有更多的优良基因的纯合子，因此有更大的育种价值。所以，可以形象地将近交比喻成"火的考验"，育种者将得到许多并非期望的个体从而不得不将其剔除。然而，如果近交使用得当，育种者也能得到极有价值的可靠个体。

虽然在 20 世纪近交育种在实际中应用得不多，然而在纯种家畜品种形成期采用得较多，如果完全理解了近交原理及其限制因素，那么近交也有其优点。也许只有熟练的育种者才能将近交运用自如，需要有良好的经济条件进行严格而灵活的选育工作，并能忍受缓慢的经济回报，同时这个群体必须是一个处于平均水平之上的大群体。如果不符合上述条件，那么品种就不会得到改良。

三、品系繁育

品系繁育是比近亲繁殖的个体亲缘关系更远的一种选配方式，这种选配主旨在于保持后代与一些表现出众的祖先高度相关，如半同胞兄弟与半同胞姐妹间，母畜与祖父间以及堂（表）兄妹间。从生物学的角度来看，近亲繁殖和品系繁育是相同的，差别只是在强度上。一般来说，藏獒育种都愿意使用低强度的品系繁育方式，而不愿意使用高强度的近亲繁殖方式。

在品系繁育方案中，亲缘关系都不会比半同胞兄弟姐妹近，也不会比堂（表）兄弟姐妹以及祖父与曾孙等之间的关系远。

在实践中，保存和固定 1 个异常出色公獒或者母獒的优良基因时要采用品系繁育方式。因为这样使后裔有相似的血统，有相同的遗传物质，因而也表现出表型与生产性能上的高度一致性。

从狭义上来说，品系繁育方案与近亲繁殖方案有同样的优缺点。要说二者之间的区别，那就是品系繁育比近亲繁殖提供优良基因和缺陷基因的可能性都小。这是一个中庸的方案，通常被中小型育种场采用。通过这种方式，可以得到过得去的遗传进展而不用承担太大的风险。优势基因的纯合性可以得到大幅度的提高，却不用担心有害基因会增加。

采用品系繁育方案育种，往往会培育出更多的优秀公獒，因为公獒的后代要比母獒后代的数目多得多。如果育种者有 1 只非常优秀的公獒（大量的生产性能记录证明这个后代是优秀的），那么品系繁育方案可能会按照以下的路线进行：从这只公獒的后代中选出 2 只最优秀的，与它们的半同胞姐妹交配，在随后的选配中平衡所有可能的缺陷。接下来的世代选配则包括把 1 个优秀儿子的 1 个女儿和另一个的儿子交配等。

如果在这样的方案中，能确保用杰出的血缘（基因）纠正 1 个或者几个群体常见缺陷不失为一种明智选择，可以通过选择少数外来的杰出母獒而做到这一点——它们的后代生活力强，但是可能群体数量不足。然后，用这些母獒与这个品系的公獒交配，就有望生下一只优秀的种用后代。

一些实力稍差的或起步较晚的育种场，可以按照品系繁育的育种方案，从大的育种场购进一只这样方案生产的公獒，与本场的母獒进行交配，这样，就追上了大育种场的育种进展。

自然地，品系繁育方案也可以通过其他途径实现。不管实践中采用哪种选配，在这样的育种体系中，主要目标就是将理想表型和优异性能纯合子保留在一些非常优秀的系祖身上，同时消除有害的纯合子。因此，方案成功的关键在于一开始有哪些可以利用的优势基因并强化这些优良基因的效应。

需要强调的是，有些类型的群体不应该采用近亲繁殖或品系繁育这两种繁殖方式。这些群体包括那些表现一般的群体，即该群体的性能不高于该品种的平均性能。商品群育种者也冒着一定的风险，即使他们育种成功，也不能把他们的家畜以更高的价格当种畜卖。

对于一般水平的纯种畜群，常可以通过引进优秀公畜进行远缘杂交获得较快的遗传进展。而且，如果只有一般水平，那么该群体就必须"不良"基因占优势，通过近交和血系繁殖手段将这些不良基因强化掉。

四、远缘杂交

远缘杂交是指同一品种中没有血缘关系（4～6代以后）的动物之间的杂交。大部分纯种家畜都是远缘杂交的产物。这是一种风险较小的繁育体系，因为两个亲缘关系这么远的个体不大可能携带同样的有害基因并且把它们传给后代。

也许还应该提到的是，对那些中等或中等偏下的畜群，育种者最好采用远缘杂交育种方案进行纯种繁育，因为这样畜群的问题是要保留杂合基因型，以期望通过优良基因将有害基因抵消掉。对于这种中等或中等偏下的畜群，采用近交方案只能使少数优良基因达到纯合，这也就只能使畜群表现平平。一般来说，持续的远缘杂交既不会实现遗传改良，也不会带来像近交或者品系繁育那样退化的风险。

在品系繁育或近交中偶尔适当地应用远缘杂交对整个育种方案有好处。当高度近交个体的优良基因纯合的频率越来越高时，它们的有害基因也有可能越来越趋近纯合，即使它们的整体性能水平仍然在平均水平之上。这些缺陷可以通过引入一个或者一些与之互补的优良性状进行远缘杂交而予以纠正，这个目的达到后，明智的育种者就会再返回到原来的近交或品系繁育的方案上来，这样就避开了远缘杂交方案的局限性。

五、级进杂交

级进杂交是指纯种或原种公畜与一只本地或改良母畜进行交配的一种繁育方式。它的目的是为了保持品种的优良特性并提高后代的性能。

品质和性能改良进展最大的一步是在第一次杂交中取得的。这种育种方案得到了子一代携带有纯种或种畜父母50％的遗传物质。接下来一代则携带75％纯种或原种父母的血缘，随后的世代所携带的第一代父母的遗传物质的比例随着杂交次数的增加依次减半。再往后的杂交仍能不断地提高后代的质量和性能，只是程度较小。

3 次或 4 次杂交后，后代就已经在形态上与纯种或原种很接近了，只有非常出色的种公畜才能带来更进一步的提高。特别是级进杂交的各世代连续使用的公畜是来自同一个家系，则更是如此。

第四节 藏獒的选配

对藏獒的配种，在人为干预下进行，由人类按照自己的目的与意愿来决定公母獒的配对和交配，谓之选配。要获得理想的藏獒，不仅要重视对公母獒的个体选择，更应科学地决定公母獒的交配，才能科学地综合公母獒的优良性能和特征，有利于巩固优秀个体的遗传性，有效地保护某些品质出类拔萃的藏獒血统，使个体所具备的优良品质得到延续和发展，成为群体所共有的优良性状和性能，进而形成某一独具特色的藏獒品种群。这样可以有效地推进有关藏獒品种资源的保护和选育出优秀的藏獒种群。

一、藏獒的选配方式

（一）同质选配

同质选配是将性状相同或性能相似的、表现型一致的优良种獒相配，以期获得与亲代品质相似的优秀后代。其作用在于使亲本的优良性状稳固地遗传给后代。在繁殖实践中，为了保持种獒有价值的性状，增加群体中纯合基因型的频率，就可采用同质选配。或者当出现了理想类型，也可采用同质选配，使理想类型在群体中得到巩固和扩大。

实行同质选配时，要加强选择，严格淘汰不良个体和有遗传缺陷的个体，并注意改善饲养管理，以提高同质选配的效果。

（二）异质选配

异质选配是将不同性状或性能不相似的公母犬相配。异质选配具体可分为两种情况：一种是选择具有不同优良性状的公母獒交配，以结合不同的优点，从而获得兼有双亲不同优点的后代；另一种是选同一性状但优劣程度不同的公母獒相配，以优改劣，以期后代性状能取得较大的改进和提高。

实行异质选配时，由于性状间的连锁和负相关等原因，双亲优点不一定很好组合在一起，所以效果很不一致。同时在实行异质选配前，需要准确判别与配公母獒的基因型，把握后代形成的方向。

同质选配和异质选配这两种交配方法在养殖实践中有时单独使用，有时共同使用，即根据与配公母獒在体型、外貌、体质、体尺以及毛色等方面的表现，有时可以进行同质选配，有时可以进行异质选配；有时可能先同质选配，后异质选配；也可能某几个性状上是同质选配，另外的性状上却可能是异质选配。

（三）亲缘选配

亲缘选配是指有亲缘关系的公母獒个体之间的选配。在育种学上，将共同祖先的距离在 6 代以内的个体间交配叫近交，6 代以外的个体间交配叫远交。亲缘选配的好处是可以巩固优良性状，只要犬群中有优秀个体就可实行亲缘选配。此外，还有利于淘汰有害性状的个体。注意不恰当使用或长期使用近交，使藏獒的生产力、生活力、适应性等都较近交前有所下降，这一现象称为近交衰退。但藏獒有一定的抗近交退化能力。

实行亲缘交配时，要严格淘汰，将不合格的个体清除出去。有计划地进行血缘更新和灵活运用远交，近远交相结合。同时要加强饲养管理。

（四）年龄选配

年龄选配是指在配种时考虑年龄因素，最佳搭配是"壮龄配壮龄"，其次是"壮龄配少龄，少龄配老龄"。也就是说，选配中，必须有壮龄犬参与。

二、公獒与母獒的相对重要性

由于在一个特定的季节或一生中，公獒比母獒的后代要多得多，因此，从遗传观点上看，就整个獒群来说，单个公獒比母獒更重要；而就一个后代来说，公獒和母獒同等重要。由于 1 只公獒在特定的时间内能与多只母獒配种，因此公獒通常比母獒选择得更严格，而育种者用在优秀公獒身上的费用要比对同样优秀的母獒高。

大部分情况下公獒和母獒对任何一个后代的影响是相同的，因此，要力求种公獒和种母獒均要有优秀的性能。

（一）优先遗传

优先遗传是指公獒或者母獒把它们自己的特性传递给后代的能力。例如，一个优先遗传的公獒其所有后代比一般的半同胞个体更像它们的父亲，彼此之间也比一般的半同胞个体更相像。而对优先遗传进行检测的唯一方法是对后代的观察。

从遗传角度来说，一个家畜是优先遗传个体，必须具备 2 个条件：一是显性；二是纯合性。得到一个或多个显性基因的后代都表现出该显性基因所表现出的特殊性状；而且，完全纯合的家畜会将相同的基因传递给其后代。尽管完全纯合的家畜很可能是不存在的，但是通过建立近交系来获得几乎完全纯合个体是可能的，而且这是唯一产生完全纯合个体的方法。

然而，相反的观点是，没有证据可以证明在一个动物个体身上表现出某种性状就能预测优先遗传的存在。具体来说，一只精力旺盛、肌肉发达的公獒比一头在这方面相对逊色的公獒更有优先遗传的优势，这种说法是难以令人信服的。

同时也需要强调，确定优先遗传在动物育种中到底有多重要也是不大可能的，虽然过去很多公獒以优先遗传而著称。也许这些公獒是有优势的，但也有可能，它们的后代之所以表现出众是因为它们的与配母獒性能优秀。

总之，可以说如果一只公獒或母獒拥有大量控制优势表型和性能的完全显性基因，并且又是纯合的，那么它的后代在表型上将与其父母极为相像，彼此之间也极为相像。但谁又能这样幸运真正地拥有这样一只完美的藏獒呢？

（二）基因配合

如果某个组合的后代特别出色，并且在整体上优于它们的父母，育种者对此的解释是动物配合得好。例如一只母獒与某一只公獒交配后可产生优秀的后代，但是当与另外一只有同样优点的公獒交配后，后代却可能令人大失所望。甚至有时两只相当平庸的公、母獒交配后，产下的后代却无论表型还是性能都非常优秀。从遗传的角度来说，所谓成功的基因组合是来自双亲控制优良性状基因的正确组合的结果，虽然可能每个亲本缺少一些成为优秀个体的基因。换句话说，配合得好的藏獒是因为它们的彼此互补的优良基因组合在了一起。

家畜育种的历史就是按照推理将几个优势基因配合在一起的记录。然而由于好的基因配合纯属偶然，因此这样培育出的优秀个体要从育种的角度来仔细考察，因为这样育出的优秀个体是杂合子，这样的性状很难忠实地遗传给后代。

（三）家系

对家畜而言，家系是以品种为基础追溯公畜或者母畜一个家系的历史。然而家系的价值往往被夸大。显然，如果基础公獒或母獒往下延续了很多代，这个"家系的源头"的遗传优势由于一代一代的多次配种行为而依次递减，这样的话就没有理由认为这个家系比别的家系优越。如果育种者们特别重视某一数量较少的家系，这种情况就会更加严重，因为他们忽视了家系成员少的原因，在某些情况下这种结果是由于繁殖性能不佳或者存活率低而造成的。

家系本身是很容易推测的。因此，家畜育种的历史经常遭受错误的家系选育的毁灭性打击，如以没有太多实际意义的家系作为选种的依据。

当然，某些近交家系确实有遗传学意义。此外，如果在相应的育种过程中再结合严格的选育，就会选育出许多优良的个体，那么这个家系就可能被大家所认同。

三、选择基础

选择种公獒、母獒和后备藏獒需要考虑的因素很多。如品种类型、个体特征、生长发育状况、繁殖性能、系谱等等。必须注意的是，只有在同群饲养的情况下，对藏獒外形的感官评价才有意义，否则这些结果对它们遗传优势的估计价值不大。然而，一些外观特征如体况等仍需要从外观上进行评估。

（一）品种类型选择

基于品种的选择意味着藏獒的这些目标或标准已经达到了几乎完美的境地，而不符合这些标准的个体将被淘汰或不被选择。目前中国藏獒养殖有玉树派、内地名家派、原生凶猛派、与国际接轨派等四个代表性的派别。藏獒品相的发展在也经历了虎头、狮头、虎面狮身等以及台湾的"高大"流派。

玉树派多讲究品相，以阿波罗和赤古为代表的玉树贵族藏獒是玉树派的象征；内地名家派沿袭了玉树派对藏獒的鉴赏方法，对头版、毛量等颇为讲究，如逝去的咏江滨已成为内地广大獒友心中的藏獒形象；原生凶猛派以原生藏獒的凶猛为其最大特点，强调原生、凶猛、血统纯正，并且认为凶猛的原生藏獒才是真正的藏獒，不过分强调藏獒的品相和身高骨量，其代表藏獒多为平嘴或包嘴的凶猛狮型藏獒；与国际接轨派引入欧美国家成熟的犬类繁育经验和鉴赏标准，强调科学的喂养、训练和繁育方式，不过分强调藏獒的品相、身高、毛量、骨量、凶猛度等，强调以藏獒标准来鉴别其血统，合理的结构、服从性、性格沉稳是藏獒优秀与否的先决条件，即以藏獒的工作能力来鉴赏藏獒。

另外还有原生藏獒，以牧区贵族藏獒和牧区平民藏獒为代表。牧区贵族藏獒更讲究藏獒的观赏性，牧区平民藏獒更讲究藏獒的工作性能。

（二）个体特征

理想的藏獒身体的各部分都是均衡发展的，有一种自然而协调的美感。如额宽头大、骨量充实、骨骼粗壮、胸廓宽深、背腰宽平、四肢粗壮正直、皮厚有弹性、皮下脂肪丰富、耳大肥厚、肌肉筋腱坚实发达、关节强大、被毛厚密。种公獒在具备以上要求的基础上，更必须具备体型紧凑、长短适中、不肥不瘦、包皮阴囊收紧、性欲旺盛的特点。

作为种公獒，要雄威强壮，生殖器官无缺陷，阴囊紧系，精力充沛，性情和顺，配种时能紧追母獒，并频频排尿。若配种时出现不排尿、不愿爬跨母犬、交配无力、交配时间短的现象，或者性成熟后两侧睾丸尺寸不一，或只有一枚睾丸，不能作种用。

作为种母獒，要健康无病，生殖机能健全，产仔多，带仔好，有四对以上发育有效的乳头，泌乳能力强，母性好。母性好的母犬表现为分娩前会絮窝，产后能及时给仔犬哺乳，1个月后会呕吐食物喂给仔犬，仔犬爬出窝外后能用嘴将其衔回等。

（三）生长发育状况

最准确和最重要的选择标准是个体生产性能记录。

（四）毛色

毛色是品种的主要特征之一，是品种外貌的重要标志，也是最引人注目的品种特征。藏獒的毛色是所有养藏獒人选择良种藏獒的首要标准之一，藏獒的毛色好坏不仅与其本身种用价值有关，而且也与其经济价值密切相关。要想选择一只好的种藏獒，就必须了解藏獒毛色的遗传制约性。根据毛色进行藏獒的配对非常重要。

藏獒有6种基本毛色，即纯黑色、铁包金色（又称"四眼"或马鞍色）、红棕色、杏黄色、纯白色和狼青色。此外，还有许多其他中间毛色。

判断足月幼犬未来毛色最重要的部位是耳后的毛色，根据耳后的毛色基本可以确定其一生的毛色。

不同毛色的藏獒后代表现见表4-1。

四、藏獒初配的适龄时间

母獒性成熟后，即出现规律性的发情，如让其交配，就可怀孕、产仔，但此时最好不繁殖，因此时的母獒虽已达性成熟，但体内各器官还没有发育完善，即尚未达到体成熟，如果此时交配受孕，对母獒和仔獒的生长、发育都不利，会使母獒的发育受到很大影响，产后乳汁少，仔獒体型小，成活率低。最佳的繁殖年龄公藏獒应在2周岁，母藏獒应在20月龄以后，且母獒第二次发情。

表 4-1 藏獒毛色搭配及后代表现

种公藏獒毛色	种母藏獒毛色					
	红棕	铁包金	纯黑	狼青	黄	纯白
红棕	红棕、巧克力色	红棕、铁包金	纯黑	红棕、狼青	红棕、黄	红白(杂色)
铁包金	铁包金、狼青、红棕	铁包金	铁包金、纯黑	铁包金	铁包金、黄	黑白(杂色)
纯黑	纯黑、红棕	纯黑、铁包金	纯黑	纯黑	琥珀	黑白(杂色)
狼青	纯黑、狼青	铁包金、狼青	纯黑、狼青	黄、狼青	黄	青白、纯白
黄	红棕、黄、狼青	黄、铁包金	纯黑、狼青	黄、狼青	黄	土黄、淡黄
纯白	红白(杂色)	黑白(杂色)	黑白(杂色)	青灰、纯白	土黄、淡黄	纯白

五、藏獒的繁殖年限

母獒在体成熟后，其繁殖能力即可达到和维持最佳状态，以后随年龄的增长而逐渐下降。繁殖能力维持的年限常受品种、饲养管理和健康状况的影响。一般母獒的繁殖年限不超过10~12年。母獒从8周岁以后繁殖性能开始下降，出现发情表现不明显的暗发情。

公獒的利用年限比母獒要长一些，体质好的公獒利用年限在12年以上。但是公獒的最佳繁育年龄是2周岁至6周岁，这段时期所产的后代犬品种最好，以后繁殖能力逐渐下降，除特别优秀的公獒以外，其他品质一般的藏獒均不应作为种獒使用。特别是12年以后公獒的性欲下降，精液品质变差，不适合也不能承担配种任务了。

六、藏獒配种时间的掌握

正确的配种时间是提高配种成功率的关键，也是提高受胎率的关键。藏獒配种时间可从发情时间及排卵或阴部及分泌物两个方面确定。

（一）发情时间

母獒发情持续时间为 15 天左右，通常母獒从外阴部见血后（俗称见红）的第 9 天至 11 天是最适宜的配种期，此时母獒开始排卵。由于母獒的排卵时间较短，仅有 2～3 天，所以要在此时完成交配，否则尽管在排卵后的数日母獒仍可进行交配，但受孕的成功率很小。

注意不同年龄的母獒发情是有区别的，一般老龄母獒发情时间较短，见红后 5 天左右即可交配。通常母獒年龄每增加 2 岁或胎次每增加 2 胎，首次交配前移 1 天；初情母獒发情不规律，有的近 20 天左右才接受交配；2 岁以上适龄母獒约在见红后 9～11 天为最佳配种时间。

（二）阴部及分泌物

当发情母獒的阴唇变得柔软，原来垂直状态的阴道前庭变得平直。阴户流出的血样分泌物变得稀薄，阴道分泌物的颜色由红色变为稻草样黄色后的 2～3 天最宜进行交配。

有少数母獒，由于激素分泌失调，在发情前期或发情期并无血样分泌物从阴道内排出；也有些母獒的血样分泌物一直可持续到发情期结束，甚至可延续到发情后期若干天。对这样的母獒，就不能单靠观察阴道出血与否来确定配种日期，可用公獒进行试情，在母獒愿意接受公獒交配后的 1～3 天为最佳配种期。

第一次交配后间隔 1～3 日再交配 1 次，这样可获得较高的受胎率。

七、配种方式

藏獒配种的方式有自然交配、人工辅助交配和人工授精三种。藏獒的配种最好是采用自然交配，但是如果遇到由于公母獒体况相差较大，公獒胆小、性欲低、缺乏交配经验，母獒神经类型强、过于神经质等情况，致使公母獒间不能完成自然交配，就需要进行人工辅助交配。采用人工授精的优点也很多，正在被一些条件好的獒园采用。

（一）自然交配

公母獒的交配通常分两个阶段，即调情阶段、交媾阶段。调情时，公母獒相互舔生殖器，并伴拥抱嬉戏等行为，接着进入交媾阶段，即公獒的阴茎插入母獒的阴道并闭锁。交配时，当阴茎插入阴道后几秒钟开始射精，随后海绵体充分膨胀成栓塞状。这时母獒会扭动身体，试图将公獒从背上摔下，或公獒自动下来，公母獒成对尾姿势。这种栓塞状态持续 10～25 分钟，也有长达 1 小时的。这时公獒的阴茎会在母獒阴道内旋转 180 度，再次射精，因此这时不可将公母獒强行分开，否则会严重损伤公獒生殖器官。交配完后即自行脱离。当公母獒松脱后，会各自舔阴部，不可马上牵拉，驱赶，尤其是公獒，在交配后常会出现腰部凹陷，俗称"掉腰子"，切不可让其剧烈运动。

待公母獒稍作休息后，应将公母獒分离，以免它们嬉戏时做站立动作使精液从阴道内流出，也可防止性欲强的公獒在短时间内进行第 2 次交配而浪费精力。

（二）人工辅助交配

1.公母獒体况相差较大的

辅助人员蹲在母獒左后侧，左手抓住母獒尾巴和左后肢膝部，右手握住母獒的外阴，根据阴茎插入的角度适当使母獒外阴上下调整，使公獒的阴茎与母獒的阴道处于同一水平位置，直至配种成功。母獒体小、公獒体大时，应选择一凸凹处，使母獒后肢站在凸处，也可在配种场平地上铺垫一块厚木板，令母獒后肢站在其上，固定不动后再令公獒交配。体况相差过大的，还要用手或左膝托着母獒的后躯，使其不至于被压倒。反之，若公獒体小、母獒体大时，将母獒固定于凹处或垫块木板使公獒站高，保证其空间对位。

2.公獒胆小或性欲较低及缺乏交配经验的

对于胆量小的公獒，一是将待配母獒放入公獒舍内，公獒在自己舍内一般情况下具有相对较高的性欲；二是先将公獒牵到非常安静的配种场内，然后将母獒牵入配种场，四周不要有人围观，这样就能顺利完成交配。对于性欲较低的公獒，在配种前，令母獒站立不动，技术员牵拉公獒在母獒四周走动，并使其嗅到发情母獒的特殊气味，等其对母獒感兴趣时，再牵拉公獒到母獒身边，在公獒舔母獒外阴时，将母獒慢慢拉走，以激起公獒的性欲；对有爬跨母獒行为但性欲不高的公獒，在其爬跨时，牵制一下公獒，使其空爬几次，引发其性欲。一次配种虽经几次试探，均未成功时，应先让公獒休息一会，然后移动母獒位置，激发公獒性欲。同时，对于胆小、性欲低的公獒要加强锻炼，及时查找性欲低下的原因。对缺乏交配经验的公獒可用一手将母獒尾巴旁移，不使其遮挡阴户，另一只手辅导公獒的阴茎使其准确插入。

3. 神经类型强和神经质及有拒配恶癖的母獒

兴奋性过高的母獒在配种前应戴上口笼或用绳绑上嘴，防止咬伤公獒；对于老而未交配过的母獒、长年不运动的母獒，通常表现特别神经质，在发情期也害怕公獒交配。人工辅助交配时其皮肤特别敏感，由于阴门括约肌和阴道肌肉过度收缩，公獒阴茎很难插入完成射精，对于这样的藏獒只能在其情期配种前，向其阴门上部和左右两侧肌肉深部注入 5 毫升 2% 普鲁卡因（但切忌直接注入阴道，以免伤害公獒阴茎），待 15~25 分钟后，指检感到阴门括约肌和阴道肌不收缩后，再进行本交配种。这种方法不影响受胎率和产仔数。

无论采取哪一种方法，都必须拉住牵引带，让公母獒进行调情，但有意不让公母獒接触，待公母獒的性欲达到高潮时，才让其交配。实践证明，重复交配可提高受孕率。第一次交配后隔 24~48 小时再交配 1 次，这样可减少空怀。只交配 1 次的母獒，空怀率达 34%；交配 2 次的母獒，空怀率 30%；交配 3 次的母獒，空怀率 20% 左右。因此，目前一般都采用重复交配。

（三）人工授精

藏獒实行人工授精可以提高优质藏獒品种水平，提高优秀种公獒的利用效率，防止疾病的传播流行，克服公母獒体格相差较大的矛盾，还可以延长繁殖年限。另外，人工授精还不受地区限制，可以节省人力、时间和饲养费用。操作步骤与方法如下：

1. 采精

宜用手握法采精，在安静的场地上进行。公獒每天只能采精 1
次，通常每周可采 2～3 次。采精时，公獒站在平坦的地面上，由
熟人抓住颈圈保定。采精者蹲于公獒腹侧一手持集精杯，另一手握
住藏獒的阴茎头球部包皮一松一紧地节律性施压以引起射精；性欲
差者可先用手纵向滑动包皮几次，有勃起反应后再节律性地施压。
射精过程持续 3～8 分钟，较明显地分为 3 个阶段，首、末两段排
出的都是清水样不含精子的精清，只在中段分几次射出发白的含有
精子的部分（浓精液），可根据需要接取全份精液或只接取浓精液。
采得的精液要及时置于 30℃ 左右的环境中。在采精过程中，采精
者要戴一次性橡胶手套，手或集精杯均不可触及公獒阴茎。采精结
束后，若公獒的阴茎久久不能自动缩回，可用稀释液湿润后将包皮
捋向阴茎头助其缩回。

2. 精液的稀释

精液稀释后可给更多的母獒输精，而且藏獒精液只有经过稀释
才能进行保存。

常用的藏獒精液稀释液有多种，均需添加抗生素。精液用任何
一种稀释液稀释后都可直接用于输精，要进行低温保存的精液必须
用含有抗冻保护作用的卵黄或奶类的稀释液进行稀释。

稀释液一般应现用现配，密封灭菌者可在 0～5℃ 保存 1 周。
配制用具要求干净、干燥。稀释液灭菌后不能接触带菌物品。配制
时，药品称量要准确，以新鲜蒸馏水或去离子水溶解后过滤于三角
瓶中，用硫酸纸扎口或加棉塞后煮沸灭菌。加热不要过急，煮沸后
以小火在接近沸腾状态维持 5～10 分钟。奶类用 4 层纱布过滤后以
巴氏灭菌法（92～95℃ 10 分钟）灭菌，冷却后除去奶皮。卵黄须
采用新鲜鸡蛋，与抗生素以及甘氨酸一起待溶液温度降至 40℃ 以
下时加入并摇匀。

稀释液与精液的温度要一致或相近（等温稀释），二者的温度
差不得超过 5℃。稀释液要沿着精液容器的壁缓慢加入（注意稀释

方向），边加边轻轻晃动精液容器使及时混匀。稀释不超过 2 倍时可一次稀释（一步稀释）；高倍稀释则应分步进行，即每稀释 1 次后应停数分钟，检查一下精子密度和活力，有继续稀释的必要时再进行下一步稀释，而且每一步只在前液量的基础上稀释 1~2 倍。

3. 输精方法

输精者以右手拇指与食、中二指相对，捏住扩阴管后部距端缘 3~5 厘米处，以左手拇、中二指分开母獒阴唇，使扩阴管前端沿前庭背侧壁斜向前上方旋转着插入阴道内。当感到阻力有所减小（轻松感）时，表明其前端已进入阴道，随即将管的后端向上适度抬高继续轻缓地向前插，要始终保持扩阴管前端与阴道背侧壁相接触，直到阻力明显变大或扩阴管已几乎全部插完（却未感到阻力变化）为止。在阻力增大前如果出现过落空感（阻力突然减小），或此时轻轻转动扩阴管而前端有约束感，便可将金属输精管经扩阴管腔一直插到底（以遇到阻力或输精管尾部已接触扩阴管末端为准），然后轻轻后退输精管，其尖端若有被吸住的感觉，或在后退过程中将其尖端做画圈般的回旋运动，感到尖端不在扩阴管腔内或曾挂住过该管的前端（挂沿），均证明扩阴管前端确已进入到子宫颈外口内。若无这些感觉，就可能是扩阴管插到阴道下穹隆里去了，应适当调整扩阴管前端的方向重新试插。确认扩阴管前端已插入子宫颈管内后，略抬高母獒后躯并把输精管稍向后退，把吸有精液的注射器接到输精管上，缓慢注入精液；精液注完后，将注射器取下吸入约 1 毫升空气再注入，以冲出输精管内残留的精液。接着把输精管后退 2~3 毫米并倒抽一下注射器，若没有抽到精液，就可依次抽出输精管和扩阴管，随即把右手食指伸入母獒阴道内，有节奏地上下颤动 2 分钟左右（频率约 0.8 秒/次），以防止精液倒流，然后放开母獒。如果倒抽时精液又回到注射器内，应把精液全部抽回，重新调整扩阴管位置，直至准确地完成输精操作。

八、配种注意事项

（1）配种前应对公獒和母獒进行健康检查，给母獒驱虫，并适当增加营养。交配前 2 天和交配期间不宜做剧烈运动。

（2）配种时间一般为早上，精神状态最佳的时间，最好在上午的 8～10 点钟。冬天则要在中午，天气比较暖和时进行。

（3）配种前、配种后 2 小时内不允许饲喂，以免公獒在交配时发生反射性呕吐。交配后也不可让其马上饮水，应休息片刻，活动一会儿再让其饮水。

（4）配种最好选在饲养母獒的地方进行，公母獒交配时对其他母獒是一种刺激，能促进母獒同一时期内发情，便于饲养管理。

（5）配种场地要求安静，无闲杂人员，除了有关的饲养员在场监护外，尽量避免围观，以免藏獒受惊扰。还要看好散放的犬或其他牲畜，避免其他犬或牲畜介入，发生咬架事故。

（6）交配前应让藏獒自由活动一会儿，并排出大小便。公母獒交配未结束不得强行将其分开。

（7）对于咬人或咬公獒的母獒，要戴好口笼，以免在交配过程中伤人或伤犬。

（8）作好各种情况的记录。

第五章
藏獒的饲养管理

第一节　仔犬的饲养管理

　　仔犬指从初生到断奶（45 天左右）这一时期的犬。仔犬出生后眼闭、耳聋；全身被覆短毛，10 天方能站立，14 天睁眼，15 天左右开始舔食人工饲料，25 天可追随母犬争抢乳头。这一时期仔犬的特点是活动能力差，体温调节机能和消化机能尚未发育健全，但生长速度快，对营养需求较高。

　　在饲养管理上应做好以下方面的工作：

一、防窒息、保成活

　　正常情况下，母獒在产仔后，即将脐带咬断，并将仔犬全身吸吮干净。但是对于母性不强的母獒，饲养员要帮助母獒照料好刚生下来的幼仔。刚生下来的幼仔，尤其是早产儿，极为脆弱，如果母獒没有及时撕开胎膜，饲养员应帮忙扯破，以防胎儿窒息，并尽快清除仔犬口、鼻呼吸道黏液、羊水等，并用消毒过的毛巾擦拭干净。仔犬若是呼吸微弱或出现假死时，应立即采取急救措施，将仔犬的头朝下左右摇摆，或用嘴吸仔犬鼻，吐出水，然后进行人工呼吸、按摩胸部、拍打。为防止母獒压伤幼仔，饲养员可将新生幼仔暂时移离，放入产箱内保温，等母獒分娩完毕后，再抱回来。产箱内温度不宜低于 25℃。

二、严防脐带感染，做好消毒工作

脐带留 1 厘米用白线结上，然后剪断脐带，其断端经碘酒消毒后一般 24 小时会干燥，7 天左右脱落。这期间应注意脐带变化，勿让仔犬互相舔吮脐带部位，防止感染。

三、让仔犬及时吃到初乳

通常把分娩后第 1～3 天所分泌的乳汁称为初乳，初乳是仔犬获得免疫力及营养成分的唯一来源。初乳里含有多种母源抗体，营养成分丰富，维生素 A、维生素 D 的含量分别比正常乳高 10 倍，免疫球蛋白、矿物质含量高，由于初乳酸度高，有利于仔犬消化；其黏性较大，可保护仔犬胃黏膜；矿物质对仔犬有轻泻作用，利于胎粪排出。另外，犬瘟热、犬传染性肝炎、犬细小病毒病等传染病的母源抗体，90％以上经初乳传给仔犬。早吃初乳、吃足初乳，可增强仔犬免疫力，提高成活率。因此，仔犬出生后就应吃到初乳，越早越好，对第一次做母亲的初产母獒或母性差的母獒，可由饲养员协助母獒擦干新生仔犬身体后，将仔犬送到母犬怀中，让仔犬尽快找到乳头，及早吸吮到初乳。特别是对活力弱、吸乳能力差的仔犬，应及时将其放在后边乳汁多的乳头上，或每隔 0.5～1 小时人工辅助吮乳 1 次。

四、固定乳头

仔犬出生后，头左右摇动，寻找母亲奶头。一旦接触，便立即吮吸，那些行动不便、体弱的仔犬，不容易找到母亲乳头，必须人工加以辅助，让每只犬都能及时吃到初乳，并按仔犬大小强弱分别予以固定。把那些弱小的仔犬固定在乳量多的乳头上，以使仔犬发育整齐，降低死亡率。

五、注意保温

因藏獒多在春季出生，天气比较寒冷，保温工作是提高仔犬成活率的关键因素。在仔犬生后 1 周内，被毛稀，皮下脂肪少，保温能力差；由于大脑皮层发育不健全，体温调节机能弱；从母体内恒温环境到体外变温或低温环境，仔犬不适。因此，要特别注意保温，獒舍的窗子需用塑料薄膜遮起来，要为母獒准备既保暖又防风的产箱，铺上柔软干燥的垫草，并注意经常更换产箱内的垫草，以保持干燥卫生。特别注意产箱不能受贼风和过堂风的侵袭。

六、人工刺激排便

新生仔犬开始自己不能排便，一般是仔犬吃乳时母犬舔舐其会阴区域或下腹部，以刺激其大小便排出。但若母獒母性不强，饲养人员应每天用蘸有水的药棉或温热的湿毛巾擦拭仔犬的肛门处，给以人工刺激，促使其粪便排出，否则仔犬会因排泄不畅而憋死。

七、清洁擦拭身体

仔犬稍大一些后，饲养人员每天用软布擦拭仔犬身体，并为其梳理被毛，以除掉污物，保持体表清洁，刺激血液循环，增强新陈代谢，利于仔犬健康生长。在天气晴好时，用水温 25℃的高锰酸钾水浸泡用于擦拭的毛巾，然后逐只擦拭仔犬，再用干毛巾将擦拭过的仔犬身体擦干。

八、适当晒太阳和运动

仔犬睁眼并会走时，在天气晴好的中午，可将仔犬、母犬带到舍外晒太阳半小时。这对犬充分呼吸新鲜空气，利用紫外线杀灭身上细菌，促进仔犬骨骼发育，防止软骨病发生都是十分有利的。在寒冷的季节将仔犬放到有阳光的玻璃窗旁，接受阳光照射。只要天气好，就可让其自由活动，开始 30 分钟，以后适当延长，让母犬带仔犬去运动场不限时间活动，只有在天气不好时才关进舍内。

九、保护眼睛

仔犬生后，14 天才开始睁眼，在仔犬睁开眼睛时，要避免强光刺激，以免损害眼睛，同时饲养人员也不要强行扒开眼睛，以免造成不良后果。

十、搞好消毒工作

定期用火碱（配成 2％～3％的热水溶液）、3％来苏儿和 5％福尔马林交替消毒产室、产箱和仔犬活动场所。用新洁尔灭消毒液（0.5％～1％）每日擦洗母犬乳房 1 次，保持母犬乳房及犬窝的清洁。

十一、定期驱虫、接种

在仔犬生后 25～30 天内，进行第一次驱虫，以后每月驱虫 1 次，幼犬在 40 日龄时，可进行小剂量疫苗接种。

十二、作好记录

做好称重记录工作，及时了解母犬泌乳情况。母犬一般窝产仔 6～10 条左右，饲养员每天对每只仔犬均要称重并作好记录。仔犬生后 5 天，每天平均增重不少于 5 克，6～11 天，日增重 70 克左右，如果低于这个标准范围，应采取补饲措施。

十三、保证清洁饮水

供应饮水时要注意水质、水温、水量、时间。仔犬须及时供给清洁水源，不能含有害物质、病原微生物等，水槽要每天清刷 1 次。季节不同饮水量不同，夏季饮水量最多，不能间断。水温要适宜，夏季饮凉水，冬、秋末及初春饮温水，饮水时间要选在采食后。

十四、补饲

据观察，母犬分娩后的泌乳高峰期出现在第 3 天，能维持 5～7 天，以后泌乳量逐渐下降，而仔犬对母乳的需求却是逐渐增加的。因此，除了供给母獒新鲜优质、易于消化吸收的动物性与植物性饲料，确保母獒的乳汁充足以外，还要在仔犬出生后第 12 天开始给仔犬补饲。补饲以新鲜牛奶为佳，用奶瓶喂给，奶温控制在 18～24℃ 范围内。开始每天每只补 15～20 毫升，分 2 次喂给，以锻炼仔犬的肠道适应能力。15～19 天每天补饲 30 毫升，20～24 天每天补饲 50 毫升，25～34 天每天补饲 100 毫升，35～45 天每天补饲 120 毫升，分 3～4 次喂完。20 日龄时，在牛奶中加入少许稀饭或米汤；25 天时，可再加入些较浓的肉汤；30 天后可增加一些适口性好、易消化的碎肉和菜类，每次 15～20 克，每天早晚各补 1 次。随着仔犬消化机能逐渐完善和体重增加，补饲食物量也要增加，用牛奶、米饭、熟碎肉、鸡蛋等放在一起做成半流质食物，适当增加一些维生素 A、鱼肝油和骨粉等，少喂勤添，直至 45 日龄左右断乳。

十五、人工哺育

在母犬产后死亡、产仔过多、产后无奶或泌乳不足时，需要对仔犬进行人工哺育或寄乳。人工哺乳时一定要保持产房和犬箱温度，用消毒棉球擦拭仔犬的臀部，以刺激其排便，直到睁眼自己排便为止。将牛奶倒入奶瓶中，温度 27～30℃，生后 5 天内每天每只仔犬喂奶总量不少于 100 毫升，分 4～6 次喂给，白天每隔 2～3 小时喂 1 次，夜间每隔 4～6 小时喂 1 次。6～10 天内每天每只仔犬喂奶总量不少于 150 毫升；11～20 天，乳量渐增到 200～250 毫升；20 天以后，训练犬自食粥样食物，直到断奶后，改成粥样食物。在人工哺育中要注意奶瓶的消毒工作。

寄养仔犬时要选择性情温顺、母性好、产乳量多的母犬作为保姆犬，同时要求保姆犬分娩时间与寄乳犬出生时间基本一致。因母犬靠气味分辨自己的孩子，故在寄养中，先给寄养犬身上涂上保姆犬的乳汁、尿液，如能涂上些羊水更易被母犬接受。为防止意外，最好在无光条件下或先将母犬牵出后，将仔犬放入，并观察母犬，避免其将仔犬踩伤或咬死。特别注意的是，一次不要寄入太多，刚开始寄养时，饲养员要守在保姆犬身边，安抚和观察保姆犬哺喂情况，只有确认寄养成功后方可离开。

十六、仔犬断奶

断奶时间可根据仔犬的体质和母犬授乳情况而定，一般在仔犬出生后 45 天左右断奶。断奶方法很多，有一次性断奶法、分批断奶法和逐渐断奶法。

一次性断奶法是指仔犬到断奶日期，强行将仔犬和母犬分开。其优点是断奶时间短，分窝时间早；不足之处是由于断奶突然，食物和环境都突然发生变化，容易引起獒崽消化不良，大、小獒精神紧张，乳量足的母獒还可能引起乳房发炎。

分批断奶法是根据仔犬的发育情况和用途，分先后，分批断奶。发育好的可先断奶；体格弱小的后断奶。其缺点是断奶时间长，给管理上带来麻烦。

一次性断奶法和分批断奶法这两种方法都有其不利的一面。建议采取渐减哺乳次数的逐渐断奶法。即在 40 日龄左右开始，将仔、母犬分开，每隔 4～6 小时将仔母犬关在一起，让仔犬吃奶，吃奶后再分开，并逐渐减少吃奶次数，直至完全断奶。这是比较安全、可靠的方法，可减少仔、母犬因突然断奶而引起的刺激。

仔犬断奶，对仔犬来说是一个新的转折，由吃母乳到自己独立生活，并处于生长发育旺盛时期，但消化机能和抵抗能力尚未发育完全，所以在让仔犬过好"断奶关"这一时期，饲料、饲养方法和环境要逐渐过渡，喂给营养完善、适口适温的食物，加强管理，精心照料，以保证其健康、快速生长。

第二节　幼犬的饲养管理

幼犬是指从断奶至 6 月龄之间的犬。此时的幼犬由于生活环境的突然改变，并处于增大躯干和增大体重的重要时期，同时也是体内母源抗体不断减少、免疫机能还未健全的阶段，稍有疏漏，会引起幼犬发病，影响生长发育。所以，对幼犬的饲养管理应做到以下几个方面：

一、断奶过渡期的管理

此时幼犬往往精神不安，食欲下降，生长发育减缓，容易生病，且病死率较高。因此，要为幼犬创造一个舒适的环境，不宜突然改变。开始断奶后的几天内，可将母犬牵出另舍饲养，幼犬在原舍内继续饲养，保持原有环境，注意保温，不混群不并窝，5～7天后幼犬离开母犬也能独立生活后即可进行分群管理。

饲料方面，断奶后1周左右饲料配方应与哺乳期补饲的相同，加工成流质状态，以适应幼犬的肠胃。以后逐渐过渡，一般2周左右就可以逐渐过渡到幼犬饲料。幼犬的日粮标准，饲料蛋白质含量要达到22%，其中动物性饲料要占到30%，并要富含矿物质、维生素，适口性要好，调制一些稀、软易消化的饲料，适当地加些牛奶，每天至少喂4次，供给充足的饮水。

稳定的饲喂制度可促进幼犬的生长发育，减少疾病发生。饲喂上实行定时（每天固定时间段饲喂）、定量（按照幼犬生长日龄需要饲料的数量）、定质、定温的饲喂制度。少食多餐，保持其旺盛的食欲和消化能力。对1～2月龄幼犬每日4次饲喂，即9：00、12：00、17：00、21：00；3月龄以后日喂3次，即9：00、13：00、17：00。每次喂量不可忽多忽少，以每次在10分钟内基本吃完为好，即2次喂成八成饱为宜。食料过夜不用，太热不用，太冷不用。喂食地点、食具固定，不随意更换地点，对每只幼犬的食盘编号，食盘固定，不能混用。食料新鲜、适口，应现用现配，尤其是肉、菜、蛋等易腐食料，更需妥善保存。

饲喂中加强现场观察，对不吃食、打蔫、溜边的个体要查明原因，及时采取措施并记录。取出剩食，不可在犬圈中长时间放置。

二、环境良好的犬舍

由于幼犬的体温调节功能较弱，幼犬的犬舍应背风向阳、冬保暖夏凉爽、干燥、卫生、易清扫，以敞圈内设犬窝或犬床为好。犬舍设有小门，门上挂帘，晚间放下。犬窝内铺垫草，勤更换，防止潮湿和粪便污染。在寒冷的冬季应加强犬舍的保暖，犬舍内应铺垫棉絮等保暖物品。夏季，不要把犬放在太阳直射的水泥房顶的犬舍饲养，防止幼犬因高热而中暑；另外，幼犬不可长时间在风扇或空调下吹风，以防引起感冒及关节炎。

三、保持圈舍清洁卫生

每天打扫圈舍，勤换垫草，定期消毒。不许闲杂人员随意进入犬舍。工作人员入场必须先行消毒，配备工作服、鞋、帽、手套。食盘、饮水盘每天清洗，定期消毒。食盘、饮水盘各犬专用，不能混杂。粪便、污物有专门的污道出场，并及时掩盖。病犬及时隔离，所有病犬的用具、犬舍每天消毒清洗。犬舍、犬场内禁止饲养其他动物。

四、饲料供应

对断奶至 6 月龄幼犬，配合日粮所选用的饲料原料通常有玉米粉、肉骨粉、动物内脏（牛、羊、猪，必须先熟制）、鸡蛋、奶粉（逐渐减少）、黄豆粉、多维（即多种维生素）、土霉素粉、蔬菜（洗净、煮熟、揉碎）、食盐等，熟制成糊状饲喂。

可利用各地数量充足、价格低廉、品质好的谷物籽实加工成粉，如玉米、大米、高粱等。但选用动物来源的矿物质饲料时应忌用乌贼骨、鸡骨，鱼粉的用量也应控制在较低的水平。

日粮中蛋白质水平应在 30％ 左右，热能以每千克体重计，一昼夜应达到 60 千卡。即主要饲料玉米粉 50 日龄时 250 克，以后逐渐加大饲喂量。对 35～60 日龄的幼犬，每日尚应加喂钙片、鱼肝油丸、酵母片。鱼肝油丸加喂约 10 日后，应停喂 1 周，以后再看情况加喂。

幼犬的日粮必须加工熟制后，待食温适宜时饲喂，少给勤添。幼犬日粮中动物蛋白质应充分保证。各种饲料原料都应新鲜、品质良好、无污染。所有发生霉变、腐败、污染的原料都应废弃，禁止喂犬。

五、分群和调教

幼犬生长发育到 4～5 月龄时，犬群已开始建立群体秩序，幼犬开始具有攻击性，此时应分群饲养。应根据性别、体格大小、体质强弱、采食情况等进行合理分群，群体大小以犬舍面积大小决定，一般每群以 3～4 只为宜，最多不可超过 5 只。

幼犬分群后进入新的环境，生活习惯可能会发生改变，这时要对其进行定点排便、定点睡眠的调教，使其养成良好的生活习惯，便于今后的训练和管理。

六、运动和日光浴

多数幼犬活泼好动，爱玩耍。带着幼犬运动，可以增加犬和人之间的亲近感；运动可加强幼犬的新陈代谢，促进骨骼的生长发育，改善内脏器官的功能，增强其抵抗疾病的能力；另外，还可以培养其灵活性及敏锐感。

运动以每天 2 次（上下午各 1 次），每次运动 1～1.5 小时为宜，让幼犬在运动场内得以充分运动。幼犬在运动的同时可晒到太阳，阳光中的紫外线可以杀死犬体上的一些病原微生物，同时可以促进幼犬的骨骼发育，防止佝偻病的发生。

七、幼犬驱虫

幼犬由于机体防御机能发育不完善，易受到多种寄生虫的侵袭，尤其是蛔虫、绦虫等寄生虫。由于幼犬的肠腔细，蛔虫等寄生虫相对数量多，个体大，造成幼犬腹泻、消瘦，严重的甚至吐虫子。粪便中可发现虫卵。个别幼犬可引发小肠套叠，或者脱肛。因此，幼犬驱虫应每月进行 1 次，驱虫药物应选择毒副作用小、安全可靠、易于解救的药物，常用丙硫苯咪唑和左旋咪唑，口服，1 片/2.5 千克体重，每天 1 次，连吃 3 天，对蛔虫、蛲虫和钩虫有效。甲苯咪唑对蛔虫、蛲虫、钩虫、鞭虫和线虫有效。复方甲苯咪唑（速效肠虫清）是甲苯咪唑与盐酸左旋咪唑配伍制成，顿服 2 片，但有的犬会出现便血，原因不清。吡喹酮可以治疗绦虫感染，口服 10～20 毫克/千克体重，1 次顿服即可。为防止污染环境，驱虫后粪便及污物应作无害化处理。

八、清洁擦拭幼犬

每天都要给幼犬用毛刷擦拭身体，去除污物，防止寄生虫繁殖，又可促进血液循环，保健皮肤。同时增加幼犬与饲养员的接触，利于幼犬的成长和管理。

九、拴系及牵领

藏獒幼犬应尽早开始拴系，便于养成或培养藏獒的性格，特别是对主人的无限亲热，对陌生人的高度警惕、强烈敌意。为此拴系时间最迟应始于 2 月龄。幼犬生长发育快，应常检查拴系绳，以防太紧或磨伤，引起炎症。应有专人（或主人）时常牵领，避免幼犬与多人接触，否则对其性格形成不利。对断奶后幼犬应绝对避免呵斥、殴打，以防幼犬形成懦弱的性格而失去凶猛无畏的天性。

十、防止中毒

日常生活中使用的灭鼠药、灭蝇药、灭虫药等都对幼犬构成潜在威胁，幼犬常因误食药物或食入中毒的蝇、虫、鼠而发生中毒，因此，应做好毒药的保管工作，毒杀的蝇、虫、鼠应及时清理，以防幼犬误食。

十一、疫病防疫

犬的传染病最易侵袭幼犬，而幼犬感染传染病后治愈率较低，所以要使犬健康度过幼年阶段，预防性免疫接种必不可少。重点预防狂犬病、犬瘟热、犬细小病毒性肠炎、犬副流感、犬冠状病毒性肠炎、犬副伤寒、犬传染性肝炎及犬腺疫Ⅱ型等烈性传染病对犬的致命性侵染。对断奶后幼犬还应注意防止细菌性痢疾、感冒等疾病。为防止断奶后幼犬营养不良，出现体质纤弱，诱发其他疾病，除加强营养外，还应及时驱虫和防止出现软骨病。后者尤其对食量大、生长快的幼犬更易发生。幼犬最佳免疫时间为 45 日龄，在无病情况下，给予注射犬五联、犬六联或犬七联疫苗，疫苗一般注射 3 次，每次间隔 15 日，免疫期 1 年。注射疫苗期间应禁用各类药物，少洗澡，避免应激，严防与病犬接触。

十二、作好记录

记录多采用日记形式，逐只逐日记载。记录内容包括摄食情况、精神表现、健康状况、意外事故、饲料消耗、体尺与体重的变化及幼犬的生长速度、方法、采取的措施等。

第三节　青年犬的饲养管理

青年犬也称为育成犬，是指 6~10 月龄的犬。此时的犬已经度过了断奶后易发病期，是犬生长发育最快的阶段，犬只各种组织器官在机能上逐渐完善成熟，一些藏獒的特性逐渐显露和形成。因此，抓好藏獒育成犬的饲养管理和培育对成功塑造具有理想的形态结构、体形外貌、气质品位的优良藏獒非常重要。

一、一犬一舍

6 月龄以后的藏獒个体，已经不适合分群饲养了，应该单独喂养，实行一只犬一个舍，在不运动的时候要拴系，适应性训练时也要拴系牵引进行，只有自由活动和晚上睡觉时才放开。保持圈窝干燥，垫草勤更换，不使窝内潮湿，更不能有粪尿污渍。

二、保持足够的运动量

保持足够的运动量对于藏獒的生长发育益处很多，对所有断奶后的藏獒育成犬，在阳光充足、空气清新的时候，都要放开任其追逐玩耍，对育成期的藏獒发育及其健康十分必要，特别是冬季，更要尽可能多地在户外锻炼，每天保证有 4～6 小时为好。犬在活动中使筋骨、肌肉得到了充分的锻炼，更有机会进行充足的日光浴，对预防藏獒育成犬佝偻病有极显著的作用。

三、做好营养供应

7 月龄以后藏獒主要是身高增长阶段，采食量逐渐增大，必须供给充足而丰富的饲料。参照犬育成期的营养需要配制科学合理的日粮，并确定科学的饲喂制度，做到定时、定质、定量、定温。

四、充足饮水

不论是盛夏还是严冬，都应给育成犬供给充足清洁的饮水。水的温度要适宜，切忌让犬饮冰碴水，以免引起犬的腹痛、肠鸣。

五、保持圈舍清洁卫生

每天清扫圈舍，及时清除犬排出的粪便和污物，始终保持舍内整洁，食盆也要保证每次使用后用清水冲洗干净，饮水盆要做到每天清洗 1 次，发现有脏物以后及时更换清洁水。这些对于防止蚊蝇和寄生虫的传播非常重要。

六、定期消毒

始终坚持做好犬舍和犬身体的消毒，对于任何时期的犬来说都是必要的。因此，养獒场必须坚持定期消毒，地面可用氢氧化钠溶液消毒，笼具墙壁可用火焰消毒，舍内用紫外线灯照射消毒，犬体可用来苏儿或高锰酸钾消毒。还要每天刷洗犬体，特别是换毛期间要天天梳刷。

七、驱虫和免疫

育成期要进行 1 次寄生虫驱杀，同时还要根据免疫接种计划对育成犬进行必要的免疫接种。

八、档案管理

作为一个管理良好的养獒场，要建立完整的藏獒个体档案，包括系谱、个体饲养记录、个体生长发育记录、疫病防治记录等。

个体饲养记录包括饲料喂量、饲喂时间、采食情况等；个体生长发育记录包括定期测量的体重和体尺的数据；疫病防治记录包括免疫项目、免疫接种的时间、使用疫苗种类、注射剂量、发病情况、病犬治疗情况、使用药物、病程变化、治疗结果等。

第四节　种公獒的饲养管理

种公獒要具备发育良好，体格健壮，性欲旺盛，配种能力强，精液品质良好，精子密度大，活力强等特点。良好的饲养管理可以提高公犬的性能、体质、体型外貌和气质品质等。为此，要做好种公獒的饲养管理。

一、加强选育

只有饲养 B 级以上（参照《中国藏獒纯种登记管理暂行办法》第十八条）公藏獒才最有前景，而真正的好藏獒数量很少，要按照严格选配、精心饲养、优中选优、全程淘汰的选育原则进行选育。因此，为了得到公认的好藏獒，养殖者要根据优秀藏獒的标准严格选育，从外貌指标、行为特征、毛色指标、体尺指标和后裔评定等方面进行综合评定，随时淘汰不合格种公獒和后备公獒。

同时还要重视藏獒适应性方面的选择，因为藏獒不仅在某一环境中能正常生长发育，而且还要能够按时达到性成熟和体成熟，能正常启动性机能（即能正常发情和配种），能够在该环境中通过中枢神经系统和内分泌系统的有机协调，保持繁殖系统各组织与器官正常的生理功能，这些表现即可证明该藏獒的适应性良好。反之则说明该藏獒的适应性不良，不宜留作种用。

二、科学搭配食料

用于种公獒的饲料必须满足犬只在生长、配种中对蛋白质、能量、矿物质和维生素的需要。特别是蛋白质和矿物质不足会影响公犬的精液质量。应在繁殖季节来临之前，选用牛羊鲜肉、鲜骨、鸡蛋、新鲜蔬菜、玉米粉等优质饲料进行科学配比，以提高藏獒的营养水平。配种期间对营养要求较高，可以一直采用高营养水平的日粮；非配种期间对营养要求相对较低，可适当减少动物性饲料的添加比例。还要根据种公獒的体况做适当的调整，体膘过肥的要减少饲喂量，过瘦的要增加饲喂量，同时还要坚持正确的饲喂制度，饲喂上应当做到定时、定量、定质、定温的"四定原则"。保持种公獒有良好的食欲，不应有剩食。

三、配种时间和配种频率

种公獒的配种强度因年龄、发育、性情、健康、配种体况、使用时间分配、配种方式（人工辅助交配、自然交配和人工授精）等有所变化。

据研究认为，一只种公獒在一个交配季节的交配次数不宜超过40次。但是，没有适用于所有情况的配种强度标准，而在优秀的养殖者之间所实行的强度更是差别甚远。

公藏獒的性成熟出现在 12～14 月龄。达到性成熟的公藏獒能正常交配，使母藏獒受孕。但此时的公藏獒尚未完全发育好，并不是公藏獒的最佳配种时间，最佳适配年龄应该在 2 岁之后，这时公藏獒的性能力最强，繁殖出来的后代较理想。而超过 6 岁的公藏獒性机能已经开始衰退，除非特别优秀的种公獒，否则不宜再配种。即使是最佳配种时期，公藏獒的使用也应该限定在每天 1 次，连续配种 2 天休息 1 天，每周最多不超过 5 次，配种对公藏獒的体力消耗较大，每次交配后应有充分的休息时间，过度使用对公藏獒不利，对母藏獒的受孕影响也大。

四、保证足量的运动

在我国内地舍饲的条件下，普遍存在种公獒日常活动不足的问题。这直接影响到公藏獒的体质，更会对配种能力造成直接的不利影响，常因运动不足导致公藏獒精液品质差，配种过程中表现出性欲不强，爬跨无力，或多次爬跨失败，甚至导致配种失败。因此，无论是平时还是在配种期都应当保证种公獒每天有足够的运动量，以保证公藏獒的配种能力和种公獒的体况良好。如果有条件，最好采用自由活动的形式，任由公藏獒在一定的场院或区域内随意走动，不仅可以提高公藏獒的新陈代谢水平，促进性机能，公藏獒在活动中更可以嗅闻到发情母藏獒的气息，有利于促进公藏獒的性欲。在缺乏自由活动场地时，可采取牵引活动的方式，分早晚 2 次在户外活动，每次不少于 1.5 小时。

五、每天刷拭

刷拭不仅可以使犬体清洁，清除被毛和皮肤上的污物、皮屑和体表寄生虫，保持犬体健康，更有利于促进犬皮肤血液循环，促进食欲和增强犬性功能。可选用钢丝刷，按照从前向后，由上向下，先顺毛后逆毛的顺序操作。刷拭动作要轻，在接触眼睛、肷窝、耳朵时要格外小心。特别是第一次刷拭，如果操作不慎，养成恶癖，以后就很难操作。

六、建立科学规范的作息制度

该制度应当包括科学配合安排公藏獒的食料、饮水、拴系、活动、刷拭和配种的规定，形成制度化，便于公藏獒尽快通过自身各种组织、器官和整个机体内部状态的调整，与环境的变化相一致，养成适应新环境的生活习惯，保持犬体的健康，保证较高的性欲和配种能力。

七、建立完整的藏獒系谱档案

完整的藏獒系谱档案是指对品种、性别、芯片号、父亲、母亲、祖父、祖母、外祖父、外祖母、初生重、同胎头数、乳头数、日增重等项目进行详细登记。

八、保存和利用充足的记录

为了更加有效地使用公藏獒和尽早发现公藏獒的繁殖问题，记录也是非常必要的。养殖者应该存有公藏獒使用频率、与配母獒、公藏獒后代生长发育及后代毛色、活出生仔犬数、仔犬初生重和初生窝重等数据，便于对公藏獒做出正确的种用价值评定。

第五节 母犬的饲养管理

一、休情期母犬的饲养管理

饲养管理重点是增加营养，尽快恢复因哺乳造成的体况下降，并锻炼母藏獒的体质，做好疫病防疫，使母藏獒达到肥胖适宜，背腰平展，腹饱满、充实，体毛光亮柔顺，精神饱满欢畅，为下一次发情配种做好准备。

（一）加强营养调控

经过较长时间哺乳的母藏獒，体况会有不同程度的下降，体况较差或体质较弱的母藏獒，加强饲养管理就更显重要。对这种母藏獒，一定要作为重点，给予精心的护理和饲养。要提高母藏獒食料的营养水平，提高能量和蛋白质、矿物质、维生素等其他营养物质比例，使母藏獒能尽快恢复正常体况并较多较快地补充各种营养储备，以便在发情季节到来时能及时发情配种。如日粮中增加豆粕、玉米、碎牛羊肉、家畜内脏、骨粉、新鲜蔬菜、鱼肝油和复合维生素等。

刚结束哺乳的母藏獒身体十分虚弱，消化能力低，应先喂以柔软、稀质、易消化的食物，诸如牛奶、豆浆、生鸡蛋、青菜（煮）和少许食盐。食物应当品质新鲜，食温适宜，日饲3～4次。

1周后待母犬体况有所恢复时，将饲喂次数保持在每天3次，食物构成中逐渐添加面食或米饭等碳水化合物含量较高的食物，以增强母藏獒体力和消化能力。

母藏獒约在 3 月底 4 月初时体况开始好转，4 月中旬逐渐恢复到中等膘情，食欲开始增强，食量逐渐增加，可将饲喂次数减少到 2 次。

立秋以后是母藏獒培育较重要的时期。只要母藏獒体况与膘情适宜，其卵巢就开始有卵泡发育，母藏獒也已开始进入发情状态。

（二）锻炼体质

加强对母藏獒的体质锻炼，使母藏獒能按时进入发情状态。每天至少应保证母藏獒有 4 小时的户外活动。可以任母藏獒自由活动，也可由专职人员牵引，期间同时可配合一定的小跑使犬体得到全面活动。母藏獒的户外活动还有利于接触和嗅闻到周围的各种气息，特别是外界犬只排出的尿液、粪便、掉落的毛屑等，这些气味可刺激母犬卵巢的发育。

（三）防疫卫生

为防止母犬体弱生病，可在断奶后的最初 1 周内，给母藏獒肌注青霉素，每次 80 万国际单位，每天 2 次。

在 8 月中旬开始对母藏獒使用犬"五联苗"或"六联苗"进行预防免疫接种。如果母藏獒在每年春季都进行过免疫，则秋季免疫只需间隔 15 天进行 2 次免疫注射即可。秋季免疫不仅提高母藏獒自身的抗病能力，更有助于保证新生幼犬的健康和成活率。

二、妊娠母犬的饲养管理

母犬在妊娠期间除要给以丰富的营养，保证母犬及胎儿的营养需要外，还应有精心的管理，适当的运动，为妊娠母犬创造一个安静舒适的环境，以使胎儿正常发育。为此，应做到以下几点：

（一）准备好犬舍

母犬的妊娠期一般为 62～63 天，初配母犬可能提前 1 天，老年母犬可能推后 1 天，而 2～5 岁的母犬都非常准确地保持在 63 天。因此，可将母犬的妊娠期划分为 3 个阶段。母犬妊娠期的 1～

14 天称为妊娠前期，15～45 天称为妊娠中期，46～63 天可称为妊娠后期。要根据这个时间提前做好犬舍准备。

妊娠母犬要一犬一舍，单独饲养。保持环境安静，避免嘈杂惊扰母犬。犬舍应光照充足，背风向阳、安静、干燥，不要让陌生人接近犬舍，以免妊娠母犬精神紧张。犬床要干净舒适，内垫以干净柔软的干草，避免母犬卧在冰冷坚硬的地面。应坚持每天清扫和定期消毒，保持犬舍卫生。

（二）妊娠期母犬的喂养

妊娠期母犬的饲养应供应充分的优质日粮，以增强母犬的体质，保证胎儿健全发育和防止流产。妊娠头 1 个月，胎儿尚小，不必给母犬准备特别的饲料，但要注意准时喂食，不可早一顿、晚一顿。一般母犬在妊娠的初期食欲都不好，应调配适口的食物。1 个月后，胎儿开始迅速发育，对各种营养物质的需要量急剧增加，这时 1 日应喂 3 次，除要增加食物的供给量之外，还应给母犬补充富含蛋白质的食物，如肉类、动物内脏、鸡蛋、牛奶等，并要注意补充钙和维生素，以促进胎儿骨骼的发育。妊娠 50 天后，胎儿长大，腹腔膨满时，每次进食量减少，需要多餐少喂。为了防止便秘，可加入适量的蔬菜。不要喂发霉、变质的饲料，以及其他对母犬和胎儿有害的食物，不喂过冷的饲料和水，以免刺激胃肠甚至引起流产。

（三）注意妊娠期母犬的运动

适当的运动可促进母体及胎儿的血液循环，增强新陈代谢，提高母犬的体况，保证母体和胎儿的健康，利于分娩。因此，运动应有一定的规律和运动量。每天坚持有 2～3 小时的户外活动，多晒太阳。

应当注意母犬在妊娠阶段性情比较孤傲，并单独活动，切忌将 2 只母犬同时放至户外，更不宜混群，否则极易发生咬斗造成不测。在妊娠的前 3 周内，最容易引起流产，此段时间不宜做激烈的运动。妊娠中后期（6 周左右），胎儿快速生长，母犬腹部开始明显增大，行动迟缓，好静不好动。不应再以牵引等形式强迫活动或通过狭窄的过道，避免剧烈的跳跃运动，应任其自由游走，多晒太阳，并应注意安排清洁、宽敞的棚圈作为产圈。

（四）注意犬体卫生

为了保证母犬产后的健康，在母犬妊娠的后期，应十分注意犬体卫生，坚持每天梳刷犬体，梳去脱毛和犬身上粘连的污物。此时梳刷的动作要轻柔，切忌生拉硬拽，动作粗暴。在母犬临近分娩的前几天，应尽可能用高锰酸钾水或来苏儿或肥皂水为母犬擦洗腹部和外阴部，擦后用清水洗净擦干。这样不仅可以避免产后感染，更利于改善母犬乳房的血液循环，防止乳房炎症。

（五）供给清洁饮水

饮水清洁卫生无论什么时候都很重要。对于妊娠母犬而言，如果饮水不清洁，造成消化道疾病，出现胃肠道炎症或痉挛，母犬会因呕吐、努责等原因而引起流产；给母犬饲以冰冷的饲料和冰水，刺激母犬胃肠道，亦易引起胃肠道过敏，产生痉挛而发生流产。所以，饲喂妊娠母犬必须注意食温、水温。特别是寒冷季节更应该使用温食、温水，一般喂饮的食物或饮水适宜温度范围在18～25℃。

（六）做好疫病防疫

在母犬妊娠期的最后阶段，即临近分娩20天时，使用犬"五联苗"或"六联苗"进行预防免疫1次。这样即使母犬分娩和体质虚弱，也可以抵御犬瘟热、犬细小病毒性肠炎等烈性传染病对母犬的侵袭。同时更有助于在哺乳阶段使新生幼犬通过母乳而获得较充足的母源抗体，可显著降低断奶幼犬的发病率和死亡率。

（七）注意母犬假妊娠

有的母犬在交配后虽也呈现腹部膨大，乳腺发胀，或能挤出少量乳汁，但其实并未真正妊娠，为防止假妊娠，应检查母犬的体重，看母犬的体重是否明显增加。腹部增大、体重没有明显增加的为假妊娠，应及时查找原因。

三、哺乳期母犬的饲养管理

据统计，藏獒新生仔犬的死亡，37.5％死于出生当天。管理者应当认识到为母犬提前做好准备的重要性。如果在母犬妊娠期的饲养管理比较到位，那么就能生产出一窝强壮而活力旺盛的仔犬，而接下来的问题就是要让仔犬在分娩时存活下来。

（一）临产症状

母犬分娩前在生理形态和行为上发生一系列的变化，称为分娩预兆。母犬在分娩前2周内，乳房迅速发育、膨大、腺体充实。分娩前2天，可以从乳头中挤出少量清亮的液体或初乳。分娩前数天，阴唇逐渐柔软、肿胀、充血，阴唇皮肤上皱褶展平，皮肤稍变红；阴道黏膜潮红；骨盆部韧带变得柔软松弛，荐坐韧带和荐髂韧带也变软；臀部肌肉明显塌陷。分娩前24～36小时，母犬食欲大减甚至停食，大便稀薄，行为急躁，不断用前肢扒地，尤其是初产母犬，表现更为明显。

分娩前3～10小时，开始发生阵痛，母犬坐卧不安，呼吸加快、气喘、呻吟或尖叫，抓扒地面，同时排尿次数增多，如果见有黏液从阴道内流出，说明几小时内就要分娩。通常分娩多在凌晨或傍晚，在这两段时间里应特别留心观察。

从母犬的体温变化可看出分娩的时间。分娩前3～4天，犬的体温从正常的38～39℃下降到36.5～37.5℃，当体温回升时即将分娩。

（二）分娩准备

1. 搞好卫生

产房要彻底清扫一遍，重换垫褥，用0.5%来苏儿或其他消毒液喷洒消毒，保持空气流通。母犬的全身要洗刷一遍，尤其是臀部和乳房，可用0.1%新洁尔灭清洗。

2. 制作产箱

产箱可用木板钉制，其高度以不让仔犬跑出为原则。为使仔犬出入方便，在产箱的一侧应留有缺口，底部铺一些有小间隙的细木条，上面再铺干净柔软的干草或旧毛毯、麻袋片等。产箱内壁必须光滑无尖锐的突出物，以防划伤仔犬。产箱应放在犬床上，以利保持干燥温暖和通风。

3. 备好接产用具

通常母犬会顺利分娩，并自行咬断仔犬的脐带，吸吮仔犬身上的羊水和黏液，不需要人过多地干预。但是如果遇到母犬难产或母性不足或缺乏产仔经验等，就需要人来协助母犬完成整个分娩过程及帮助断仔犬的脐带、擦干身上的黏液、尽早吃上初乳等。所以要准备必要的接产工具和消毒药品，如剪刀、灭菌纱布、棉球、消毒的毛巾、70％酒精、5％碘酒、0.5％来苏儿、0.1％新洁尔灭等，以备不时之需。

（三）分娩

母犬正常分娩产出第一只仔犬后，会稍微休息半个小时左右，接着开始娩出第二只，如果产仔较多，后续的分娩间隔时间会逐渐延长。正常分娩情况下，适龄母藏獒生产5～7只仔犬需要4～5小时，老龄母藏獒需要5～8小时的时间。

母犬难产的处理见第八章生殖系统疾病的"难产"的内容。

（四）分娩后的护理

① 母犬分娩结束后，应以温水洗净其外阴、尾、乳房等部位的脏物，更换污染的垫褥，注意产房保温、防潮。

② 要随时注意母犬挤压仔犬，如听到仔犬短促的吠叫声，应及时察看，取出被挤压的仔犬。

③ 谢绝陌生人参观，更不要用手摸或捉仔犬，以防母犬因闻到异味而吃食仔犬。

④ 母犬产后6小时内一般不进食，除大小便外，总在窝内休息，这时可给予温水让其饮用。产后2～3天内，母犬食欲较差，每日应多次饲喂质高量少的食物。

⑤ 刚生下的仔犬虽双眼紧闭，但可凭借嗅觉和触觉寻找乳头，开始吮乳，对体弱仔犬应人工辅助将其放在乳汁丰富的乳头旁，要让仔犬尽早吃上初乳，并保证每只仔犬吃足初乳。要注意母犬的授乳情况，如果产后母犬长时间不回产箱或仔犬长时间乱动、乱叫，可能是母犬无乳或生病的表现，要考虑采用人工哺乳或寄乳。

⑥ 要做好冬季仔犬的防冻保暖工作，可增加垫草、垫料，犬

窝门口挂防寒帘等。如犬舍温度太低，也可用红外线加热器或红外线灯取暖。可从仔犬的睡眠状态看出温度是否合适，如果仔犬堆在一起相互取暖，说明温度偏低；若仔犬远离加热器，说明温度偏高。据此可调节出仔犬所需的适宜温度。

（五）哺乳母犬分娩后的管理

哺乳期是在其生命各个阶段中能量需求最大的时期。这种能量需求的增长取决于一窝仔犬的数量、仔犬的周龄。

1. 食物营养

母犬生产后，处于调理身体阶段，必须给予高热量、高蛋白质、高脂肪、易消化的食物。关键在于提高营养，而不是增加饲料的量，每天以喂食 3～4 次最为理想。另外，可再加些肉、蛋、鲜牛奶、豆粕、鱼肝油、钙等，如果母犬身体虚弱，可补充温热的葡萄糖水和红糖水，使母犬的体力得以恢复。

哺乳期的母犬对营养及能量的需求会骤然增加。在这一时期，它会食入相当于普通犬 3～4 倍的食物，以便为仔犬提供充足的奶水的同时保证自己的身体状况良好。哺乳的高峰期（大约 3～4 周）它每天为仔犬提供相当于其体重 4%～7% 的奶水。这时，它仍需多餐少食（每天大约 3～4 次），且食品需美味、营养。而且，最好深夜也喂 1 次。母犬能吃多少就喂多少，这并不会使它超重。除此之外，还应确保其在这一关键时期有充足、清洁、适温的饮水。

2. 躯体健康

生产完后，最好用温热毛巾帮母犬擦拭全身，特别是腹部乳房周围和阴部附近。而洗澡的时间最好安排在生产后 2 周，待母犬情况稳定时再进行。同时坚持每天为母犬擦拭身体，促进母犬健康。

3. 乳房保养

除保证清洁外，还需留意乳头有无损伤，因为幼仔吸奶时若用力过猛很容易弄伤乳头，引起发炎或感染。一旦乳腺发炎，所分泌的乳汁呈黄色，幼仔不能食用。

4. 保持安静

母犬生产后，为了让它安心静养，除了主人之外，最好不要让其他人靠近獒舍，以免母犬过分紧张，情绪激动或踩伤幼仔。

5. 搞好环境卫生

坚持做好清扫、消毒工作，产窝内垫草要勤更换，始终保持干爽清洁。

第六节　老龄藏獒的饲养管理

通常将 8～10 岁以上的藏獒视作老龄藏獒（即老年藏獒）。进入老龄后，一般的藏獒开始寻求安静环境，多眠，冬季喜晒太阳，即使是猎犬也不会像青年时期那样争强好斗。大多数老龄藏獒都可能出现耳聋、白内障、牙齿脱落及咀嚼困难等。公藏獒常会因前列腺肥大而逐渐出现排尿障碍。因此，做好老龄犬的保健护理很重要。

一、定期体检

老龄藏獒所面临的挑战与组织器官功能下降以及疾病有关。常见的因素包括消化吸收能力下降，骨质疏松，牙病，心脏功能下降，慢性肾衰竭，肾病，肝病，尿道结石，膀胱结石和便秘等。要定期体检，以便及时发现隐患，早期诊疗。许多疾患如心血管病、肿瘤、肾脏疾病、内分泌障碍、糖尿病等，一旦有明显的临诊表现，多已进入中晚期，诊疗的难度加大，有些甚至已无法治疗。如果早发现，早诊断，及时采取治疗措施，可事半功倍。

二、尽量保持其原有的生活习惯，并针对其生理特点渐进性调整

老龄藏獒的胃肠机能与身体的其他器官的机能变化一样，是一个功能逐渐下降的过程，但是从统计学上分析，老龄藏獒与青年藏獒相比对蛋白质、脂肪、灰分和能量的消化能力并不逊色，只是对干物质、氮和脂肪的平均消化率稍低。老龄藏獒对蛋白质的需求上，应注意蛋白质的质量，而非蛋白质的数量。所以，对老龄藏獒

应以蛋白质和脂肪含量丰富，而且易于消化吸收的柔软食物或半流质食物喂食，少喂食含粗纤维而不易消化的食物，盐分也要少些。

每日饲喂的次数、数量、日粮类型等，在原习惯定型的基础上逐渐改变，并注意搭配些粗纤维多的蔬菜等，以防止老年性便秘。若同时饲养多只藏獒，应提供给老龄藏獒应有的饲喂机会，避免与其他藏獒争食的情况。

保证犬舍环境的干燥清洁卫生，为藏獒提供一个舒心温暖的生活环境，在避风寒的前提下多吸新鲜空气，尽量让其多晒太阳，每天带出户外的运动时间、运动量应视其体质和天气情况等作调整。运动量宜小，不可做剧烈运动，闷热、阴冷潮湿天气不宜运动。切忌突然更换住所与主人，如不得已随主人搬迁，也应设法使其尽快适应新环境（如窝舍的环境、舍内的摆设、用具等尽量与原来的一致或相似）；万一要换主人时，应看其能否认可新主人，要待其适应新主人后才可换。

三、定期梳理毛发

定期梳理毛发，有利于藏獒皮肤被毛的健康，期间可以留意皮肤有无异常的分泌物、肿块、红肿、掉毛等情况。

四、做好防疫

老龄藏獒的防疫更不可忽视，因为老龄藏獒的免疫功能与抵抗力低下，易受感染发病，除了定时免疫接种外，经常洗澡、梳理被毛、洗脚、洗肛门与外阴等也可加速血液循环，增强抵抗力，减少感染疾病的机会。

第六章
藏獒的训练

藏獒作为大型工作犬，在离开原产地以后，不再承担守护家园和放牧牛羊的工作，以前自由的生活状态被打破，代之以舍饲圈养，生活的条件和环境都发生了根本性的变化，主要承担看护庭院、配种繁殖和参加獒展等任务。

在日常的饲养过程中，如果不加以训练，藏獒就会出现很多问题，如喜欢吠叫，不能理解人们的意图，很多未经训练的藏獒还会成为连主人也无法管束的"顽固狗"。来客的时候，它就会吠叫不停，甚至有些藏獒会咬伤客人，或连家里人都要恫吓。

训练藏獒的目的是让藏獒不失去忠诚勇敢的品德、高贵的气质秉性、熊风虎威的形态，与主人风雨同舟，对主人百般温顺，在最危险的时刻挺身而出，不惧怕暴力，具备勇敢搏击、牺牲自我的忠勇品质。

藏獒善解人意，能准确洞察主人的内心世界，领会主人的语言、表情和各种手势，有很强的时间观念和极强的记忆力，这些都说明藏獒具备了作为一个大型工作犬品种应具有的优良品质与性能，所以非常有必要对藏獒进行训练。

第一节　藏獒接受训练的生理基础

藏獒的神经系统很发达，对环境变化的适应能力很强。大脑神经系统的基本活动过程是反射活动，藏獒的训练正是利用了这种条件反射原理。

一、犬的神经系统的反射活动

（一）犬的行为的概念

犬自身所感受到的一切刺激（即能引起反射的一切动作），所做出的各种简单或复杂的回答性动作，总称为犬的行为。犬行为的产生，是为了适应环境、保证其自身的生存而对于一切来自本身内部或外部刺激的一种必然反应。刺激与反应是一种因果关系，这种关系只有通过神经系统方可实现。没有原因的行为是不存在的。

（二）犬的行为的生理基础

犬具有发达的神经系统和高级神经活动的机能。犬之所以能用各种相适应的行为应答外界刺激，是由于犬具有各种敏锐的感受器，如听觉、视觉、嗅觉、触觉（皮肤）感受器等，来分别感受相应的声、光、化学、温度、机械的刺激，并把这些外界刺激的能量转达变为神经兴奋过程，兴奋就沿着传入神经纤维到达神经系统的中枢部分，再通过神经中枢的作用，一方面把兴奋传递到大脑皮层相应部分，另一方面新的兴奋沿着神经纤维到达相应的效应器官。这种对刺激作用由感受器感受，又沿着传入神经纤维传递，并借助于神经中枢的联系所引起的应答反应称为反射。反射就是神经系统对刺激有规律的应答反应。任何一个反射活动的实现，一般都要经过感受器—传入神经纤维—神经中枢—传出。

犬的神经系统的反射活动，就是实现犬的行为的生理基础，不论犬的行为表现有多么简单和复杂，其实质都是神经系统的反射活动。

（三）神经系统反射活动的表现形式及其特征

反射活动是神经系统最基本的活动。但是，根据犬的神经系统不同部位的结构和机能特点的差异，又有高级神经活动和低级神经活动之分，犬的大脑皮层是神经系统中最高级的部位，即高级中枢，它的结构最复杂，机能也最细致而精确，所以，它的活动被称为高级神经活动。大脑皮层以下各部位即低级中枢，如延脑、脊髓等的机能比较简单，经此活动称为低级神经活动。高级神经活动表现的最基本形式是条件反射，而低级神经活动表现的基本形式是非条件反射。但是，这两种反射活动在犬的神经系统中是密切联系着的，高级神经活动必须以低级神经活动为基础，低级神经活动的实现，通常也有高级神经活动的参与。

神经系统反射活动的基本物性表现为兴奋和抑制两种神经过程。兴奋过程表现为引起或加强犬体某一器官的活动，而抑制过程则是阻止或减弱犬体某一器官的活动。由于这两种对立而又统一的神经过程相互协调作用的结果，犬就以不同的反应来精确应答所感受到的各种刺激。

基于兴奋和抑制这两种基本神经过程的存在，神经系统的反射活动被分为阳性反射（或称兴奋性反射）和阴性反射（或称抑制性反射）两大类。其中，阳性反射包括非条件反射和条件反射，而阴性反射则包括非条件抑制和条件抑制。

二、非条件反射和条件反射

（一）非条件反射

非条件反射就是人们所称的"本能"，犬的非条件反射就是先天遗传的恒定的巩固的神经联系。也就是说，非条件反射是动物生来就有的，为动物在种族进化过程中建立和巩固起来的，并遗传给后代。这种反射比较稳定，也是建立藏獒条件反射的基础。

因为它一生下来在生理机能上就具有实现这种反射的现成装置——反射弧，只要有一定的刺激，不论是犬体内部的或外部的刺激，直接作用于某一感受器就会引起相应的反射活动，这种活动是由神经系统的低级部位来实现的，而且是相当恒定和巩固的。如初生小犬的吸吮、吞咽、唾液分泌、呼吸、排便、眨眼等等的反射活动，都是先天性的非条件反射。随着小犬的逐渐发育成长，就越来越多地出现了一些更为复杂的非条件反射活动，如性反射、防御反射以及一些复杂的运动性反射等。这些活动虽然属于非条件反射的性质，但是，由于犬同外界环境日益广泛的接触，就不可避免地在这些复杂的非条件反射活动中包含有某些条件反射的因素。

1. 犬的几种主要非条件反射活动

犬所表现的非条件反射活动是很多的，这里仅将对犬的生存有意义的而且与训练有关的几种主要非条件反射活动列举如下：

（1）食物反射　是获取食物的一种非条件反射活动，借此得以正常生存。如犬见到食物即分泌唾液。

（2）性反射　是借以延续后代的一种非条件反射活动，与其相联系的母性反射，使分娩后的母犬能照管自己的后代。如当犬性成熟后，母犬表现为发情，公犬表现为求偶，对母犬感兴趣。

（3）防御反射　是犬卫护自身免遭伤害的一种非条件反射活动。这种反射表现有两种形式，即主动防御反射（表现凶猛、扑咬）和被动防御反射（表现畏缩、逃避）。

（4）探究反射　这是非条件反射活动，能使犬锐敏地发觉外界环境的微小变化，以使犬不断地适应于外界环境。如犬为适应生存环境，表现出对新异物品和环境用鼻子去探究、嗅认，探明其对自身是否有危害。

（5）自由反射　是犬挣脱自身活动所受限制的一种反射性活动。如喜爱自由，到户外运动和活动，爱与主人及小孩玩耍。

（6）猎取反射　寻觅或捕获某些猎物为食，以维持生存。如犬会表现出对物品产生兴趣，而且很想得到物品。

（7）姿势反射　维持躯体姿态的正常平衡及运动的随意自如。

2. 非条件反射是形成条件反射的基础

犬的非条件反射活动仅能适应于比较恒定而单纯的环境条件，还不能完全保证其自身的正常生存，因而必须在非条件反射的基础上借助于神经系统高级中枢即大脑皮层机能的活动，广泛地对复杂多变的外界环境条件形成比非条件反射的数量更多、适应性更高的条件反射。

（二）条件反射

条件反射是犬在个体的生活过程中，对周围环境刺激在大脑皮层内所形成的暂时性的神经联系。也就是说，条件反射不是先天就有的，是动物在个体生活过程中所获得的，需要在一定的条件下才能建立和存在。所有的条件反射都是在非条件反射的基础上建立起来的。

　　犬的条件反射是由一定的刺激信号作用引起的。例如，巴甫洛夫的一个实验：在给犬喂食的同时吹哨子，重复多次以后，犬一听到哨声就分泌唾液，不过犬对各种哨声——响亮的、微弱的、高音的、低音的都起同样的反应，似乎不同的哨音在它们听起来没有什么区别；然后，实验员使用几种哨子，但是只吹一个特定的哨子才给肉吃；不久，这些犬就只对给它们带来食物的哨子声有反应了。

　　这就是条件反射，因为吹哨子时，所表现的是喂食的情景，因而吹哨子之后，就具有了引起犬发生条件反射的信号作用。条件反射的发生，又是通过大脑皮层的活动实现的，而且是暂时和同变的，即在一定的条件下发生，又在条件发生改变时随之变化。犬只有根据外界条件的变化，而随之相应地改变自己的行为，才能正常地维持自身的生存。因此，条件反射对犬具有极重要的意义。

　　1. 形成条件反射的神经活动过程

　　条件反射的形成是由于使用不同的刺激，在犬的大脑皮层所引起的各兴奋点之间发生了神经性的接通的结果。例如，为使犬对于"坐"的口令这一声音刺激形成条件反射，就需要在发出这一声音刺激的同时或稍后，伴以能引起犬表现坐的非条件反射的刺激（以下简称非条件刺激），也就是采取按压犬的腰角的刺激方法使犬做出坐下的动作。

　　最初"坐"的声音刺激通过犬的听感受器的感受，就使这一刺激所引起的兴奋沿着传入神经传向相应的中枢，同时在大脑皮层的某一区域内产生了一个兴奋点，这时犬就表现出倾听声音的动作。接着用手按压犬的腰角，犬又通过皮肤触觉压力感受器的感受，把这一刺激所引起的兴奋沿着另外一条传入神经传向相应的中枢。同时也在大脑皮层的另一区域内产生了另外一个兴奋点，犬就马上坐下。

　　如果把两种刺激结合起来使用，就会同时在犬的大脑皮层不同区域内产生两个兴奋点。重复使用若干次后，这两个兴奋点就从生理机能发生联系接通起来。当两者接通后，只要使用"坐"的声音刺激，而不用再按压犬就能做出坐下的动作，这就是条件反射的形成。上述例子充分说明了条件反射是在非条件反射的基础上，由于使用某一无关刺激与能引起犬的一定非条件反射的非条件刺激重复结合作用，致使大脑皮层两个兴奋点接通而形成的。条件反射的形成，就使原先的无关刺激获得了一定的信号意义，从而变成了具有使犬体发生某一活动作用的条件刺激，所以，只单独使用这一条件刺激，也可以引起和使用非条件刺激效果相同的活动。

根据上述原理，我们在训练中就可以使犬对于一定的口令、手势形成条件反射，并按照一定的口令、手势做出动作。

此外，条件反射不仅可以在非条件反射的基础上形成，而且，还可以在已巩固了的条件反射的基础上形成新的条件反射，这叫二级条件反射。我们在训练中使用的手势，大多数是在犬对口令形成了条件反射的基础上形成的。

2. 形成条件反射的基本条件

（1）在建立条件反射时，必须将无关刺激与能引起犬的一定非条件反射的非条件刺激结合起来使用。

因为条件反射必须在非条件反射的基础上才能形成，而且，条件反射的形成又是大脑皮层两个或两个以上的兴奋点接通。所以只有两者结合使用，才能使无关刺激受到非条件刺激的直接强化即直接支持，而获得与非条件刺激作用相同的信号意义，成为使条件反射发生的条件刺激。例如，训练员说出口令"来"，这个口令对没有进行训练的犬来说完全是无关的未被分析过的；若是训练员用犬带把犬拉向自己，并用食物强化它，经过把口令"来"和食物刺激结合数次，这个口令对犬来说就并不是无关的了。犬奔向训练员并从他那里得到好吃的东西，因此可以说犬对"来"的口令建立了条件反射。

（2）在建立条件反射时，必须使无关刺激的作用稍早于非条件刺激作用。训练犬的时候，下口令和做出手势应当在非条件反射刺激物出现之前稍早一点完成。例如，在训练犬"随行"时，口令

"跟"应当在拉紧犬带之前（1～2秒）发出，拉紧犬带则引起非条件反应。如果应当成为条件反射的信号的刺激物早于引起非条件反射的非条件刺激的作用不是2～3秒（这种条件反射叫作同时）而是更早一些（早至2～3分钟），那么在这种场合下仍然可以建立条件反射。这样的条件反射叫做延缓条件反射。建立这种反射要比建立同时的条件反射慢。如果应当成为条件反射信号的刺激物是在非条件反射刺激物之后给予的，那么就不会形成条件反射。

（3）在建立条件反射时，犬的大脑皮层必须处于清醒状态，同时没有其他刺激的干扰。我们在训犬时，犬的大脑皮层必须处于清醒状态，如果犬正处于瞌睡状态，条件反射的形成就会很缓慢或受到阻碍，甚至不能形成。因为，这时犬的大脑皮层产生了抑制。另外，大脑皮层如果被其他与建立条件反射不相干的刺激（简称新异刺激）所干扰，势必也妨碍条件反射的形成。例如，来自犬体内部的膀胱膨胀，直肠充便，以及其他病症等的刺激，或是来自外界的嘈杂声、行人、车辆、家畜、气味等犬所不习惯的一切刺激，都可能占据大脑皮层而引起高度的兴奋，这种兴奋就会阻止条件反射的建立。因此，我们对犬建立条件反射的初期，要尽可能地选择比较清静的、新异刺激最少的地点。

（4）正确掌握刺激物的强度。建立条件反射时，使用强的刺激要比使用弱的刺激形成条件反射快，反应量也大。过强的（超限的）和过弱的刺激，都很难形成条件反射（这被称为强度相关法则）。对于刺激强度的掌握，应考虑犬的神经类型及它对刺激的敏感程度。非条件刺激物的强度应当比条件刺激物强度大一些，因为过强的条件刺激物（如铃声、吆喝）可以抑制住犬的非条件反射的表现（如食物的反射）。

（5）与建立条件反射相关联的非条件反射中枢，必须处于相当的兴奋状态。因为条件反射是建立在非条件反射基础上的，如果与建立条件反射相应的非条件反射中枢缺乏足够的兴奋，条件反射的形成是非常困难的。例如，在训练中，如果犬已吃饱，这时食物中枢的兴奋性就很低，若再用食物作为非条件刺激强化无关刺激，其作用就不大。如果犬的防御中枢不兴奋，要想训练扑咬也是不容易的。

3. 条件反射建立之后需要不断刺激强化

条件反射建立之后，如果反复应用条件刺激而不给予非条件刺激强化，条件反射就会逐渐减弱，最后完全不出现。这称为条件反射的消退。例如，铃声与食物多次结合应用，使犬建立了条件反射；然后，反复单独应用铃声而不给予食物（不强化），则铃声引起的唾液分泌量会逐渐减少，最后完全不能引起分泌。

条件反射的消退是由于在不强化的条件下，原来引起唾液分泌的条件刺激转化成了引起大脑皮层发生抑制的刺激。条件反射的消退并不是条件反射的丧失，而是从原先引起兴奋（有唾液分泌）的条件反射转化成为引起抑制（无唾液分泌）的条件反射。前者称为阳性条件反射；后者称为阴性条件反射。

在机体生活过程中，条件反射可以不断建立，而由于环境的改变一些条件反射发生了消退，又有一些新的条件反射建立，这样使动物对环境的变化能更好地适应。

第二节　训练藏獒的基本知识和方法

一、训练中使用的刺激方法

犬的一切动作的养成，都是由于训练中所用的各种刺激的结果，按其性质可分为非条件刺激和条件刺激两大类。凡能引起非条件反射的刺激称为非条件刺激，包括机械刺激和食物刺激两种；能引起条件反射的刺激称为条件刺激，主要是指口令和手势。

（一）机械刺激

直接作用于犬的皮层能引起犬的触觉和痛觉的刺激，叫作机械刺激。强迫机械刺激包括按压、扯拉牵引带、轻打以及在特殊的环境下使用刺钉脖圈和电流刺激等。这些刺激可以迫使犬做出与刺激相适应的动作和制止犬的某些不良行为。奖励机械刺激，主要是指抚拍，由于抚拍和食物刺激的反复结合，抚拍获得了食物即将到来的信号意义。所以使用这些刺激对于条件反射的形成能起到强化的作用。使用机械刺激，必须要掌握以下几点：

① 不同强度的机械刺激能引起犬的不同反应。训练中，既要防止超强刺激使犬产生超限抑制或消极防御反射，又要避免不敢使用刺激或刺激过轻，妨碍条件反射的形成与巩固。一般情况下以采用中等强度的刺激较适合，但应根据犬的神经类型、特点和具体情况灵活掌握。

② 刺激犬的不同部位能引起犬的不同反应。因犬对刺激的反应局限在一定部位并有一定规律，所以使用机械刺激时，必须针对与训练动作相适应的部位，才能收到好的效果。

③ 在使用机械刺激时，要掌握好时机，就是说刺激要与犬的动作相吻合，不早不晚，恰到好处，过早或过晚都影响条件反射的形成。

（二）食物刺激

用食物奖励（强化）犬的正确动作和引起犬的某些基本动作的刺激称为食物刺激，它既是非条件刺激，又是条件刺激。当用食物来奖励犬，并直接作用于犬的口腔引起咀嚼、吞咽等非条件反射时，食物就是非条件刺激；当训犬员用食物在一定距离，使其气味和形态作用于犬，使犬做出一些基本动作时，它就属于条件刺激。在使用食物刺激时，必须注意犬对食物的兴奋状态，无论用食物作为奖励手段或引导犬做出某些动作，都只有在犬对食物有足够的兴奋时，才能收到良好的效果。

（三）口令

口令是指一定的语言所组成的声音刺激。训练中所使用的口令，原来对犬是无关刺激。只有同非条件刺激反复结合使用，口令才能获得非条件刺激的信号作用，而使犬形成条件反射。建立条件反射后，还应经常给予非条件刺激来支持，口令才能得到巩固。由于犬具有敏锐的听觉分析器，它不仅能对口令形成条件反射，而且还能对同一口令音调形成响应的条件反射，这就更有利于训练员掌握犬的行动。训练中使用的口令音调基本上分为如下三种：

（1）普通音调　用中等音量发出，带有严整要求的意味，用它命令犬执行动作。

（2）威胁音调　用高而尖锐的声音发出，用它迫使犬执行行动和制止犬的不良行动。

（3）奖励音调　用温和声音发出，用它来奖励犬多做出正确的动作。

口令在训练当中经过使用和获得信号意义以后，就不要随意改变。同时在编定和使用口令时，还要注意到每一个口令的独立性，声音要清晰，以利于条件反射的建立。

（四）手势

手势是训练员用手的一定姿势指挥犬的一种刺激，犬对手势的条件反射一般是在口令的基础上建立起来的，因此属于二级条件反射刺激。手势要尽早与口令结合使用。在编定和运用手势时也应注意各种手势的独立性和固定不变，保持手势的准确性和适当的速度，并要与日常惯用动作显著区分开来。

二、训练藏獒的基本原则

（一）循序渐进

任何一种犬的训练，都要遵循循序渐进的原则，藏獒的训练更是如此。因为藏獒不易接受训练，条件反射建立慢，所以训练过程中必须逐步提高，不能急于求成。

（二）因犬制宜

依据不同藏獒的自身性格、素质特点和神经类型，在训练方向、训练科目选择上和训练进度上，要因犬制宜，区别对待。

（三）巩固提高

因为藏獒在训练中建立条件反射慢，容易消退。所以在训练中，要不断巩固藏獒已形成的能力，在巩固的基础上，增加训练的内容和难度。巩固是指加强藏獒能力的稳定性和基础的扎实性，提高是指在原有的基础上有新的发展和突破。但需注意提高是有限度的，不能超出藏獒自身的生理活动极限。

三、训练的基本方法

（一）正确使用牵引绳

牵引绳的正确牵法是成功地训练藏獒的关键。例如，藏獒超过主人向前走或朝其他方向走时，在那一瞬间牵动绳子发出传递制止的信号，然后马上使绳子松弛下来。这一系列的动作是在极短的时间内完成的，因此绳子的正确牵法极其重要。

首先，绳套紧握在右手中，并保持适当松弛，左手握绳在左腰间。绳子的状态，应是从藏獒的项圈之处稍微下垂，保持一定的松弛。主人要随时注意藏獒所处的位置是否正确，是否出现牵拉绳子的现象，否则将达不到训练的目的。在训练的过程中最容易犯的一个错误是一心为了使藏獒处在正确的位置，经常是扯紧了绳子，几乎没有放松过。这样，经常给藏獒的脖子上施加压力，到了要纠正藏獒的行为时，牵拉绳子已经没有意义了，藏獒已区分不出两者的区别。

另外，在训练或外出散步时，藏獒要处在主人的左侧，并共同朝一个方向（不习惯左侧的话，也可以换在右侧），但不能无视主人的存在任意地拉着绳子径直向前跑，这样，主人对于藏獒来说毫无吸引力，根本不值得信赖。如有这种情况，训练就显得非常必要了。

首先，当藏獒拉着绳子朝某一方向走时，立即强行牵着它朝相反方向走，途中可以拐弯，也可以在同一条路上来回走，总之，就是人牵着藏獒走；其次，当藏獒准备向前拉绳子的瞬间（注意观察其准备拉绳子时的样子），猛地一下向后拉绳子，勒住藏獒的脖子，这一瞬间的力度和时机把握是非常重要的，突然地一用力给藏獒的脖子上施加压力，然后放松绳子。但必须注意，如果藏獒脖子上的绳子一直处在拉紧的状态，以上的训练方法就毫无效果了。

请记住，正确牵绳方法是任何时候都是主人拖着藏獒走。如果养的藏獒力量较大，可使用内侧带有钉子的项圈，这比起普通的项圈，力度和疼痛感较为强烈，但最好避免使用。

（二）训练时需要注意的问题

1. 要夸奖与抚摸

训练的目的是为了"教"，而不是"骂"。最好的办法是经常地夸奖和抚摸，让犬理解主人快乐的心情。

2. 口令要清楚

为了让犬理解和记忆，训练时口令最好使用简短、发音清楚的语句，而且不宜反复地说。发出命令时，要避免大声大气或有发怒的口吻。因为犬是非常敏感的，上述做法会使犬渐渐地把挨骂和训练联系在一起。另外，同一口令对不同性情的犬要采用不同的口气。例如，同是"蹲下"，对神经质的犬要温柔地或爽朗地命令它，对活泼好动的犬则大声地、断然地命令它，饲养者要根据自己犬的性格选择不同的方式。

3. 避免多余的夸奖

对犬的夸奖要仅限于犬十分听话的时候。如果动不动就夸奖犬，就会使它产生迷惑，它不知道什么时候能得到夸奖。这样一来，关键的训练就很难进行下去。

4. 纠正要及时

当犬正准备做"不可以做"的事情的瞬间，应大声、果断地制止它。如果事后再来训斥它，犬不会明白其中原因而且依然会继续做那些"不可以做"的事。更严重的是，在不明原因的情况下经常遭到训斥，犬就会渐渐地对主人产生不信赖感，变得不再听主人的命令。

5. 坚决杜绝体罚

以体罚的方式来迫使犬服从的方法是最要不得的。和任何动物一样，犬对人抱有非常强的警戒心。从犬的立场来看，不明原由的被打、被踢，只能造成"被虐待"的印象。如果是非常强大的主人，犬也许会因为害怕而服从，但是，在这种环境下成长起来的犬存在着极度不安全感，有时会攻击力量较弱小的小孩或老人，甚至会发生咬伤人的危险事件。在犬不听从指挥的时候，大声命令的同时，可用水枪冲着犬的脸射过去，大部分的犬就会安静下来。

6. 随时随地训练

训练是不受时间限制的。在散步、吃饭、来客等一些日常生活中，都应耐心地教犬哪些是"该做"，哪些是"不该做"的事。

7. 绝不放弃

犬不是只教一两次就能马上记住并照办的动物。它需要在不停训练的过程中逐渐形成记忆。因此，要求饲养者要有耐心，不断地对它进行训练。

8. 培养适应能力

犬对自己不喜欢的东西时常躲避，或冲着它吠叫，或干脆将其捣毁，这有时会给主人造成很大的麻烦。在这种情况下，首先要有耐性，绝不能心急，让犬慢慢地接近它不喜欢的东西，同时要不停地以温和的声音对它讲话，使它平静下来。如果这时候对犬进行打骂的话，反倒会使犬躲得更远。此外，让犬远离它不喜欢的东西和场所的这种饲养法，只能是增加饲养者的苦恼，而且饲养者对此束手无策。

9. 不与别的犬攀比

犬的能力不同，尽管不是每一条犬都能学会每一个训练课目，但是只要有耐心，绝大多数犬对一些基本的科目还是能够掌握的。因此，要采取与之相适应的速度来训练，绝不能与别的犬比差距，从而认为"这条犬的悟性真差"。对自家的犬要充满信心。

10. 向专家咨询

在训练的过程中，如果碰到什么疑难问题，请随时向专家或兽医咨询。

（三）基础课目训练

基础课目训练的目的在于进一步加强犬与训练员的亲和关系，培养犬良好的服从性和一定的能力，并借此平衡犬的神经活动过程及其相互转换的灵活性，以奠定应用训练和外出展览的基础。

1. 坐下

目的：使犬依令坐下，为其他科目奠定基础。

要求：姿势端正，动作迅速，自然。

口令："坐"。

手势：左侧坐，以左手轻拍左腿上部；正面坐，右大臂向右平伸，小臂垂直向上，手心向前。

（1）训练方法

① 在给食或散放时，犬在训练员左侧，右手拿食物在犬的上方引诱，使犬对食物产生高度兴奋。犬为了获得食物抬头跳跃不止，后腿因承受全身体重，臀部便着地，训练员乘机发出口令、手势令犬坐下。当犬坐下后，马上用"好"的口令和食物奖励。训练正面坐时把犬拴好，用同样的方法即可。

② 置犬于训练员左侧，下达"坐"的口令，同时右手持犬的脖套上提，左手按压犬的腰角，当犬被迫做出坐下的动作时，应立即给予奖励。

③ 置犬于正前方，下达"坐"的口令，同时右手持牵引带上提犬的颈部，并同时做手势，令犬坐下，当犬坐下时给予奖励。反复训练至犬对正面坐下的口令、手势形成条件反射，然后脱去牵引带，逐步延长距离至50米开外能听到口令即坐为止。

④ 平时管理中，看到犬有坐的表现时，乘机发出"坐"的口令和手势，犬坐下后，立即给予奖励。

（2）常见毛病的纠正方法

① 犬躺坐或臀部歪斜 一是令犬重坐；二是用手扶正其歪斜部位，必要时可用手击其歪斜部位，动作纠正后即给奖励。

② 犬后腿外伸 可用脚尖碰触犬的后腿，使之内收，以左手将犬左腿扶正。严重的可让犬靠墙坐，训练员以左脚阻挡犬的右后腿，防止外伸，犬能坐正，即给奖励。

③ 坐时臀部向内或向外 可用手将犬身移正，靠拢后给予奖励；如果科目尚未成熟，可用牵引带约束或令犬重做，动作正确时

给予奖励，并加以抚拍。注意不要固定一侧给奖食。

④ 坐下后倒卧　因犬疲劳所致，应适当休息；如系坐下与卧下形成不良联系所致，应将两科目分开训练。

2. 随行

目的：培养犬靠于训练员左侧并排前进的能力。

要求：犬的前胛与训练员左腿并齐，距离10～20厘米。

口令："靠""快""慢"。

手势：左手轻拍左腿。

（1）训练方法

① 散放时，左手反握牵引带，将牵引带收短，发出"靠"的口令，令犬在人的左侧行进。

② 喂犬时，置犬于训练员的左侧，右手持食物，左手持牵引带，发出"靠"的口令，诱导犬并排前进。犬依令保持较正确的姿势时，给予食物奖励。

③ 利用墙、沟、坎等进行随行训练。置犬于人和上述地物之间，将牵引带收短，下达"靠"的口令，令犬并排前行。如犬超前就下"慢"的口令，犬落后就下"快"的口令，同时利用牵引带及地物来纠正犬的位置。反复训练后，可转到平坦地形上训练。

④ 在上述训练的基础上，养成犬在不用牵引带控制下随行的能力。犬随行时将牵引带放长，并逐步过渡到把牵引带放在地上，当犬拖着牵引带能正确随行后，可解掉牵引带正常训练。

（2）常见毛病的纠正方法

① 往前挣或往外偏。一是用牵引带控制犬；二是用口令指挥犬；三是用障碍物限制犬。如有特别兴奋的犬，可用"非"的口令，刺钉脖圈来控制。

② 因疲劳致随行落后时，在纠正动作时适当多给奖励，刺激犬的兴奋性。

③ 随行中"开小差"。应尽量避免外界环境的影响，加强人、犬亲和。

3. 不动

目的：培养犬的坚强忍耐性。

要求：能闻令不动，并经得住一般诱惑。

口令："定"。

手势：侧面定，右手五指并拢，轻往犬鼻前撇下；正面定，右手高举，手心向前。

（1）训练方法

① 令犬坐在左侧，左手持牵引带，下达口令"定"并做手势。然后反身缓步退3～5步，重复下达口令"定"并做手势，此后看情况逐步延长距离至50米，至此训练员方可转身前行。犬仍不动时，可转入第二步训练。

② 训练员令犬坐定后，离开几十米，面向犬再发出一次"定"的口令并做手势，然后找一适当位置隐藏起来，暗中监视犬的行动。如犬动则下达口令"非"加以制止，并重做上述动作，不动则奖励。此后逐步延长时间，变换各种环境训练。

③ 训练员令犬坐定后，到适当距离下达"定"的口令并做手势，然后离去。助训员由远而近、由前至后唤犬前来。若犬不动，即给奖励；若动则下达口令"非"加以制止并重复上述方法训练。在此基础上，训练员隐藏后，由助训员逗引，如犬仍不动，即达训练目标。

（2）常见毛病的纠正方法

① 犬不注意训练员或改变姿势。训练员可用举动吸引犬注意，呼犬名，令犬恢复原姿势，同时，不要过多训练使犬疲劳。

② 当助训员接近犬时犬跑开。训练员应多发"定"和"好"的口令，助训员不应过分威迫。

③ 当多次下达"定"的口令后，如训练员离开，犬仍起来甚至走开，将犬拴住，重新训练。

此科目应与"前来"分开训练，以免产生不良联系。

4. 卧下

目的：培养犬依口令、手势卧下的能力。

要求：动作迅速、自然，姿势端正。

口令："卧"。

手势：左侧卧，训练员左腿后退一步，右腿成弓步，上身微曲，右手五指并拢，从犬鼻前方撇下；正面卧，右手五指并拢上举，下压90度，掌心向下。

（1）训练方法

① 令犬左侧坐下，训练员取跪下姿势，左手握犬脖套，发出"卧"的口令，同时左小臂轻压犬的肩胛，右手拿食物在犬鼻前引诱做手势，此时训练员恢复立正姿势。稍待片刻，再发"坐"的口令，同时以右手持牵引带略上提（或食物引诱），左手做手势，犬起坐后给予奖励。

② 令犬在正面坐下，训练员取跪下姿势，以右手持食物做手势，左手拉犬的前肢轻轻前挪，也可双手分别握犬的前肢向前移动并令犬卧下，犬卧后即给奖励。稍待片刻，再发"坐"的口令，同时以左手持牵引带略上提，右手做手势或拿食物引诱做手势状，犬起坐后即给奖励。如此反复训练，待犬形成条件反射后，再逐步延长训练员与犬的距离，使犬达到闻令后迅速卧下、起坐为止。

（2）常见毛病的纠正方法

① 犬前肢内收，颈部下沉（伏地）。应将前肢拉直，手轻托犬的下颚，发出"定"的口令，并加以奖励，对非卧非坐的犬可用左手轻压犬的腰部，或重复卧下的口令。

② 卧下时臀部倾斜或躺卧。一是用手扶正，必要时给予机械刺激；二是令犬起坐重新卧下。

③ 卧下后前肢偏开或交叉一起。可用手纠正，结合适当刺激和奖励手段。

④ 起坐时全身起立或起半身或起坐后又自行卧下的；对全身起立的，在左侧训练时以左手事先压着犬的臀部；其半身而不成坐姿的，可再发一次迅速而严厉的口令；当犬起坐后发出"定"的口令，防止犬再卧下。

5. 前来

目的：培养犬依口令、手势来到训练员左侧坐下的能力。

要求：闻令即到训练员左侧坐下，姿势端正。

口令："来"。

手势：左手五指并拢，向左平伸，自然放下。

（1）训练方法

① 解脱牵引带与犬同跑，待人犬拉开一定的距离后，训练员急往后退，同时手拿食物引诱，边退边发出"来"的口令，并做手势。

② 在喂犬时令犬坐定或交给他人牵着，训练员持饭盆至一定距离注视犬，发出"来"的口令、手势，当犬依令前来时，急用口令"好"奖励。犬来到跟前令犬靠左侧坐好，即给犬进食。

③ 将犬带入训练场，令犬坐下。训练员前行 30～50 米，面向犬发出"来"的口令和手势，同时稍往后退。若犬听令前来即给奖励。犬快到跟前时，发出"靠"的口令和手势，令犬坐于左侧。

（2）常见毛病的纠正方法

① 前来时在中途跑开或乱闻地面。如有外界影响则设法避开；地面上气味复杂的，可转换场地；如因惧怕训练员而不前来，则应多加奖励，改善亲和关系。

② 前来时速度慢。宜多采用诱导方法训练，每次呼犬前来，训练员应往后退，并频发"好"的口令。

③ 前来时因速度过快冲过坐下位置，应提前发口令"慢"加以控制，同时也可利用自然地形阻挡犬。

6. 前进

目的：培养犬依令前进的能力。

要求：方向正，闻令停止。

口令："去"。

手势：右手五指并拢向前平伸。

（1）训练方法

① 在喂犬时令犬坐好，将饭盆端至前方 30 米处，然后返回，发出"去"的口令并做手势，令犬前进。在犬未到饭盆前，即发出"定"的口令，待犬面向训练员时，令犬坐下，再给奖励。

② 训练员令犬坐下后，向前走 30 米，假作放物品，再返回令犬"去"，在犬未到假放物品处即令犬停止坐下。

③ 利用小道、田埂、隘路进行训练。训练员带犬跑几步，将犬松开，同时迅速后退数步，发"去"的口令和手势，在犬停止前，发出"定"的口令和手势令犬坐下。逐步延长距离，能前进较远距离时，再转到大道或开阔地训练。

④ 强制训练。带犬到较窄的场地，解去牵引带，用较严厉的口令结合假打等方法强迫犬前进。此法初期不能使用。

（2）常见毛病的纠正方法

① 前进中出现回顾训练员或东张西望，随地嗅闻等现象。应在犬有表现之前，即发"去"的口令，如仍出现上述现象则严加制止，若因地面有异性气味干扰，可改换场地训练。

② 去的方向不正。可用目的物来作为犬前进的目标，或到狭窄的场地训练。

③ 在前进时犬表现被动、动作迟缓或"开小差"。训练员应以耐心的态度对待犬的消极防御反应或者用训练绳控制。

7. 吠叫

目的：培养犬依口令、手势发出叫声。

要求：闻令即叫、声音洪亮，不乱叫。

口令："叫"。

手势：右手食指在胸前点动。

（1）训练方法

① 训练员手持食物，对犬引诱，使犬对食物产生高度兴奋。此时训练员发出"叫"的口令和手势，如犬脱口吠叫，立即给食物奖励。反复练习，待犬形成条件反射后，应取消引诱，只用口令、手势指挥。

② 利用犬出舍前的时机进行训练（早晨第一次散放最好）。训练员站在犬舍前，唤犬前来，此时，犬急于外出排便游散，易脱口而叫，训练员乘机发出"叫"的口令和手势，如犬吠叫，即给奖励，并带犬出去游散。

③ 利用犬的依恋性进行训练。将犬带到生疏而清净的地方拴住，训练员设法逗引犬，随后离开到适当位置，先呼犬的名字，后发出"叫"的口令和手势，当犬吠叫时，即加以奖励，带犬游散。

④ 利用犬的防御反射训练。将犬带入训练场，令犬注视前方，助训员由远而近进行逗引，犬急于追咬，脱口吠叫，训练员乘机发出"叫"的口令。

⑤ 利用能引起犬高度兴奋的新异刺激引诱犬吠叫。如打铃、拍球、其他犬吠叫等，看到犬有吠叫的表现时，即发"叫"的口令、手势。

（2）常见毛病的纠正方法

① 吠叫时站起或身体移动。可在左侧以手按压犬的腰角加以纠正，或者事先把牵引带用脚踩住予以纠正。

② 犬乱叫。可采用适当的机械刺激制止，控制犬对某种现象的过度兴奋。

8. 乘车训练

目的：使犬习惯于乘坐各种车辆。

要求：连续行车 50 千米以上不晕不吐。

口令："上""下"。

（1）训练方法　训练员辅助犬上车、下车，发出"上""下"口令，并做手势，逐步过渡到犬依口令、手势上、下车。

（2）注意事项

① 多犬同时乘车时要按秩序上、下车。

② 乘车前不要喂食过饱，乘车前要散放排除大小便。登车后，让犬头朝前方，防止晕车。

③ 病犬不能进行乘车训练。

④ 乘车结束后应让犬休息 15 分钟再进食。

9. 拒食

目的：培养犬只吃训练员（引导员）给的食物的习性，以防他人毒害或吃腐烂食物而中毒。

要求：不捡食地面东西，拒食他人所给食物。

口令："非"。

（1）训练方法

① 将犬牵至饭盆前，令犬坐下，发出"定"的口令，片刻后发出"进食"的口令让犬进食。如没有口令而吃食，则发出"非"的口令制止。

② 预先布置好一个有粪便、食物的场地，带犬到该地去散放，当犬有捡食表现时，应立即用"非"的口令，结合轻打（或假打）或急拉牵引带等机械刺激予以制止。依此法多次训练，使犬养成不捡食地面上的物品的良好习性。

③ 将犬拴住，训练员站于适当距离。助训员手持食物，以温和的态度送至犬前。如犬来吃，助训员用一树条轻击犬嘴。此时训练员发出扑咬的口令，助训员立即后退，并将食物扔在地上。当犬扑向助训员并吠叫时，应及时给予"好"的口令奖励；如犬拣食地面食物则发口令"非"制止。经反复训练，犬可形成别人给食，不但不吃反而扑咬的条件反射。

（2）注意事项

① 日常饲养管理工作中，应随时注意养成犬的拒食习惯。

② 训练员、助训员的态度必须严肃认真，不能开玩笑。

10. 扑咬

目的：培养犬的积极防御和搏斗能力。

要求：胆大、凶猛、准确扑咬。

口令："袭"。

手势：右手指向扑咬目标。

（1）集体扑咬　将胆大凶猛和胆小的犬混编成组，初训时每组3～4条。将犬带到距离助训员20～30米处坐好，并发出"袭"的口令，右手指向助训员方向。此时助训员以鬼鬼祟祟的动作逐步地接近犬，当犬对助训员表现吠叫示威时，训练员应立即用"好"的口令奖励。助训员逼至犬5米时，做出畏惧逃跑动作。此时，训练员同犬一起追击，纵犬扑咬，并频发出"袭"和"好"的口令，并用手假打助训员，给犬助威。咬约1分钟以后，令犬放开。到犬能集体主动进攻时，犬数量应减少到两条为宜。

（2）单犬扑咬　在集体扑咬的基础上，可转为单犬扑咬。带犬到训练地点，使犬朝助训员隐蔽地点的方向坐下，令犬注意。稍待一会儿，助训员出现并逗引，犬表现积极扑咬时，训练员乘机发出扑咬口令，并前去假打助训员以激励犬，约1分钟后，训练员以威胁的音调下达"放"的口令。如犬不放，应给予机械刺激。犬听令放开后即用"好"奖励，并拉犬到身边坐下，令助训员倒下，然后将犬带离现场游散。在此基础上，可进行不带护具的训练，但要给犬带上口笼，还要逐步延长犬追咬助训员的距离，并结合枪、炮声响，以进一步提高犬的扑咬能力。

（3）控制多个助训员训练　此项训练是为了养成犬同时控制多个敌人的能力。派助训员2～3人同时逗引，训练员纵犬扑咬，当犬咬住其中一个助训员时，其余的蹲着、倒下或站着不动，被咬者停止动作，犬咬了片刻后，训练员令犬放开。另两名助训员再逗引，训练员又纵犬扑咬，当犬咬住其中一个时，其他的又倒下不动。依此方法反复训练，使犬养成当"敌人"逃跑时勇猛追捕、"敌人"不动时只是在身旁围着吠叫直到训练员到来的能力。

（4）不同情况下的锻炼

① 不同地形的扑咬。应结合通过各种天然障碍，如山包、沟坎、河流、小桥、矮墙等扑咬，假设敌人还可隐藏在洞中，引犬进洞扑咬。

② 夜间的各种气候条件下的扑咬。在白天扑咬的基础上，可逐渐转入夜间和和各种不同气候条件下的扑咬训练。

③ 搏斗训练。犬能主动大胆扑咬后，助训员根据每条犬的凶猛程度，手持武器、棍棒等与犬进行适当搏斗，培养犬的凶猛搏斗能力。

（5）注意事项

① 严密防止犬咬伤人和犬与犬咬架。

② 训练员和助训员态度要严肃认真，严禁互相讲话和嬉笑，平时不准纵犬咬他人做戏，以防降低犬的凶猛性。

四、藏獒服从训练项目介绍

对藏獒进行有效的控制是训练成功的基础。成功地对藏獒进行服从性的训练是在开始阶段，教藏獒根据命令多次重复一系列形成习性的练习，并能依据命令，终止动作。

藏獒服从训练项目包括无绳随行，行进中坐、卧、立、召来、前进、卧倒等项目。

（一）初级训练项目

1. 无绳随行

正常步伐 15 步、快步 15 步、慢步 15 步、左转弯 2 次、右转弯 2 次、8 字形穿插 4 人组成的人群，并在一人面前稍作停留。伴有枪声测试。

2. 行进中坐

训导师带领獒只行进 10～15 步，指令獒只坐，训导师不做停顿向前走 40 步，转身面对獒只，稍作停留后回到獒只右侧。

3. 行进中卧

训导师带领獒只行进 10～15 步，指令獒只卧，训导师不做停顿向前走 40 步，转身面对獒只，稍作停留，召来獒只正面坐，稍作停留，然后指令獒只靠坐训导师左侧。

（二）高级训练项目

涵盖了训练初级比赛项目。

1. 跑步行进中立

训导师带领獒只跑步行进 10～15 步，指令獒只立，训导师不做停顿向前跑走 40 步，转身面对獒只，稍作停留，召来獒只正面坐，稍作停留，然后指令獒只靠坐训导师左侧。

2. 前进

训导师指令獒只向前跑 30 步以上距离，指令獒只卧倒，稍作停留，训导师走到獒只右侧，指令獒只靠坐，带离赛场，比赛结束。

（三）评分细则

评分细则见表 6-1。

表 6-1 评分细则

一、初级服从评比细则：100 分	
1. 无绳随行（40 分）	1.1 獒只随行全程抬头注视训导师脸部不扣分，全程不抬头注视训导师脸部扣 15 分，过半路程不能抬头注视训导师脸部扣 5 分
	1.2 獒只随行全程超前落后、靠坐位置不准确扣 10 分
	1.3 过人群凶猛、威胁、攻击人，判失格
	1.4 枪声测试时胆怯扣 10 分
	1.5 獒只随行全程消极被动扣 5 分
2. 獒只行进中坐（25 分）	2.1 獒只行进中未按指令坐扣 25 分
	2.2 按一声指令坐但坐姿歪斜、向其他方向移位后坐、两声指令，扣 10 分
	2.3 不按一声指令迅速坐，但坐姿正确，动作缓慢，扣 5 分
	2.4 训导师走出 40 步后獒只移动位置扣 10 分
3. 獒只行进中卧（35 分）	3.1 獒只行进中未按指令卧扣 35 分
	3.2 按一声指令卧但卧姿歪斜，向其他方向移位后卧、两声指令，扣 15 分
	3.3 不按一声指令迅速卧，但卧姿正确，动作缓慢，扣 5 分
	3.4 训导师走出 40 步后獒只移动位置扣 10 分
	3.5 不能迅速前来，靠坐后不注视训导师脸部，扣 15 分
二、高级服从评比细则：100 分	
1. 无绳随行（30 分）	1.1 獒只随行全程抬头注视训导师脸部不扣分，全程不抬头注视训导师脸部扣 10 分，过半路程不能抬头注视训导师脸部扣 5 分
	1.2 獒只随行全程超前落后、靠坐位置不准确扣 5 分
	1.3 过人群凶猛、威胁、攻击人，判失格
	1.4 枪声测试时胆怯扣 10 分
	1.5 獒只随行全程消极被动扣 5 分
2. 行进中坐（10 分）	2.1 獒只行进中未按指令坐扣 10 分
	2.2 按一声指令坐但坐姿歪斜、向其他方向移位后坐、两声指令，扣 3 分
	2.3 不按一声指令迅速坐，但坐姿正确，动作缓慢，扣 5 分
	2.4 训导师走出 40 步后獒只移动位置扣 2 分
3. 行进中卧（15 分）	3.1 獒只行进中未按指令卧扣 15 分
	3.2 按一声指令卧但卧姿歪斜，向其他方向移位后卧、两声指令，扣 5 分

3. 行进中卧(15分)	3.3 不按一声指令迅速卧,但卧姿正确,动作缓慢,扣3分
	3.4 训导师走出40步后獒只移动位置扣2分
	3.5 不能迅速前来,靠坐后不注视训导师脸部,扣5分
4. 行进中立(15分)	4.1 獒只行进中未按指令立扣15分
	4.2 按一声指令立但立姿歪斜、向其他方向移位后立、两声指令,扣5分
	4.3 不按一声指令迅速立,但立姿正确,动作缓慢,扣3分
	4.4 训导师走出40步后獒只移动位置扣2分
	4.5 不能迅速前来、靠坐后不注视训导师脸部,扣5分
5. 前进(30分)	5.1 獒只听到指令不能前进,扣30分
	5.2 前进不迅速,但按指令卧倒,扣10分
	5.3 前进不迅速,而且不按指令卧倒,扣15分
	5.4 卧倒等待中位置移动,靠坐不迅速,扣5分

注:裁判根据犬只现场比赛状态进行适当扣分。

第七章
藏獒的展览与比赛

第一节 对展览的认识

一、展览的意义

犬展的目的就是加强对犬的爱护，改良犬种，推动纯种犬的繁殖，提高养犬的水平。虽然不是每个参展者都能够从藏獒的展览中获利，但藏獒的展览意义重大：

一是展览会可作为推介一个成型品种的有效媒体。

二是为培育者提供一个与其他竞赛者进行公平较量的机会。

三是提供一个学习其他品种和培育方向的机会。参加展览能促进犬种的改进和发展，因为参加展览的犬，都是饲主精心挑选和培养而带来参加比赛的，或是到现场观赏别人的犬只，比较其优缺点，互相切磋，以便在下一次展览会改善其缺点，而达到改良犬种的目的。

四是犬展是一个很好的广告媒介。通过展览让更多的同行和养殖爱好者认识了你和你所养的犬。

五是为养殖者提供一个相互交流的机会。"参加"本身的意义最为重大，同时，参加犬展能使素昧平生的犬主，透过对犬只的共同喜好，而以犬会友。

六是可提供一个少量种藏獒的销售平台。但需要注意现场交易也有很多弊端，一是疫病预防情况不清楚，疫苗注射种类不明确，所以，这类藏獒买到后，一般疫病难以控制，成活率低；二是系谱不详，父母不知，其遗传性能难以掌握；三是染色、注射药物等弄虚作假现象时有发生，容易上当受骗。

七是掌握藏獒的价格行情。

八是可以通过展览传授道德规范、合理、公平竞赛和专业技能。参赛者一定要明白和清楚，参加犬展就是等于接受比赛的办法和评审员的资格，愿意接受评审员的判决。

二、冠军展介绍

犬展从性质上分为观赏展、繁殖展、冠军展和观摩展等。由于我们平时接触到的多数属冠军展，所以下面将重点介绍一下关于冠军展的特点。冠军展是以比赛方式来选出优秀犬种的比赛。审查时，只能由经过各地犬会正规程序所派出的审查员来进行。

由于冠军展还负有判断犬只优劣的重要责任，因此在各方面都要做到绝对公正，在举办、评审等方式上都有一定的规定。首先当然是获认可的纯种犬才具备参赛资格，犬只年龄必须 3 个月以上，另外也要通过健康的检查。

审查员在判断犬只优劣时，根本不考虑参赛犬只的血统、犬主以及过去有无得奖记录等因素。审查员只看当天比赛时犬只所表现的姿态、外形、表情、动作与步伐等，来决定参赛犬只中哪一只最接近理想的标准，而选出各组别的冠军。绝不是评审员根据自己喜好来随便作决定。

所谓理想的犬只，是按照该犬种的标准而定的，标准是根据理想犬只的全身各部分状况，以文字形式详细地记载下来。由于很多部位都只有象征性说法，所以每个评审员的观点各有不同也是理所当然的。

关于评审的方法，评审员是根据他认为最接近犬只标准的程度，给予犬只名次。名次的高低，是以总分的高低来排列的。有些犬只，如果只观察它的头部或身躯部分时，非常符合理想的标准，但总体来说，不是头部过重就是比例不均衡，因而也称不上是优良的犬只。

　　但是，标准是理想化的，在严格控制缺点的同时，也要以发掘犬只优点的态度来评审犬只的优劣。没有缺点的犬只是不存在的，只要具备能弥补其缺点的优点，也很可能成为一只冠军犬。

　　名次的高低是相对的。为了让大家更容易理解，下面以分数来举例。有两组犬只每组三只各自比赛，一组都是优秀的犬只，得分分别为95、90、85，那95分的自然是第一名，90分的第二，85分的第三。而另一组都是较差的犬只，得分为50、45、40，此时该组第一名就是50分的那只，如此类推下去。这里不难发现95分的得第一名，50分也是第一名，两者的资格相同。总而言之，在比赛中同组中最好的即第一名，因此如果该组只有一只犬参赛，那么它也一定是该组的第一名。因此，有些犬在这次比赛里得到冠军，但下次比赛时，如果在同一组中有其他更接近标准的犬只时，那么这只上次拿冠军的犬可能就落到了第二，甚至更后的名次；反之，在这次虽然没拿到冠军，但下次拿到也说不定。再者，犬在这次的比赛中能顺利拿到冠军，但到下一次比赛时，是不是能保持同样的身体状况去参加比赛呢？那也很难预料。有些犬健康良好，但到会场时，由于受到各方面因素的影响，而显出疲劳或不稳定等状态，使表现大受影响，当然也会影响到成绩。而且每次评审员都不同，自然主观想法和观点上也有差异，这些都会影响到犬展的结果。

第二节　展览信息与参展常识

一、展览信息

　　每年全国各地都举行若干场藏獒展览，规模大小不等，影响力也有区别。有国家展、国家巡回展和地方展等：国家展是由犬会主办的全国性藏獒展览会，每年定期、定地召开；国家巡回展由犬会主办，由犬会、地方俱乐部、地方行业组织等承办，统一命名为年度中国藏獒展览会（地名）展；地方展是由犬会或地方俱乐部主办的地方性藏獒展览会，定期或不定期召开。

影响力最大、最权威的是由中国畜牧业协会犬业分会举办的中国藏獒展览会。中国藏獒展览会作为全世界规模最大、最专业的藏獒展览会，为广大獒主提供了展示品牌獒园和精品藏獒的良好机会，对打造品牌獒园，推广精品中国藏獒，搭建行业交流平台，规范行业行为，强化中国藏獒管理，促进中国藏獒行业健康、有序、科学、可持续发展起到了良好的效果。

还有其他的一些藏獒展览，如精品獒展、幼獒争霸赛、北方藏獒精品博览会、西安藏獒展览会、环渤海精品藏獒博览会、山东国际藏獒大赛、西北精品藏獒博览会等等。

这些展览信息可以从中国畜牧业协会犬业分会网站上及其他有关藏獒养殖网站上得到，加入中国畜牧业协会犬业分会（China National Kennel Club，CAAA，CNKC）会员的，可以从协会得到有关展览的信息。

二、参展常识

有关参展的常识见《中国藏獒展览会管理办法》和《犬赛管理暂行办法》（见附录）。

（一）动态展示路线介绍

在犬展中，动态展示是至关重要的精彩环节。展示的时候有一定的路线要求需要参赛者掌握，以便将最好的一面展现出来。犬展中有环形、直线形、三角形、反三角形、L形、反L形和T形等7种路线。

（1）环形　这是一个犬展中最常用的路线，评审经常会要求全场的参赛者一起按逆时针方向做环形前进。当评审员站在场地中央时牵犬者要左手牵犬以评审员为中心做反时针方向绕圈。这样可以看到每一只犬的正侧面和步态，以便观察它们的一般外貌和总体印象。牵犬者必须懂得协调整体的步伐，与前后位置都保持一定的距离。

（2）直线形　直线形是在个体审查中才会用到的一种路线，评审会要求牵犬者以直线方式走出。这时候，只能看到指导手和参赛犬的背影，实际上评审会观察犬的后躯的运动方式。同样的，在指导手带犬返回时，评审观察的是犬的前躯的运动方式。当评审员要求牵犬者做该形步行时，要注意的是评审员的位置，你应该直线离开他，而回来时亦要打量他的位置而直接回到他面前。

（3）三角形　三角形也是很多评审常用的一种路线，因为这个路线可以比较全面地观察犬的动态。在出发时，也就是按照三角形的第一个直角边前进时，评审可以观察到后躯。牵犬者要直线离开评审员至某一距离，然后作90度左转直行一段距离，再作45度左转直行回到评审员面前。当转弯90度以后，也就是按第二条直角边前进时，正好可以将犬的正侧面展现出来。最后一个转弯后，指导手会面向评审的方向前进，这时，评审又可以很好地观察犬的前躯。如此一来正好可以让犬的前、后、侧三面都得到良好的展现，以便评审全面地观察参赛犬。

环形、直线形、三角形是在内地的犬展中使用较为广泛的3种路线。除以上3种路线之外，还有反三角形、L形、反L形和T形等4种路线。这4种路线的共同特点是在行进过程中都要用到右手牵犬，所以指导手必须清楚在什么情况下要将犬置于自己的右侧，在什么时机做左右手的交换；而且，这时对指导手的技巧是一种考验，因此这几种路线经常用于指导手的比赛中。

（二）参赛程序及经验介绍

1. 从驻地出发前

藏獒赛前应进行打理，以体现出该犬只的最佳状态。牵犬师要着装整洁得体。正确佩戴组委会颁发的统一号码牌。在出发前，先把它从犬舍放出来，轻轻松松地散步，与往常一样排便，活动筋骨，使它觉得舒服后再上车，到达时间最好是比报到时间早1小时左右，如此才能从容不迫地参加比赛。

2. 到达犬展会场后

到达犬展会场后，先让犬下车，给它喝些冷水，再把它刚才在车上滴在胸前饰毛上的口水擦净，用梳子把全身的毛梳理一遍。然后带它散步一圈，顺便排便，排出的粪便当然要随时掩埋。

在场绕圈时，会有许多人对犬品头论足，此时尽可与他们讨论，使犬完全习惯气氛，心情自然能安定下来。过不了多久，报到开始，首先要做的事是带它去检查身体。

3. 检查和报到

主要是对参赛犬只的健康状况以及是否符合参赛资格等由专业人员进行检查。检录人员要扫描芯片，核对比赛编号，信息准确方可上场。检查后，会发一张卡片，再带着卡片到报到处，填写已经申请好的组别及名字，然后接受编号，拿到一份参展目录。可以从参展目录上获知犬的组别。

在前一组比赛时，大会会广播通知预备，所以在此之前，再替犬梳 1 次毛，用湿毛巾把弄脏的部分擦净，尽量使犬看起来容光焕发，散出美丽的光彩。

4. 到预备比赛场地

首先，犬展工作人员会以广播报出参加该组的犬只编号，要它们到预备比赛场集合。此时，为了公正起见，不说出犬种的名字和饲主的姓名，只以其编号代替，所以必须记住自己的编号，如果已经广播了好几次，但仍然没有前往报到，会被视为弃权。

到达预备比赛场时，工作人员按照编号次序排列，在这段等待进场的间隙，要再度仔细检查爱犬，此时它可能流出眼屎，或是因为链条太紧，而使脖子四周的被毛变形。要观察场内正在进行的比赛情况，以便临场不乱。

5. 正式进入展场

进入赛场时，要轻拍犬背对它说"我们走吧！"然后轻松、镇定地跑到比赛场上的指定位置，这样做是为了让犬感觉是出去散步。犬只与牵犬者不需要任何的表演，只要依照参展的规则，从容面对便可。由于有其他人和犬只在场，所以一定要注意人犬一体的最高表现。

先在场地中央做站立静态展示。而后由牵犬师左手牵犬，逆时针绕场做快步走（慢跑），场上时间约为 90 秒，观察它们的动作、整体的均衡，将参赛犬只进行比较。此时，应让犬紧跟在身边，使它充满活力，表现出与主人一起跑步时的兴奋状态。

为了避免爱犬注意到其他犬只，要一直注视它，轻声呼叫它，将它的注意力集中在主人的身上。

所有参与评审的犬只都绕场一两圈之后，评审员会命令它们停下来，然后仔细做个别审查，观察各部位的形状、结构、被毛、肌肉等是否均衡。评审员会逐只地用手触摸，此时，"站好"等口令就派上了用场。

要控制好犬，以便让评审员很容易地检查。之后审查员会要求犬主带犬只走到指定的直线上。

犬在跑步的时候看不到的细节，如前肢的伸长、后肢的力劲、骨骼之间的接合情况、饲养管理情况等，在它站立时都一目了然。

将所有的犬只审查过后，再让犬只排成一行，然后进行表情、姿态、外形的比较审查，此时"摆好姿势"的口令派上了用场。

有些犬就像装饰品一样，动也不动，毫无活力可言；也有的犬昂然挺胸、竖起双耳、两眼炯炯有神；但也有东张西望、情绪不稳定的犬。如果你的犬情绪不稳定时，千万不要操之过急，犬是很敏感动物，如果主人手忙脚乱，它也会觉得不安定，而感到怯场。

万一情况更糟时，要更加沉着，像平常一样，轻叫它的名字，拍拍它的肩膀，对它说"不要紧，慢慢来"，如此才能使它安定下来。

首次参加犬展的人，经常会过于紧张，不管身边的爱犬如何，只是站立不动，两眼直视前方，但请不要忘记评审员最主要是审核犬，而不是看人的表现，所以要保持与犬的沟通与默契，保持轻松愉快的心情。

此时评审员已决定好名次了。如前面所述，他是根据比赛当天犬只在赛场所表现的姿势、外形、表情以及它与人之间的配合等因素，比较同一组的赛犬中，哪一只最接近标准，而定出优劣。

比赛结束后，不论最后的成绩如何，都要温和地摸摸爱犬的头称赞它，即使没有得奖，也不必太过失望，更不应该责备它。

第三节　赛前准备

一、挑选参赛藏獒

要按照展会的要求准备参赛的藏獒，如中国藏獒幼犬大赛要求的藏獒是本繁殖期出生的 3～6 月龄的幼犬，A 级藏獒邀请展示会的参赛资格是前几届中国藏獒展览会获 A 级的中国藏獒。只有符合比赛要求的藏獒才能参加比赛。同时，拟参加比赛的藏獒还必须是经注册登记，有统一芯片号的藏獒。

另外，需要注意的是，在外国有一个惯常做法就是对于雌性展示犬，在它出展的年份，绝对不会作繁殖的。因为犬只被毛的保养，甚至腰背的线条，当经过繁殖及抚养 BB 犬后，很难再保有雌犬的最佳状态，故此雌犬都是在退出参展后才作繁殖用途。这时候，犬主可能会为了方便繁殖，将犬只美丽的被毛全部剪短。尤其是长毛雌性犬只的出展，由幼犬至两三岁就要退役，否则年纪太大就不再适合怀孕生产。至于雄性犬只，它的形象优美，出展时间比雌性犬只长得多。所以，很多为出展而饲养犬只的犬主会喜欢饲养雄性犬只。犬主需要掌握犬只的生命成长特质与过程，才能为犬只设计出最好的计划，参展、繁殖择其一。

二、身体健康检查

参加比赛的藏獒在确定参展时，要进行全面的身体检查，这既是参展的要求，同时也是为保证参展路途往返及期间藏獒的健康不出现问题。将不具备参赛资格和患病期间的藏獒剔除。如人为改变毛质颜色、已做绝育的种公畜、患病犬、发情哺乳母犬、有严重生理缺陷（如缺齿、咬合不正确、公犬单睾、隐睾等）的犬只，不能确保他人安全或主人不能控制的藏獒也要剔除。所以，检查应由专业兽医和经验丰富的养殖人员一同进行，从体表到各个脏器都要认真细致地检查，这项工作要提早进行，确保万无一失。

三、做好防疫检疫

赛事组委会都会提出参赛犬必须做过防疫注射的要求。同时为了保证参赛过程中不感染传染病，也必须做好防疫工作。因此，对于参加比赛的藏獒要进行免疫接种，主要是狂犬病、犬瘟热、细小病毒病等烈性传染性疾病的预防。对于按照正常免疫接种程序进行了免疫接种，而且距离此次展览时间较近的，可在出发前5天注射高免血清。

到獒园所在地的兽医站或防疫部门对参展种畜进行严格的检疫并开具产地检疫证明，因为运输、比赛报名及参赛时都要求每条参赛藏獒需提供所属动物检疫部门出具的检疫合格证明。若用火车运输时，应由铁路首发站的动植物检疫站进行检疫和签发卫生合格证、检疫合格证件，方可往异地发运，否则不准运输。

四、藏獒美容

对参赛的藏獒应提前进行精心的修饰。藏獒的美容主要包括梳理毛发、洗澡、剪指甲三步，所有参展藏獒的被毛梳洗整洁，显示出藏獒威风的一面。

藏獒身上覆盖着浓厚的毛发，因此最好每天进行梳理。梳理毛发时动作要轻柔，不可以随意乱扯毛发，以免弄痛藏獒。遇到结球的毛发要从毛发尖端慢慢梳理，一直梳理到毛发根部，将其整个毛发梳理柔顺。如果遇到梳理不开的毛团，则应该用剪刀剪掉，然后再进行梳理。刚开始梳理时，可以从藏獒的头部开始，然后是耳朵，再到胸部、前腿、背部、身体两侧、腹部和后腿，最后梳理尾巴上的毛发。

藏獒的洗澡周期一般在1个月左右。当然具体的洗澡时间，可以根据藏獒的身体干爽程度来决定。在给藏獒洗澡前要先梳理毛发。饲养者应该为其准备适用的沐浴露和护毛素。洗澡时不可以将洗澡水弄到藏獒眼睛里，以免伤到藏獒的眼睛。同时在清洗完后，要用干毛巾将毛发擦拭干，然后用吹水机将湿漉的毛发彻底吹干，以免使藏獒着凉感冒。在洗澡完后，可以检查藏獒的趾甲是否过长，如果趾甲过长，可以帮其剪掉趾甲。

五、营养调理

保持犬只最健康的状态，平日的饮食习惯当然至为重要。犬只的食物不在乎名贵或便宜，最要紧是确保犬只能吸收各种营养，如各类维生素、矿物质，只要能让犬只摄取充足均衡的营养，就是好的食谱。而犬只无论是进食哪类食物，都是从小喂养，能健康地成长，犬主无须勉强犬只改变饮食习惯。市场上有好多食品，加有特别为保养犬只的毛质、颜色状态等等而制造的添加剂。犬主要小心观察犬只在服用后的效果，究竟服用前后有什么改变，不同的犬种有不同的体质，在实验检查后，犬主就可按照自己犬种的体质，决定服用的数量及品种。

六、准备路途中和参展期间的饲料和药品

要准备好藏獒排泄粪便所用的塑料袋、卫生纸、口套、限制链等，并自觉清理藏獒的大小便，做到文明参展。

待参加比赛的犬只，要使用平时犬只已经习惯了的饲料，切不可临时更换饲料。以专用犬粮为好，便于携带，不用再加工，并能保持新鲜不变质。为防止犬只水土不服，要携带一部分清洁饮水，在比赛期间供犬饮用。

药品有防晕车的、助消化的和预防肠炎的等药物，如苯巴比妥片、晕海宁、胃复安、乳酶生、鞣酸蛋白、氧氟沙星胶囊等药物，以及庆大霉素点眼液、红霉素软膏、滴耳油、高锰酸钾、补液盐、多种维生素等。

六、运输车辆和笼具

运输的车辆一般使用7座以上的面包车，或者越野车，要求空间宽敞、温度可调、车况良好。小藏獒不应该选择空运，最好选择

汽车作为运输工具。

除展览期间使用组委会统一提供的标准比赛展示犬笼具以外，其他时间都需要参赛者自备笼具和锁具，因此，要准备好结实耐用、美观漂亮、空间大小合适、拆装方便、易于清洗、食盆水盆和接粪尿托盘齐全、便于携带运输的笼具，最好是藏獒已经习惯了的笼具，新换的或不是已经习惯的要让被运输的藏獒提前进入适应，并要做好笼具使用前后及使用期间的消毒。

七、其他物品

牵引手的服装、獒主名片、设计精美的獒园宣传单、参赛犬的血统证书等等。

第四节 运输的注意事项

装犬后将活动门用自带锁具锁好，并固定牢固，防止途中藏獒外逃。将犬装入运输笼后，笼的四周都应用塑料编织布封好，一是防止运输中咬人，二是防止犬粪掉在运输车辆或飞机上。

在运输途中，不要改变藏獒的食物。藏獒需要大量的睡眠，在它睡醒之后，下车领它遛遛。

运输藏獒时谢绝人观望、戏斗藏獒，更不能让无关人员投给食物，一是防止咬伤人，二是防止食物带病菌。

运输藏獒时，最好是犬主人或犬已经熟悉的押运员一同跟随照顾。不能让生人担任此任务，以防途中出现万一，生人无法解决，造成不可想象的事故发生。另外，运输途中要带好饮水、用具和应急的备用药物，最好带上麻醉药物和麻醉的解药，以防意外事故发生，以备使用。

除空运押运人员不在藏獒身边外，汽运和船运及火车运输，押运人员不能离开藏獒，以便加强防护措施。

藏獒运到目的后，不要马上喂藏獒吃食喝水。先让藏獒充分休息，40分钟以后喂少量的水，注意不要让藏獒喝足。等到藏獒排出大便约 2 小时以后，再喂少量的食物。第一顿吃食，应供给流食，并在食物中加抗生素和助消化药物。吃完食后再喂水，水里加少量葡萄糖和多种维生素。饮食都要喂容易消化的流食。第二天逐渐加大进食量，直到体力完全恢复，逐渐按正常饲喂量喂给食物和水。

第五节 赛制流程

一、CNKC 单独展赛制图

CNKC 单独展赛制图见图 7-1。

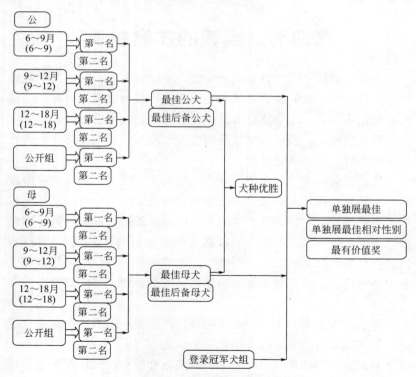

图 7-1 CNKC 单独展赛制图

二、CNKC 成犬 A 赛制图

CNKC 成犬 A 赛制图见图 7-2。

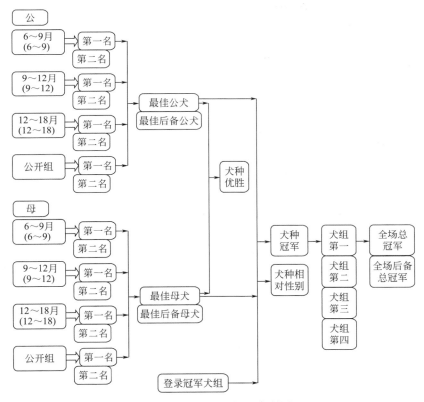

图 7-2　CNKC 成犬 A 赛制图

三、CNKC 成犬 B 赛制图

CNKC 成犬 B 赛制图见图 7-3。

四、CNKC 幼犬赛制图

CNKC 幼犬赛制图见图 7-4。

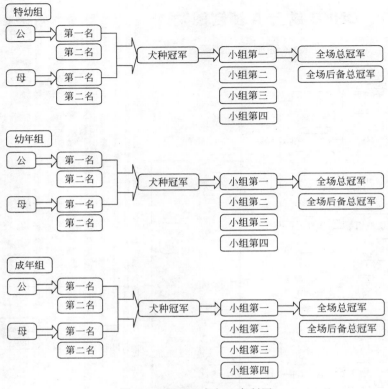

图 7-3　CNKC 成犬 B 赛制图

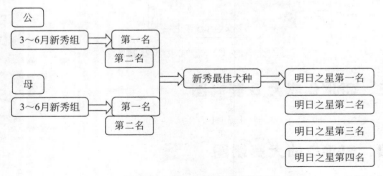

图 7-4　CNKC 幼犬赛制图

第六节　世界著名四大权威犬赛组织及 CKU 介绍

一、美国养犬协会（AKC）

1884 年美国养犬俱乐部成立，由美国各地 500 多个独立的养犬俱乐部组成。至 2001 年已认定 158 种犬种。AKC 是一个庞大的非营利组织，其原始功能是对纯种犬进行登记和保护。随着进一步发展，其功能拓展到养犬的每一个环节，特别是在犬展方面，它的服务范围很广，组织本身极具权威性，全面监督犬展进行。它有固定的雇员，并从全国各地 300 多名全俱乐部代表中，选出董事会成员及董事长。此外，约有 3800 个附属俱乐部参与 AKC 的活动，使用 AKC 的章程来开展犬的展览，举办培训班和健康诊所。现在AKC 已经成为犬的养殖、注册、研究、展示等方面最重要的平台。

二、英国养犬协会（KC）

1876 年英国养犬协会成立，其主要功能是对纯种犬进行登记注册，承办犬展活动，并制定严格的比赛规则。KC 制定了优胜犬的授奖办法，以优胜证明书作为得奖的凭证。KC 不但是世界上最古老的养犬协会，也是世界上公认的 3 个对犬种群分类最有影响力的组织之一，至今已认定的犬种超过 190 种，每年更以主办SRUFTS 犬展而闻名于世。

三、国际犬业联合会（FCI）

1911 年国际犬业联合会成立，其创始会员国包括德国、奥地利、比利时、法国、荷兰等，先后在欧洲、美洲、非洲、亚洲、大洋洲设立分支机构，已认定的犬种达 340 种以上，其中许多属于原产地才有的品种和地方品种。FCI 是一个以协调为主的组织，它并不处理犬的注册事宜，它主要通过其会员国家来举办世界性的犬展。

四、美国西敏寺犬展

美国著名的西敏寺犬展已经有 120 多年的历史了，西敏寺俱乐部开始是由一群热衷于指示犬的爱好者发起的，他们经常在纽约西敏寺旅馆里聚会，相互交流养犬经验。俱乐部成立之初是为了改良犬种，规定每年都要举行 1 次犬展。

1877 年的 5 月 8 日至 5 月 10 日，历史上第一次西敏寺犬展在纽约市的迈迪逊大街 26 号 Gilmore 花园举行，犬展举行得相当成功，媒体争相报道，在业界引起轰动。

1877～1920 年，西敏寺犬展赛程为 4 天；1921～1940 年赛程为 3 天；1941 年至今赛程为 2 天。西敏寺犬展不仅是著名的犬类活动，也是美国历史上最古老的运动竞赛项目。美国人对犬展情有独钟，其热爱达到狂热的程度，从不因为气候恶劣、经济危机或战争爆发而停止比赛。从 1992 年开始，参加西敏寺犬展的比赛犬，必须首先取得冠军登陆的资格。从此，获得西敏寺犬展冠军成为美国乃至世界养犬者的最高目标。

Ch. Warren Remedy（光毛猎狐梗）是唯一连续 3 年获得西敏寺犬展全场总冠军的犬，另有 7 只犬赢得 2 次西敏寺的全犬种赛的全犬种冠军。

尽管现在每年犬展的赛程只有 2 天，但前期需要投入大量的工作。首先每个参赛品种要挑选出一只最佳犬种，来代表这个犬种来参加比赛。最佳犬种的角逐非常激烈，作为这一品种的代表，就表明在这一品种中基本属于最高品质，能参加西敏寺的比赛更是一种莫大的荣誉。其次，犬展需要 40 多名职业评审员才能确保工作的顺利完成。

五、CKU 介绍

CKU 犬业协会（图 7-5），英文名称是 China Kennel Union，是世界最大专业犬组织世界犬业联盟（FCI）在中国地区的唯一正

图 7-5　CKU 犬业协会标志

式会员，在 FCI 的授权及支持下对 FCI 认定的纯种犬种进行管理。

　　FCI 是国际机构，是于 1911 年发起创建的一个世界性组织，已有近百年的历史，是目前世界上最大的犬业组织。创会宗旨是在世界范围内积极促进犬的健康繁殖和犬的社会应用。经 FCI 近百年的不懈努力，目前在世界犬业联盟的许多成员国家里，犬业已经不再仅是简单的社会娱乐文化，伴随着犬的饲养、训练和应用，逐步形成了一个具有社会人文意义的绿色新型产业。

　　2006 年 4 月 20 日，CKU 犬业协会与世界犬业联盟（FCI）共同签署了"合作协议"，这意味着中国犬业由此正式步入了国际化发展轨道。CKU 作为世界犬业联盟（FCI）在中国地区唯一认可的合作伙伴，自成立至今，通过自身努力与 FCI 有力的帮助指导，使国内纯种犬事业持续、快速地发展着，并带动促进与犬密切相关的服务业同步发展。

　　2011 年 7 月 4 日，CKU 在法国巴黎 FCI 全体会员国大会上通过成为合作会员。

　　2013 年 5 月 14 日，CKU 经过 FCI 全体成员国投票，于匈牙利首都布达佩斯召开的 2013 年 FCI 匈牙利会议上，61 票全票通过当选成为 FCI 在中国地区的正式成员。

　　CKU 成为 FCI 正式会员组织，将会合理地行使更多正式会员享有的权益，更多举办大区赛事及有权利举办 FCI 世界杯赛事，更快地帮助中国犬业市场继续飞速发展。这意味着以 CKU 为代表的中国大陆地区的纯种犬市场已经完全被国际犬业市场所接受，今后中国将更多出现在国际犬业舞台上。

CKU 为会员提供 440 多个 FCI 承认的纯种犬血统登记、纯种犬鉴定等一系列纯种犬繁殖管理服务。在全国范围内，定期举办"年度 CKU 各地区全犬种中国冠军展"（CAC）和"年度 CKU 各地区全犬种国际冠军展"（CACIB）等系列赛事和培训活动。同时提供各种培训服务及信息，培养犬业中坚力量。

同时 CKU 大力提倡人与犬的交流，提倡文明互动的养犬方式，并积极弘扬爱犬文化，引导大家了解各个犬种，将适合自己的健康狗狗带回家，给予它爱与尊重。这正契合了当下创造和谐社会的主流。

（一）CKU 全犬种比赛流程说明

参赛犬年龄段分组如下：

① 特幼组：3～6 月龄（比赛当天满 3 月龄，但是不足 6 月龄的犬）。

② 幼小组：6～9 月龄（比赛当天满 6 月龄，但是不足 9 月龄的犬）。

③ 青年组：9～18 月龄（比赛当天满 9 月龄，但是不足 18 月龄的犬）。

④ 中间组：15～24 月龄（比赛当天满 15 月龄，但是不足 24 月龄的犬）。

⑤ 公开组：15 月龄以上（比赛当天满 15 月龄及以上年龄的犬）。

⑥ 冠军组：非 CKU 办理的登录犬且注册犬名中未体现 CH 头衔的犬只，报名冠军组时需提交国外登录证书复印件或电子版；国家登录犬（犬名带国家缩写及 CH. 头衔）及 FCI 国际登录犬（犬名带 INT. CH. 头衔），CAC 比赛及 CACIB 比赛都必须报名冠军组。

⑦ 老龄组：8 岁以上（比赛当天满 8 岁及以上年龄的犬），可选择参加老年组或冠军组。

参赛犬只比赛当日年龄满 15 个月并未满 18 个月，可选择以上三个组别（青年组、中间组、公开组）其中一个年龄组参加比赛，犬主可根据对犬只的了解报名参加相对适合的年龄组进行比赛。此报名信息在报名截止后不再更改。

当参赛犬年龄满 9 月龄以上，具备签发"挑战证书"CC 的资格（老龄组不签发 CAC）。

当参赛犬年龄满 15 月龄以上，具备签发"国际选美挑战证书"CACIB 的资格（9～18 个月青年组、老龄组不签发 CACIB）。

（二）CAC/CACIB 冠军展特幼犬组竞赛程序（BBIS）

从特幼公犬组（3～6 月龄）和特幼母犬组（3～6 月龄）分别角逐出该组第一名，即特幼组最佳幼公犬（BWD）和特幼组最佳幼母犬（BWB），再由这两只犬竞争，胜者获得"单犬种特幼犬冠军"（BBOB）奖项，负者获得"特幼犬最佳相对性别犬"（BBOS）奖项，"单犬种特幼犬冠军"（BBOB）代表该犬种直接晋级"全场特幼犬总冠军"（BBIS）的比赛。

全场特幼犬总冠军（BBIS）将角逐出前四名，分别为全场特幼犬总冠军第一、二、三、四名（BBIS1/2/3/4）。

（三）CAC/CACIB 冠军展幼犬组竞赛程序（PBIS）

从幼小公犬组（6～9 月龄）和幼小母犬组（6～9 月龄）分别角逐出该组第一名，即幼小组最佳幼公犬（PWD）和幼小组最佳幼母犬（PWB），再由这两只犬竞争，胜者获得"单犬种幼犬冠军"（PBOB）奖项，负者获得"幼犬最佳相对性别犬"（PBOS）奖项，"单犬种幼犬冠军"（PBOB）代表该犬种直接晋级"全场幼犬总冠军"（PBIS）的比赛。

全场幼犬总冠军（PBIS）将角逐出前四名，分别为全场幼犬总冠军第一、二、三、四名（PBIS1/2/3/4）。

（四）CAC 冠军展成犬组竞赛程序（BIS）

成犬组比赛按年龄分为 5 个组，即青年组、中间组、公开组、冠军组、老龄组。每个组再按公母犬各分为两组，共 10 个年龄组别。

其中冠军组母犬、冠军组公犬的小组第一名可获得 CC 卡并可直接晋级角逐"单犬种冠军"（BOB）；老龄组母犬、老龄组公犬的小组第一名可直接晋级角逐"单犬种冠军"(BOB)。

青年母犬组(9～18个月龄)角逐出小组第一名可获得 CC 卡；从中间母犬组(15～24个月龄)和公开母犬组(15个月龄以上)两组中分别角逐出各小组第一名及第二名,先由两组的第一名比出获得 CAC 卡犬只,未获 CAC 卡的第一名与另一组的第二名比出获得 RCAC 卡犬只,再由青年母犬组第一名与获得 CAC 卡的犬只角逐出"单犬种最佳母犬"(WB)。

青年公犬组(9～18个月龄)角逐出小组第一名可获得 CC 卡；从中间公犬组(15～24个月龄)和公开公犬组(15个月龄以上)两组中分别角逐出各小组第一名及第二名,先由两组的第一名比出获得 CAC 卡犬只,未获 CAC 卡的第一名与另一组的第二名比出获得 RCAC 卡犬只,再由青年公犬组第一名与获得 CAC 卡的犬只角逐出"单犬种最佳公犬"(WD)。

以上获得"老龄组公犬第一名""冠军组公犬第一名""单犬种最佳公犬"(WD)和"老龄组母犬第一名""冠军组母犬第一名""单犬种最佳母犬"(WB),共 6 只犬竞争,胜者获得"单犬种冠军"(BOB)称号,"最佳相对异性犬"(BOS)从与 BOB 相对的 3 只异性犬中角逐出,"最佳相对优胜犬"(BOW)从"单犬种最佳公犬"(WD)和"单犬种最佳母犬"(WB)中角逐出。"单犬种冠军"(BOB)代表该犬种参加下一阶段犬种群成犬组(GROUP)的比赛。

每一个犬种群成犬组(GROUP)将角逐出前四名,分别为犬种群成犬第一、二、三、四名[犬种群冠军(BIG1/2/3/4)]。每个犬种群的第一名[犬种群成犬冠军(BIG1)]代表该犬种群参加"全场成犬总冠军"(BIS)的比赛。

全场成犬总冠军(BIS)将角逐出前四名,分别为全场成犬总冠军第一、二、三、四名(BIS1/2/3/4)。

(五) CACIB 冠军展成犬组竞赛程序 (BIS)

成犬组比赛按年龄分为 5 个组,即青年组、中间组、公开组、冠军组、老年组。每个组再按公母犬各分为两组,共 10 个年龄组别。

其中青年组母犬、青年组公犬的小组第一名可获得 CC 卡并可直接晋级角逐"单犬种冠军"（BOB）；老龄组母犬、老龄组公犬的小组第一名可直接晋级角逐"单犬种冠军"（BOB）。

从中间母犬组（15～24 个月龄）、公开母犬组（15 个月龄以上）、冠军母犬组三组中分别角逐出各小组第一名及第二名，先由三组的第一名比出获得 CACIB 卡犬只同时获得 CAC 卡，该组的第二名与另两只未获 CACIB 卡的第一名比出获得 RCACIB 卡犬只同时获得 RCAC 卡。

从中间公犬组（15～24 个月龄）、公开公犬组（15 个月龄以上）、冠军公犬组三组中分别角逐出各小组第一名及第二名，先由三组的第一名比出获得 CACIB 卡犬只同时获得 CAC 卡，该组的第二名与另两只未获 CACIB 卡的第一名比出获得 RCACIB 卡犬只同时获得 RCAC 卡。

以上获得"老龄组公犬第一名""CACIB 公犬""青年组公犬第一名""老龄组母犬第一名""CACIB 母犬""青年组母犬第一名"，共 6 只犬竞争，胜者获得"单犬种冠军"（BOB）称号，"最佳相对异性犬"（BOS）从与 BOB 相对的 3 只异性犬中角逐出。"单犬种冠军"（BOB）代表该犬种参加下一阶段犬种群成犬组（GROUP）的比赛。

每一个犬种群成犬组（GROUP）将角逐出前四名，分别为犬种群成犬第一、二、三、四名［犬种群冠军（BIG1/2/3/4）］。每个犬种群的第一名［犬种群成犬冠军（BIG1）］代表该犬种群参加"全场成犬总冠军"（BIS）的比赛。

全场成犬总冠军（BIS）将角逐出前四名，分别为全场成犬总冠军第一、二、三、四名（BIS1/2/3/4）。

第八章
藏獒的疾病防治

第一节 卫生制度

一、藏獒场要合理确定消毒方式

消毒的目的是消灭被传染源散播于外界环境中的病原体，以切断传播途径，阻止疫病继续蔓延。消毒是预防和控制疫病的重要手段。消毒要做到根据藏獒场的不同时期和情况确定合理消毒方法，既有长期性的消毒，又有临时性的消毒，做到重点突出，兼顾全面。

（一）传播途径不同，采取不同消毒措施

通过消化道传播的疫病——要对饲料、饮水及饲养管理用具进行消毒。

通过呼吸道传播的疫病——要对空气消毒。

通过节肢动物或啮齿动物传播的疫病——要杀虫、灭鼠。

（二）预防性消毒

每年春秋结合转饲、转场，对藏獒舍、运动场地和用具各进行1次全面大清扫、大消毒；以后藏獒舍每月消毒1次，运动场勤清粪、勤打扫，每天用清水冲洗，藏獒床板每天清扫。母獒舍及产仔窝每次产仔前都要彻底进行消毒，达到预防一般传染病的目的。

（三）随时消毒

在发生传染病时，为及时消灭刚从病犬体内排出的病原体而采取随时消毒的措施。对病犬和疑似病犬的分泌物、排泄物以及污染的土壤、场地、圈舍、用具和饲养人员的衣服、鞋帽都要进行彻底消毒，而且要多次、反复地进行。

（四）终末消毒

在病犬解除隔离、痊愈或死亡后，或者传染病扑灭后及疫区解除封锁前，为了消灭疫区内可能残留的病原体，必须进行终末大消毒。消毒药可以使用 10％～20％石灰乳、2％～5％火碱、0.5％～1％过氧乙酸、1/300 菌毒敌等。

犬粪内常含有大量的病原体和虫卵，应集中做无害化处理。

二、藏獒场具体消毒工作

藏獒场消毒的目的是消灭传染源散播于外界环境中的病原微生物，切断传播途径，阻止疫病继续蔓延。藏獒场应建立科学合理的消毒制度、切实可行的消毒办法，定期对藏獒舍空间、地面、粪便、污水、皮毛等进行消毒。

（一）藏獒舍消毒方法

藏獒舍除保持干燥、通风、冬暖、夏凉以外，平时还应做好消毒。一般分两个步骤进行，第一步先进行机械清扫；第二步用消毒液。藏獒舍及运动场应每周消毒 1 次，整个藏獒舍用 2％～4％氢氧化钠消毒或用 1∶（1800～3000）的百毒杀带藏獒消毒。

（二）进入场区之前的消毒方法

藏獒场应设有消毒室，室内两侧、顶壁设紫外线灯，地面设消毒池，用麻袋片或草垫浸 4％氢氧化钠溶液，入场人员要更换鞋，穿专用工作服，作好登记。

场大门设消毒池，经常喷 4％氢氧化钠溶液或 3％过氧乙酸等。消毒方法是将消毒液盛于喷雾器，喷洒天花板、墙壁、地面，然后再开门窗通风，用清水刷洗饲槽、用具，将消毒药味除去。如藏獒舍有密闭条件，舍内无藏獒时，可关闭门窗，用福尔马林熏蒸消毒12～24 小时，然后开窗通风 24 小时，福尔马林的用量为每立方米空间 25～50 毫升，加等量水，加热蒸发。一般情况下，藏獒舍消毒每周 1 次，每年春秋两季各进行 1 次大消毒。母獒舍的消毒，在产仔前进行 1 次，产仔结束后再进行 1 次。

（三）地面及粪尿沟的消毒方法

獒舍水泥地面表面可用 10％漂白粉溶液、4％福尔马林或 10％氢氧化钠溶液消毒。停放过芽孢杆菌所致传染病（如炭疽）藏獒尸体的场所，应严格加以消毒。首先用上述漂白粉溶液喷洒地面，对于沙土或泥土地面的，还要将表层土壤掘起 30 厘米左右，撒上干漂白粉与土混合，将此表土妥善运出掩埋。

（四）藏獒舍墙壁和用具消毒方法

藏獒舍墙壁、藏獒栏等间隔定期用 15％石灰乳或 20％热草木灰水进行粉刷消毒。藏獒食槽、水盆和用具每天使用前后都要用 3％来苏儿溶液进行清洗消毒。

（五）运动场消毒方法

清扫运动场，除净杂草后，用 5％～10％热碱水或撒布生石灰进行消毒。

（六）粪便无害化处理

藏獒的粪便要做无害化处理。无害化处理最实用的方法是生物热消毒法，发酵产生的热量能杀死病原体及寄生虫卵，从而达到消毒的目的。即在距藏獒场 100～200 米以外的地方设一堆粪场，将藏獒粪堆积起来，喷少量水，上面覆盖湿泥封严，堆放发酵 30 天以上，即可作肥料。

（七）污水

最常用的方法是将污水引入处理池，加入化学药品（如漂白粉或其他氯制剂）进行消毒，用量视污水量而定，一般 1 升污水用 2～5 克漂白粉。

三、藏獒场常用的消毒方法

（一）紫外线消毒

紫外线杀菌消毒是利用适当波长的紫外线能够破坏微生物机体

细胞中的 DNA（脱氧核糖核酸）或 RNA（核糖核酸）的分子结构，造成生长性细胞死亡和（或）再生性细胞死亡，达到杀菌消毒的效果。藏獒场的大门、人行通道可安装固定紫外线灯消毒，工作服、鞋、帽也可用紫外线灯照射消毒（图 8-1）。獒舍内可采用可移动的紫外线灯进行照射消毒。紫外线对人的眼睛有损害，要注意保护。

图 8-1 养殖人员更衣室紫外线消毒

（二）火焰消毒

直接用火焰杀死微生物，适用于一些耐高温的器械（金属、搪瓷类）及不易燃的圈舍地面（图 8-2）、墙壁（图 8-3）和金属笼具的消毒。在急用或无条件用其他方法消毒时可采用此法，将器械放在火焰上烧灼 1～2 分钟。烧灼效果可靠，但对消毒对象有一定的破坏性。应用火焰消毒时必须注意房舍物品和周围环境的安全。对金属笼具、地面、墙面可用喷灯进行火焰消毒。

图 8-2 地面火焰消毒操作

图 8-3 墙壁火焰消毒操作

（三）煮沸消毒

煮沸消毒（图 8-4）是一种简单消毒方法。将水煮沸至 100℃，保持 5～15 分钟可杀灭一般细菌的繁殖体，许多芽孢需经煮沸 5～6 小时才死亡。在水中加入碳酸氢钠至 1％～2％浓度时，沸点可达 105℃，既可促进芽孢的杀灭，又能防止金属器皿生锈。在高原地区气压低、沸点低的情况下，要延长消毒时间（海拔每增高 300 米，需延长消毒时间 2 分钟）。此法适用于饮水和不怕潮湿、耐高温的搪

图 8-4 煮沸消毒器

瓷、金属、玻璃、橡胶类物品的消毒。

煮沸前应将物品刷洗干净，打开轴节或盖子，将其全部浸入水中。锐利、细小、易损物品用纱布包裹，以免撞击或散落。玻璃、搪瓷类放入冷水或温水中煮；金属橡胶类则待水沸后放入。消毒时间均从水沸后开始计时。若中途再加入物品，则重新计时，消毒后及时取出物品。

（四）喷洒消毒

喷洒消毒法最常用，将消毒药配制成一定浓度的溶液，用喷雾器对消毒对象表面进行喷洒。喷洒消毒之前应把污物清除干净，因为有机物特别是蛋白质的存在，能减弱消毒药的作用。顺序为从上至下，从里至外。适用于藏獒舍、场地等环境（图 8-5）。

（五）生物热消毒

生物热消毒指利用嗜热微生物生长繁殖过程中产生的高热来杀灭或清除病原微生物的消毒方法。将收集的粪便堆积起来后，粪便中便形成了缺氧环境，粪中的嗜热厌氧微生物在缺氧环境中大量生长并产生热量，能使粪中温度达 60～75℃，这样就可以杀死粪便中的病毒、细菌（不能杀死芽孢）、寄生虫卵等病原体（图 8-6）。适用于污染的粪便、饲料及污水、污染场地的消毒净化。

图 8-5　喷洒消毒操作　　　　　图 8-6　堆肥发酵

（六）焚烧法

焚烧法是一种简单、迅速、彻底的消毒方法，是消灭一切病原微生物最有效的方法，因对物品的破坏性大，故只限于处理传染病动物尸体、污染的垫料、垃圾等。应挖深坑焚烧后填埋（图 8-7）或在专用的焚烧炉内进行（图 8-8）焚烧。焚烧时要注意安全，须远离易燃易爆物品，如氧气、汽油、乙醇等。燃烧过程中不得添加乙醇，以免引起火焰上窜而致灼伤或火灾。对藏獒舍垫料、病藏獒死尸可进行焚烧处理。

图 8-7　深坑焚烧后填埋　　　　图 8-8　焚烧炉焚烧

（七）深埋法

深埋法是将病死犬、污染物、粪便等与漂白粉或新鲜的生石灰混合，然后深埋在地下 2 米左右处（图 8-9）。

（八）高压蒸汽灭菌法

图 8-9 深埋操作

高压蒸汽灭菌是在专门的高压蒸汽灭菌器（图 8-10）中进行的，是利用高压和高热释放的潜热进行灭菌。这是热力灭菌中使用

图 8-10 高压蒸
汽灭菌器

最普遍、效果最可靠的一种方法。其优点是穿透力强，灭菌效果可靠，能杀灭所有微生物。高压蒸汽灭菌法适用于敷料、手术器械、药品、玻璃器皿、橡胶制品及细菌培养基等的灭菌。

（九）发泡消毒

发泡消毒法是把高浓度的消毒药用专用发泡机制成泡沫撒布藏獒舍内面及设施表面。主要用于水资源贫乏地区，或为了避免消毒后的污水进入污水处理系统破坏活性污泥的活性，以及自动环境控制藏獒舍。一般用水量仅为常规消毒法的 1/10。

四、常用消毒剂及选用注意事项

消毒剂是指用于杀灭传播媒介上的微生物使其达消毒或灭菌要求的制剂。人们在消毒实践中，总要选择比较理想的化学消毒剂来使用。作为一种理想的化学消毒剂，应具备以下特点：能广谱地杀灭微生物，对畜禽无毒，无腐蚀性，对设备无污染，具有洗涤剂作用，具有稳定性，作用迅速，不会因为有机物的存在而失去活性，能产生所期望的后效作用，廉价等。目前的化学消毒剂中，没有一种能够完全符合上述要求的，因此在使用中，只能根据被消毒物品性质、工作需要及化学消毒剂的性能来选择使用消毒剂。

（一）常用化学消毒剂

根据化学结构可分为碱类、过氧化物类、卤素类、醇类、酚类、醛类、季铵盐等。

1. 碱类

主要包括氢氧化钠、生石灰等，一般具有较高消毒效果，适用于潮湿和阳光照不到区域的环境消毒，也用于排水沟和粪尿的消毒，但有一定的刺激性及腐蚀性，价格较低。

（1）氢氧化钠　俗称烧碱、火碱、片碱、苛性钠，为一种具有高腐蚀性的强碱，一般为片状或颗粒形态，易溶于水并形成碱性溶液，另有潮解性，易吸取空气中的水蒸气。能使蛋白质溶解，并形成蛋白化合物。可杀灭病毒、细菌和芽孢，加温为热溶液杀菌作用增强，但对皮肤、纺织品和铝制品腐蚀作用很大。配成2%热溶液，可喷洒消毒圈舍、场所、用具及车辆等。配成3%～5%热溶液，可喷洒消毒被炭疽芽孢污染的地面。消毒圈舍时，应先将畜禽赶（牵）出圈外，以半天时间消毒后，将消毒过的饲槽、水槽、地面或木板圈地用清水冲洗后，再让犬进入。

（2）生石灰　又称氧化钙，为白色或灰白色块状或粉末，无臭，主要成分为氧化钙，易吸水，遇水生成氢氧化钙起消毒作用。氢氧根离子对微生物蛋白质具有破坏作用，钙离子也使细菌蛋白质变性而起到抑制或杀灭病原微生物的作用。生石灰加水生成的氢氧化钙对大多数细菌的繁殖体有效，但对细菌的芽孢和抵抗力较强的细菌如结核杆菌无效，因此常用于地面、墙壁、粪池和粪堆以及人行通道或污水沟的消毒。10%～20%石灰乳可用于涂刷墙壁、消毒地面。10%～20%的石灰乳配制方法是，取生石灰5千克，加5千克水，待其化为糊状后，再加入40～45千克水搅拌均匀后使用。需现配现用。

2. 过氧化物类

（1）双氧水 也称过氧化氢溶液，在接触创面时，因分解迅速而产生大量气泡，机械松动脓块、血块、坏死组织及组织粘连的敷料，有利于清除创面，去除痂皮，尤其对厌氧菌感染的创面更有效。同时还具有除臭和止血作用。冲洗口腔或阴道黏膜用 $0.3\%\sim1\%$ 溶液；冲洗化脓创、恶臭面、溃疡和烧伤等用 $1\%\sim3\%$ 溶液。

（2）高锰酸钾 为紫红色结晶体，易溶于水，溶液呈紫红色。由于容易氧化，不能久置不用，最好临用前配制成 $1:5000$ 溶液。它是一种强氧化剂，对有机物的氧化作用、抗菌作用均是浅表而短暂的。低浓度高锰酸钾溶液（0.1%）可杀死多数细菌的繁殖体，高浓度时（$2\%\sim5\%$）在 24 小时内可杀死细菌芽孢。在酸性条件下可明显提高杀菌作用，如在 1% 高锰酸钾溶液中加入 1% 盐酸，30 秒即可杀死许多细菌芽孢。常用于饮水消毒（0.1%）、与甲醛配合熏蒸消毒、浸泡或湿敷。注意如果配制的溶液太浓，呈深紫色，或未充分溶解，仍有小颗粒状的高锰酸钾，用在皮肤或创面上，常造成皮肤灼伤，呈点状坏死性棕黑色点状斑。因此，应用时必须稀释至浅紫色，且不能久存。

预防感染用 $0.05\%\sim0.2\%$ 高锰酸钾溶液冲洗体表面的扎伤、溃疡的伤口，可促进愈合；犬饮用 $0.01\%\sim0.02\%$ 高锰酸钾水，可以消炎。

饲具消毒用 0.05% 高锰酸钾溶液，既可对饮水器、食槽等饲具进行浸泡消毒，也可用作青绿饲料的浸泡消毒。

（3）过氧乙酸 又名过醋酸，无色透明，有强烈的刺激性醋酸气味的液体。溶于水、乙醇、甘油、乙醚。水溶液呈弱酸性。热至 110℃ 强烈爆炸。产品通常为 $32\%\sim40\%$ 乙酸溶液。过氧乙酸是强氧化剂，易挥发，并有强腐蚀性。

过氧乙酸为高效、速效、低毒、广谱杀菌剂，对细菌繁殖体、芽孢、病毒、霉菌均有杀灭作用。作为消毒防腐剂，其作用范围广，使用方便，对畜禽刺激性小，除金属外，可用于大多数器具和物品的消毒，常用作带畜禽消毒，也可用于饲养人员手臂的消毒。市售消毒用过氧乙酸多为 20% 浓度的制剂。

浸泡消毒：0.04%～0.2%溶液用于饲养用具和饲养人员手臂消毒。

空气消毒：可直接用20%成品，每立方米空间1～3毫升，最好将20%成品稀释成4%～5%溶液后，加热熏蒸。

喷雾消毒：5%浓度，对室内和墙壁、地面、门窗、笼具等表面进行喷洒消毒。

带藏獒消毒：0.3%浓度用于带藏獒消毒，每立方米30毫升。

饮水消毒：每升水加20%过氧乙酸溶液1毫升，让犬饮服，30分钟用完。

3. 卤素类

氟化钠对真菌及芽孢有强大的杀菌力，1%～2%碘酊常用作皮肤消毒，碘甘油常用于黏膜的消毒。细菌芽孢比繁殖体对碘还要敏感2～8倍。还有漂白粉、碘酊、氯胺等。

（1）漂白粉　漂白粉是氢氧化钙、氯化钙和次氯酸钙的混合物，其主要成分是次氯酸钙，有效氯含量为30%～38%。漂白粉为白色或灰白色粉末或颗粒，有显著的氯臭味，很不稳定，吸湿性强，易受光、热、水和乙醇等作用而分解。漂白粉溶解于水，其水溶液可以使石蕊试纸变蓝，随后逐渐褪色而变白。遇空气中的二氧化碳可游离出次氯酸，遇稀盐酸则产生大量的氯气。国家规定漂白粉中有效氯的含量不得少于25%。

广泛使用漂白粉作为杀菌消毒剂，价格低廉，杀菌力强，消毒效果好。如用于饮用水和果蔬的杀菌消毒，也常用于游泳池、浴室、家具等设施及物品的消毒，还可用于废水脱臭、脱色处理上。在畜禽生产上一般用于饮水、用具、墙壁、地面、运输车辆、工作胶鞋等消毒。

（2）碘伏　别名强力碘。碘伏是单质碘与聚乙烯吡咯烷酮的不定型结合物。聚乙烯吡咯烷酮可溶解分散9%～12%的碘，此时呈紫黑色液体。但医用碘伏通常浓度较低（1%或以下），呈现浅棕色。碘伏具有广谱杀菌作用，可杀灭细菌繁殖体、真菌、原虫和部分病毒。可用于畜禽舍、饲槽、饮水等的消毒，也可用于手术前和其他皮肤的消毒、各种注射部位皮肤消毒、器械浸泡消毒等。

4. 醇类

75％乙醇常用于皮肤、工具、设备、容器的消毒。

酒精又称乙醇，为无色透明的液体，易挥发，易燃烧，应在冷暗处避火保存。乙醇主要通过使细菌菌体蛋白质凝固并脱水而发挥杀菌或抑菌作用。以 70％～75％乙醇杀菌力最强，可杀死一般病原菌的繁殖体，但对细菌芽孢无效。浓度超过 75％时，由于菌体表层蛋白迅速凝固而妨碍乙醇向内渗透，杀菌作用反而降低。

乙醇对组织有刺激作用，浓度越大刺激性越强。因此，用本品涂擦皮肤，能扩张局部毛细血管，增强血液循环，促进炎性渗出物的吸收，减轻疼痛。常用 70％～75％乙醇进行皮肤、手臂、注射部位、注射针头及小件医疗器械的消毒，不仅能迅速杀灭细菌，还具有清洁局部皮肤、溶解皮脂的作用。

5. 酚类

包括苯酚、鱼石脂、甲酚等，消毒能力较强，但具有一定的毒性、腐蚀性，污染环境，价格也较高。

（1）复合酚　本品为深红褐色黏稠液，特臭。消毒防腐药，能有效杀灭口蹄疫病毒、猪水疱病毒及其他多种细菌、真菌、病毒等致病微生物。畜禽养殖专用，用于畜禽圈舍、器具、场地排泄物等消毒。对皮肤、黏膜有刺激性和腐蚀性；不可与碘制剂合用；碱性环境、脂类、皂类等能减弱其杀菌作用。

苯酚为原浆毒。0.1％～1％溶液有抑菌作用；1％～2％溶液有杀灭细菌和真菌作用，5％溶液可在 48 小时内杀死炭疽芽孢。该品一般配成 2％～5％溶液用于用具、器械和环境等的消毒。

（2）鱼石脂　内服为胃肠制酵药，外用对局部有消炎、消肿和促进肉芽生长等功效。用于慢性皮炎、蜂窝织炎等。

（3）来苏儿　又称煤酚皂液、甲酚皂液，为黄棕色至红棕色的黏稠澄清液体，有甲酚的臭味，能溶于水和甲醇中，含甲酚 50％。甲酚是邻、间、对甲苯酚的混合物，杀菌力强于苯酚 2 倍，对大多数病原菌有强大的杀灭作用，也能杀死某些病毒及寄生虫，但对细菌的芽孢无效。对机体毒性比苯酚小。与苯酚相比，甲酚杀菌作用较强，毒性较低，价格便宜，应用广泛。但来苏儿有特异臭味，不宜用于肉、蛋或肉、蛋库的消毒；有颜色，不宜用于棉毛织品的消毒。

可用于畜禽舍、用具与排泄物及饲养人员手臂的消毒。用于畜禽舍、用具的喷洒或擦抹污染物体表面，使用浓度为3％～5％，作用时间为30～60分钟。用于手臂皮肤的消毒浓度为1％～2％；消毒敷料、器械及处理排泄物用5％～10％水溶液。

6. 醛类

可消毒排泄物、金属器械，也可用于栏舍的熏蒸，可杀菌并使毒素含量下降。具有刺激性、毒性，长期使用会致癌。包括甲醛、戊二醛等。

（1）甲醛 又称福尔马林，无色水溶液或气体，有刺激性气味，能与水、乙醇、丙酮等有机溶剂按任意比例混溶。液体在较冷时久贮易浑浊，在低温时则形成三聚甲醛沉淀。蒸发时有一部分甲醛逸出，但多数变成三聚甲醛。该品为强还原剂，在微碱性时还原性更强。在空气中能缓慢氧化成甲酸。甲醛能使菌体蛋白质变性凝固和溶解菌体类脂，可以杀灭物体表面和空气中的细菌繁殖体、芽孢、真菌和病毒。杀菌谱广泛且作用强，主要用于畜禽舍、孵化器、种蛋、仓库及器械的消毒。应用上主要与高锰酸钾配合进行熏蒸消毒。

（2）戊二醛 消毒作用比甲醛强2～10倍，可熏蒸消毒房间。喷洒、浸泡消毒体温计、橡胶与塑料制品等用2％溶液，消毒15～20分钟；熏蒸消毒密闭空间用10％甲醛溶液1.06毫升/米³，密闭过夜。

7. 季铵盐

包括新洁尔灭、百毒杀、洗必泰等，既为表面活性剂，又为卤素类消毒剂。主要用于皮肤、黏膜、手术器械、污染的工作服的消毒。

（1）新洁尔灭 新洁尔灭也称溴苄烷铵，为无色或淡黄色澄清液体，易溶于水，水溶液稳定，耐热，可长期保存而效力不变，对金属、橡胶和塑料制品无腐蚀作用。抗菌谱较广，对多种革兰氏阳性和阴性细菌有杀灭作用，对阳性细菌的杀菌效果显著强于阴性菌，对多种真菌也有一定作用，但对芽孢作用很弱，也不能杀死结核杆菌。本品杀菌作用快而强，毒性低对组织刺激性小，较广泛用于皮肤、黏膜的消毒。

0.1％水溶液可用于皮肤黏膜消毒。0.15％～2％水溶液可用于犬舍内空间喷雾消毒。

避免使用铝制器皿，以防降低本品的抗菌活性，忌与肥皂、洗衣粉等正离子表面活性剂同用，以防对抗或减弱本品的抗菌效力。由于本品有脱脂作用，故也不适用于饮水的消毒。

（2）百毒杀　主要成分为双链季铵盐化合物，通常含量为10％，是一种高效表面活性剂。无色、无味液体，性质稳定。本品无毒、无刺激性，低浓度瞬间能杀灭各种病毒、细菌、真菌等致病微生物，具有除臭和清洁作用。主要用于畜舍、用具及环境的消毒，也用于孵化室、饮水槽及饮水消毒。

疾病感染消毒时，通常用0.05％溶液进行浸泡、洗涤、喷洒等。平时定期消毒及环境、器具、种蛋消毒，通常按1：600倍水稀释，进行喷雾、洗涤、浸泡。饮水消毒，改善水质时，通常按1：（2000～4000）倍稀释。

（3）洗必泰　也称氯己定，作用强于苯扎溴铵，作用迅速且持久，毒性低，无局部刺激作用。与苯扎溴铵联用呈相加效力。常用于皮肤、黏膜、术野、创面、器械、器具的消毒。黏膜及创面消毒用0.5％溶液；栏舍喷雾消毒、手术用具擦拭消毒用0.5％溶液；器械消毒用0.1％溶液浸泡消毒3分钟；手的消毒用0.02％溶液浸泡3分钟。

（二）选择消毒剂时应遵循的原则

常用消毒药品的选择与其他药物一样，化学消毒药对微生物有一定选择性，即使是广谱消毒药也存在这方面问题。因为不同种类的微生物（如细菌、病毒、真菌、霉形体等），或同类微生物中的不同菌株（毒株），或同种微生物的不同生物状态（如芽孢和繁殖体等），对同种消毒药的敏感性并不完全相同。如细菌芽孢对各种消毒措施的耐受力最强，必须用杀菌力强的灭菌剂、热力或辐射处理，才能取得较好效果。故一般将其作为最难消毒的代表。其他如结核杆菌对热力消毒敏感，而对一般消毒剂的耐受力却比其他细菌强。真菌孢子对紫外线抵抗力很强，但较易被电离辐射所杀灭。肠道病毒对过氧乙酸的耐受力与细菌繁殖体相近，但季铵盐类对之无效。肉毒杆菌毒素易为碱破坏，但对酸耐受力强。至于其他细菌繁殖体和病毒、螺旋体、支原体、衣原体、立克次氏体对一般消毒处理耐受力均差。常见消毒方法一般均能取得较好效果。所以，在选择消毒药时应根据消毒对象和具体情况而定。

选用的原则是首先要考虑该药对病原微生物的杀灭效力，在有效抗菌浓度时，易溶或混溶于水，与其他消毒剂无配伍禁忌。对大幅度温度变化显示长效稳定性，储存过程中稳定。其次是对藏獒和人的安全性，在使用条件下高效、低毒、无腐蚀性，无特殊的气味和颜色，不对设备、物料、产品产生污染。同时还应具有来源广泛、价格低廉和使用方便等优点，才能选择使用。

（三）使用消毒剂时的注意事项

① 清扫与消毒相结合。将需要消毒的环境或物品清理干净，去掉灰尘和覆盖物，有利于暴露病原体，有利于消毒剂发挥作用。

② 配制消毒药液的浓度应准确。

③ 养殖场应多备几种消毒剂，定期交替使用，以免产生耐药性。

④ 保证药液接触病原体，并保持一定的接触时间。喷洒消毒液时应注意喷洒密度，最好使用喷雾器。充分喷洒犬活动及休息的场所，包括地面、墙壁、犬床、犬床下、围栏等。

⑤ 密切注意消毒剂市场的发展动态，及时选用和更换最佳的消毒新产品，以达最佳消毒效果。

五、影响消毒效果的主要因素

（一）消毒剂的选择是否正确

要选择对重点预防的疫病有高效消毒作用的消毒剂，而且要适合消毒的对象，不同的部位适合不同的消毒剂，地面和金属笼具最适合氢氧化钠，空间消毒最适合甲醛和高锰酸钾。

不同的消毒液对不同的病原体敏感性是不一样的，一般病毒对含碘、溴、过氧乙酸的消毒液比较敏感，细菌对含双链季铵盐类的消毒液比较敏感。所以，在病毒多发的季节或藏獒生长阶段（如冬春）应多用含碘、含溴的消毒液，而细菌病高发时（如夏季）应多用含双链季铵盐类的消毒液。对于球虫类的卵囊，则用杀卵囊药剂。

各种病原体只用一种消毒剂消毒不行，总用一种消毒液容易使病菌产生耐药性，同一批藏獒应交替使用 2～3 种消毒液。消毒液选择还要注意应选择不同成分而不是不同商品名的消毒液。因为市面上销售的消毒液很多是同药异名。

（二）稀释浓度是否合适

药液浓度是决定消毒剂对病原体杀伤力的第一要素，浓度过大或者过小都达不到消毒的效果，消毒液浓度并不是越高越好，浓度过高一是浪费，二会腐蚀设备，三还可能对藏獒造成危害。另外，有些消毒药浓度过高反而会使消毒效果下降，如酒精在 75％时消毒效果最好。对黏度大、难溶于水的药剂要充分稀释，做到浓度均匀。

（三）药液量是否足够

要达到消毒效果，不用一定量的药液将消毒对象充分湿润是不行的，通常每立方米至少需要配制 200～300 毫升的药液。用量太大会导致舍内过湿，用量小又达不到消毒效果。一般应灵活掌握，在藏獒发病期、温暖天气等情况下应适当加大用量；而天气冷、育肥后期用量应减少。只有浓度正确才能充分发挥其消毒作用。

（四）消毒前的清洁是否彻底

有机物的存在会降低消毒效果。对欲消毒的地面、门窗、用具、设备、屋顶等均须事先彻底消除有机物，不留死角，并冲洗干净。灰尘、残料（如蛋白质）等都会影响消毒液的消毒效果，尤其消毒用具时，一定要先清洗再消毒，不能清洗和消毒一步完成，否则污物或残料会严重影响消毒效果，使消毒不彻底。用高压加高温水，容易使床面黏着的脏物和油污脱落，而且干得快，从而缩短了工作时间。此外，在水洗前喷洗净剂，不仅容易使床面黏着的藏獒粪剥落，同时也能防止尘埃的飞散。再则，在洗净时用铁刷擦洗，能有效地减少细菌数。

（五）消毒的时间是否足够

任何消毒剂都需要同病原体接触一定的时间，才能将其杀死，一般为 30 分钟。

（六）消毒的环境温度和湿度是否满足

消毒剂的消毒效果与温度和湿度都有关。一般情况下，消毒液温度高，消毒效果可增强，温度低则杀毒作用弱、速度慢。实验证明，消毒液温度每提高 10℃，杀菌效力增加 1 倍，但配制消毒液的水温不超过 45℃ 为好。另外，在熏蒸消毒时，需将舍温提高到 20℃ 以上，才有较好的效果，否则效果不佳（舍温低于 16℃ 时无效）；很多消毒措施对湿度的要求较高，如熏蒸消毒时需将舍内湿度提高到 60%～70% 才有效果；生石灰单独用于消毒是无效的，须洒上水或制成石灰乳等。所以消毒时应尽可能提高药液或环境的温度，以及满足消毒剂对湿度的要求。

（七）pH 值是否吻合

由于冲洗不干净，藏獒舍内的 pH 值偏高（约 8～9）呈碱性，而在酸性条件下才能有效的消毒药物此时其效果将受到影响。

（八）水的质量是否达标

所有的消毒剂性能在硬水中都会受到不同程度的影响，如苯制剂、煤酚制剂会发生分解，降低其消毒效力。

（九）消毒是否全面

一般情况下对藏獒场的消毒手段主要有三种，即藏獒身体（喷雾或药浴）消毒、饮水消毒和环境消毒。这三种消毒手段可分别切断不同病原的传播途径，相互不能代替。喷雾消毒可杀灭空气中、藏獒体表、地面及屋顶墙壁等处的病原体；饮水消毒可杀灭藏獒饮用水中的病原体并净化肠道，对预防藏獒肠道病很有意义；环境消毒包括对藏獒场地面、门口过道及运输车（料车、粪车）等的消毒。因此，只有用上述三种方法共同给藏獒消毒，才能达到消毒目的。

第二节 防疫制度

藏獒养殖在疾病防治上要贯彻预防为主、防治结合、防重于治的原则。做到制定科学合理的免疫接种程序，坚持定期免疫，有病能尽早发现、及早治疗、及时隔离、避免传播。在做好传染病预防的同时，还要进行犬寄生虫的驱杀工作。

一、免疫程序的制定

藏獒场在制定免疫程序时要根据当地传染病流行特点及历史，本场传染病发病情况，以及本场獒群的实际免疫接种状况和抗体水平，科学地制定本场的免疫程序。重点对狂犬病、犬细小病毒病、犬瘟热、犬副流感病毒病、犬传染性肝炎病、犬钩端螺旋体病等进行免疫接种。

藏獒的免疫程序（参考）

（一）幼犬的免疫注射

1. 幼犬 15～20 日龄，进行犬窝咳免疫接种。预防藏獒支气管败血博代杆菌病和犬副流感，以滴鼻或针剂方式进行免疫。

2. 幼犬 30～45 日龄，使用犬五联苗或犬六联苗进行免疫接种。预防狂犬病、犬瘟热、犬副流感病毒感染、犬钩端螺旋体病、犬细小病毒病和犬传染性肝炎等；2～3 周间隔，连续注射疫苗 3 次。

3. 幼犬 90 日龄，使用狂犬病灭活疫苗进行免疫接种。预防狂犬病。

（二）成犬的免疫注射

成年藏獒每年都应该注射疫苗 2 次，预防狂犬病、犬瘟热、犬副流感病毒感染、犬钩端螺旋体病、犬细小病毒病和犬传染性肝炎等。

最佳注射疫苗的时间为每年的春季和秋季，这两个季节危害最大并且传染最快。

二、驱除藏獒体内外寄生虫

寄生虫在肠道里吸收营养，使犬消瘦，还易患其他疾病，严重时可导致死亡。故驱虫对藏獒来说非常重要，不可忽视。

成犬每季度都应驱虫 1 次，幼犬 1 月龄开始进行驱虫，驱虫15 天后再注射疫苗。以后按照成犬的驱虫程序进行驱虫。

三、犬常用疫苗介绍

（一）犬单苗

1. 荷兰英特威犬窝咳苗（Nobivac® kc）

【预防症状】预防犬支气管炎博德特菌（犬窝咳）和犬副流感病毒感染所致的犬咳病（也称犬舍咳症）。

【用法与用量】用稀释液（0.4 毫升）将冻干疫苗稀释均匀后，除掉针头接同封的滴鼻管，按照 0.4 毫升/只用量通过犬的一侧鼻孔缓缓注入鼻腔内。

【免疫程序】

（1）2 周龄以上幼犬，可能发生犬咳病之前 72 小时接种本疫苗 1 头份。

（2）经过免疫后的犬每年进行 1 次加强免疫。妊娠母犬可接种，免疫可持续 1 年。

【注意事项】本疫苗应保存于 2~8℃的冷藏柜中。

2. 荷兰英特威狂犬病灭活疫苗（Nobivac® RABIES）

【预防症状】用于健康犬、猫等的主动免疫接种，预防狂犬病。

【产品包装】RABIES 天蓝色盖（水剂）（猫、犬皆可用）。

【免疫程序】1 瓶灭活疫苗，供 1 只犬、猫皮下或肌内注射接种。3 月龄以上的幼犬、猫注射 1 次，免疫期为 1 年，以后每年加强免疫 1 次。

【注意事项】即便注射了狂犬病疫苗的犬、猫咬了人，被咬者也最好到医院注射人狂犬病疫苗或血清。

3. 法国梅里亚瑞贝康狂犬病灭活疫苗（Rabisin-R）

【预防症状】用于健康犬、猫等的主动免疫接种，预防狂犬病。

【产品包装】Rabisin-R 红色瓶盖（水剂），犬、猫皆可用。

【免疫程序】1 瓶灭活疫苗，供 1 只犬、猫皮下或肌内注射接种。3 月龄以上的幼犬、猫注射 1 次，免疫期为 1 年，以后每年加强免疫 1 次。

【注意事项】即便注射了狂犬病疫苗的犬、猫咬了人，被咬者也最好到医院注射人狂犬病疫苗或血清。

4. 美国富道狂犬病灭活疫苗（Rabvc TM3）

【预防症状】用于健康犬、猫等的主动免疫接种，预防狂犬病。

【免疫程序】1 瓶灭活疫苗，供 1 只犬、猫皮下或肌内注射接种。3 月龄以上的幼犬、猫注射 1 次，免疫期为 1 年，以后每年加强免疫 1 次。

【注意事项】即便注射了狂犬病疫苗的犬、猫咬了人，被咬者也最好到医院注射人狂犬病疫苗或血清。

5. 法国维克狂犬病灭活疫苗（Rabigen® mono）

【预防症状】用于健康犬、猫等的主动免疫接种，预防狂犬病。

【免疫程序】1 瓶灭活疫苗，供 1 只犬、猫皮下或肌内注射接种。3 月龄以上的幼犬、猫注射 1 次，免疫期为 1 年，以后每年加强免疫 1 次。

【注意事项】即便注射了狂犬病疫苗的犬、猫咬了人，被咬者也最好到医院注射人狂犬病疫苗或血清。

6. 国产狂犬病疫苗

这里介绍狂犬病灭活疫苗（CTN-1 株），商品名为瑞倍尔安。

【预防症状】用于健康犬、猫的主动免疫接种，预防狂犬病。

【免疫程序】适用于 3 月龄以上的健康犬，肌内注射，每只犬注射 1 毫升（1 头份），每年免疫 1 次，建议未免疫过狂犬病疫苗的犬首免时应注射两次，每次 1 毫升（1 头份），注射间隔 14～28 日，以后每年免疫 1 次。

【注意事项】该疫苗为水针剂，不需另做稀释。即便注射了狂犬病疫苗的犬、猫咬了人，也最好到医院注射人狂犬病疫苗或血清。

（二）犬二联疫苗

荷兰英特威犬小二联疫苗（Nobivac® PUPPY DP）。

【预防症状】预防犬瘟热和犬细小病毒病。

【产品包装】小犬二联苗＝PUPPY DP 褐色盖（苗）＋DILUENT 红色盖（稀释液）。

【用法与用量】将 1 瓶弱毒疫苗（干粉）与 1 瓶稀释液溶解后，供 1 只幼犬皮下或肌内注射接种。

【免疫程序】

（1）4～6 周龄进行免疫。

（2）间隔 3 周后再注射 2 次五联苗（最好仍是英特威厂家出品）。

（3）加强免疫：每年接种 1 次五联或六联，应比前 1 年最后一次免疫日期提前 1 周接种，避免失去有效抗体保护。

【注意事项】

（1）注射高免血清或应用免疫抑制性药物后，21 天内不可使用本疫苗，以免发生抗原-抗体反应。

（2）仅供健康犬免疫接种（注射疫苗前应先测体温是否正常，假如是第一年免疫，最好进行实验室诊断），因为小犬二联本身是一种弱毒苗，也就是说它是一种弱毒抗原，对于非健康犬，由于其机体抵抗力弱，注射疫苗不仅起不到有效保护作用，而且会激发抗原，使机体发病。

（3）接种完 7 天内禁止给犬洗澡，因为小犬二联本身是一种弱毒苗，假如洗澡造成动物感冒，机体抵抗力会降低，注射疫苗不仅起不到有效保护作用，而且会使机体发病。

（4）免疫期间，应避免与外界接触，因为此期间动物虽然获得一定免疫力，但是体内抗体水平还没达到最高值，不足以对抗外界病毒。

（三）犬三联疫苗

国产犬三联苗。

【预防症状】用于预防狂犬病、犬瘟热、犬细小病毒病等。

【免疫程序】

（1）7周龄首次免疫，间隔3～4周后进行第二次免疫。

（2）成年犬免疫注射2次，间隔3～4周。

（3）以后每年免疫1次。

（四）犬四联苗

荷兰英特威四联苗。

英特威疫苗犬用标签中字母分别代表：D—犬瘟热病毒；H—肝炎病毒（包括腺病毒2型）；P—细小病毒；Pi—副流感病毒；R—狂犬病；L—钩端螺旋体、出血性黄胆钩端螺旋体。

【免疫程序】50日龄至3月龄的幼犬，连续注射三次，每次间隔4周。3个月以上的幼犬，连续注射2次，间隔3～4周。之后每年再加强一次免疫注射即可。

【注意事项】

（1）应严格按照疫苗说明书上的说明按时按量给健康犬注射。

（2）不到注射疫苗预防年龄的幼犬，不能进行注射，因为未离乳的幼犬从母乳获得的抗体还没有消失，此时注射疫苗，疫苗和抗体作用，使注射的疫苗失去预防作用。

（3）不得用于接种肉用犬。

（4）接种本品前后14日内，不得接种其他疫苗。

（5）可用于怀孕犬和哺乳犬。

（6）接种时应采用常规无菌操作。

（7）本品不要冻结，不要将疫苗长时间或反复暴露在高温条件下。

（8）疫苗稀释后，应于30分钟内用完。

（9）刚买的犬，尤其从本地市场上购买回来的犬，由于可能接触了病犬而染上了疾病，不宜即刻进行疫苗注射，应该先注射预防血清，预防血清一般有2周免疫力，2周以后，待犬身体养壮，又适应了新环境，再注射疫苗。

（10）养在家中不外出的犬，也要注射疫苗，因为犬不外出，但家中有人外出，可把病原菌带回家中，感染犬使其发病。

（五）犬五联苗

1. 军需大学兽医研究所百司特五联疫苗

【预防症状】预防狂犬病、犬瘟热、犬副流感病毒感染、犬细小病毒病和犬传染性肝炎等。

【免疫程序】犬从断奶之日起，以 2～3 周间隔，连续注射疫苗 3 次。成年犬以 2～3 周间隔，每年注射 2 次。妊娠母犬可在产前 2 周加强免疫注射 1 次。

【注意事项】

（1）疫苗注射后 2 周才产生免疫力，在此之前，对上述疾病是易感的。

（2）使用过免疫血清的犬，间隔 2～3 周，方可使用本疫苗。

2. 荷兰英特威五联苗（Nobivac® DHPPi）

【预防症状】预防犬瘟热、犬细小病毒病、犬腺病毒（包括犬腺病毒 1 型和 2 型）感染、犬副流感等。

【用法与用量】将 1 瓶弱毒疫苗（干粉）与 1 瓶稀释液溶解后，供 1 只犬皮下或肌内注射接种。

【免疫程序】

（1）基础免疫　第一年分 3 次接种，每次间隔 21 天，首免最早时间为 45 天。大于 3 个月的幼犬免疫 2 次即可，每次间隔 21 天。

（2）加强免疫　每年接种 1 次，应比前 1 年最后一次免疫日期提前 1 周接种，以免失去有效抗体保护。

【注意事项】

（1）可用于怀孕及哺乳犬。

（2）注射高免血清或应用免疫抑制性药物后，21 天内不可使用本疫苗，以免发生抗原-抗体反应。

（3）仅供健康犬免疫接种，犬体温正常，无其他疾病。因为英特威五联苗本身是一种弱毒苗，若犬机体抵抗力弱，注射疫苗不仅起不到有效保护作用，而且会激发抗原，使机体发病。

（4）一般情况下，第一次接种后 7～14 天即可迅速建立对犬瘟热病毒感染的免疫保护作用。

（5）第一次接种到第二次免疫后 7 天，应避免与外界接触，因为此期间动物虽然获得一定免疫力，但是体内抗体水平还没达到最高值，不足以对抗外界病毒。

（6）个别犬会出现过敏反应，应立即注射肾上腺素及地塞米松。

3. 美国辉瑞卫佳五联苗（Vangurd® Plus5）

【预防症状】预防犬瘟热、犬细小病毒、犬腺病毒（包括犬腺病毒 1 型和 2 型）、犬副流感病毒等。

【用法与用量】将 1 瓶弱毒疫苗（干粉）与 1 瓶稀释液溶解后，供 1 只犬皮下或肌内注射接种。

【免疫程序】

（1）基础免疫　第一年分 3 次接种，每次间隔 21 天，首免最早时间为 45 天。大于 3 个月的幼犬免疫 2 次即可，每次间隔 21 天。

（2）加强免疫　每年接种 1 次，应比前一年最后一次免疫日期提前 1 周接种，避免失去有效抗体保护。

【注意事项】同英特威五联苗。

4. 韩国百力喜五联疫苗 DHPPL

【预防症状】预防犬瘟热、犬细小病毒病、犬传染性肝炎、犬副流感、犬钩端螺旋体病。

【用法与用量】用 LEPTO 疫苗（液状）溶解 DHPP 疫苗（冻干状）后，接种至犬的颈部皮下。

【免疫程序】接种时间应根据母源移行抗体水平来判定，但通常按以下时间表进行接种：

接种次序	饲养环境不良的犬场	饲养环境良好犬场或个人饲养犬
第 1 次接种	生后 6 周龄	生后 8 周龄
第 2 次接种	生后 8 周龄	生后 11 周龄
第 3 次接种	生后 11 周龄	生后 14 周龄
第 4 次接种	生后 14 周龄	
加强免疫	每年 1 次	

【免疫形成及期间】接种本疫苗以后经 2～3 周开始形成免疫，并维持 1 年。

【储藏方法】2～8℃冷藏保管。

（六）犬六联疫苗

1. 荷兰英特威六联苗

【预防症状】预防犬瘟热、犬细小病毒病、犬传染性肝炎、犬副流感病毒感染、犬腺病毒Ⅱ型及犬钩端螺旋体感染等。

2. 美国辉瑞六联苗

【预防症状】预防犬瘟热、犬细小病毒病、犬传染性肝炎、犬副流感病毒感染、犬腺病毒Ⅱ型及犬钩端螺旋体感染等。

3. 法国梅里亚优利康六效合一疫苗（EURICAN® DHPPi2-L）

【预防症状】预防犬瘟热、犬腺病毒病、犬细小病毒病、犬副流感病毒病 2 型呼吸道感染、犬钩端螺旋体病、黄疸出血群钩端螺旋体病。

【用法与用量】将 1 瓶弱毒疫苗（干粉）与 1 瓶稀释液溶解后，供一只犬皮下或肌内注射接种。

【免疫程序】

（1）基础免疫　第一年分 3 次接种，每次间隔 21 天，首免最早时间为 45 天。大于 3 个月的幼犬免疫 2 次即可，每次间隔 21 天。

（2）加强免疫　每年接种 1 次，应比前 1 年最后一次免疫日期提前 1 个月接种，避免失去有效抗体保护。

【注意事项】同英特威五联苗。

4. 美国富道六联苗（FUDA® DHPPi-L）

【预防症状】预防犬瘟热、犬细小病毒病、犬传染性肝炎、犬副流感病毒感染、犬腺病毒Ⅱ型感染及犬钩端螺旋体病等。

【用法与用量】将 1 瓶弱毒疫苗（干粉）与 1 瓶稀释液溶解后，供 1 只犬皮下或肌内注射接种。

【免疫程序】

（1）基础免疫　第一年分 3 次接种，每次间隔 21 天，首免最早时间为 45 天。大于 3 个月的幼犬免疫 2 次即可,每次间隔 21 天。

(2)加强免疫 每年接种 1 次,应比前 1 年最后一次免疫日期提前 1 个月接种,避免失去有效抗体保护。

【注意事项】同英特威五联苗。

5. 军需大学兽医研究所百司特六联苗

【预防症状】预防狂犬病、犬瘟热、犬细小病毒病、犬传染性肝炎、犬副流感病毒感染、犬冠状病毒病等。

【免疫程序】

(1)50 日龄至 3 个月龄的幼犬,连续注射 3 次,每次间隔 4 周。

(2)3 个月以上的幼犬,连续注射 2 次,间隔 3~4 周。之后每年再加强 1 次免疫注射即可。

6. 吉林远东军马研究所六联苗

【预防症状】预防狂犬病、犬瘟热、犬细小病毒病、犬传染性肝炎、犬副流感病毒感染、犬冠状病毒病等。

【免疫程序】

(1)50 日龄至 3 个月龄的幼犬,连续注射 3 次,每次间隔 4 周。

(2)3 个月以上的幼犬,连续注射 2 次,间隔 3~4 周。之后每年再加强 1 次免疫注射即可。

7. 韩国中央六联疫苗

【预防症状】预防犬瘟热、犬细小病毒病、犬传染性肝炎、犬副流感、犬黄疸型钩端螺旋体病和犬伤寒型钩端螺旋体病。

【用法用量】选用 1 剂 LEPTO-VAC 将 1 份 DHPP-VAC 完全溶解以后,接种至犬的皮下或肌内。

【免疫程序】通常接种时间根据母体内的抗体情况来进行接种,但通常第一次疫苗接种时间为 5~6 周龄,第二次疫苗接种时间为 8~9 周龄,第三次疫苗接种时间为 11~14 周龄进行。此后每年进行补充接种。第一次接种前如果感染的概率大,则将疫苗接种时间提前 1～2 周。

【保存方法及有效期】本疫苗应保存于 2～7℃冷藏柜中。

（七）犬七联疫苗

1. 法国梅里亚优利康七效合一疫苗（EURICAN® DHPPi2-LR）

【预防症状】预防犬瘟热、犬细小病毒病、犬传染性肝炎、犬副流感病毒感染、犬腺病毒Ⅱ型病、犬钩端螺旋体感染及狂犬病等。

【用法与用量】将 1 瓶弱毒疫苗（干粉）与 1 瓶稀释液溶解后，供 1 只犬皮下或肌内注射接种。

【免疫程序】用于基础免疫的最后一针或每年的加强免疫。

【注意事项】同英特威五联苗。

2. 西班牙博乐七联疫苗

【预防症状】预防犬瘟热、犬细小病毒病、犬传染性肝炎、犬副流感病毒感染、犬冠状病毒病、犬钩端螺旋体病、犬腺病毒Ⅱ型感染等。

3. 荷兰英特威七联疫苗（Nobivac® DHPPi＋RL）

【预防症状】预防犬瘟热、犬细小病毒病、犬腺病毒（包括犬腺病毒 1 型和 2 型）感染、犬副流感、犬钩端螺旋体病、狂犬病等。

【产品包装】DHPPi 深蓝色盖（干粉）＋RL 黑色盖（稀释液）。

【用法与用量】将 1 瓶弱毒疫苗（干粉）与 1 瓶稀释液溶解后，供 1 只犬皮下或肌内注射接种。

【免疫程序】用于第一年最后一次免疫和以后每年的加强免疫：每年接种 1 次，应比前 1 年最后一次免疫日期提前 1 周接种，避免失去有效抗体保护。

四、犬常用的抗体类制剂

犬常用的抗体类制剂主要有免疫血清、免疫球蛋白和病毒单克隆。免疫血清亦称抗血清，是含有抗体的血清制剂，用病毒免疫动物，取其血清精制而成。通过注射抗血清可以传递被动免疫，治疗许多疾病。目前对病毒病的治疗尚缺乏特效药物，故在某些病毒病的早期或潜伏期，可考虑用抗病毒血清治疗。注意免疫血清和疫苗不能同时使用。免疫球蛋白指具有抗体活性的动物蛋白。主要存在于血浆中，也见于其他体液、组织和一些分泌液中。免疫球蛋白是机体受抗原（如病原体）刺激后产生的，其主要作用是与抗原起免疫反应，生成抗原-抗体复合物，从而阻断病原体对机体的危害，使病原体失去致病作用。另一方面，免疫球蛋白有时也有治病作用。病毒单克隆是利用细胞融合技术提取的高效高特异性抗体。由于单克隆抗体的分子量小，特异性极强，可迅速到达病毒侵染的组织的细胞杀灭病毒，达到快速治愈的目的，是目前世界上用于治疗和预防犬细小病毒病和犬瘟热效果最好的生物制剂。

（一）军需大学兽医研究所百司特精制五联血清

【预防和治疗】紧急预防和治疗犬瘟热、细小病毒病、肝炎、副流感及冠状肠炎等犬传染病。

（二）吉林远东军马研究所六联血清

【预防和治疗】紧急预防和治疗犬瘟热、细小病毒病、肝炎、副流感及冠状肠炎等犬传染病。

（三）西安第四军医大学五联苗

【预防和治疗】紧急预防和治疗犬瘟热、细小病毒病、肝炎、副流感及冠状肠炎等犬传染病。

（四）西安第四军医大学免疫球蛋白

【预防和治疗】用于犬传染病的紧急治疗、预防。

（五）农业部诊断所犬细小病毒单克隆

【预防和治疗】治疗和预防细小病毒病。

（六）农业部诊断所犬瘟热单克隆

【预防和治疗】治疗和预防犬瘟热。

（七）农业部诊断所二联血清

【预防和治疗】治疗细小病毒病、犬瘟热。

（八）军需大学二联血清

【预防和治疗】治疗犬瘟热、细小病毒病。

（九）军需大学兽医研究所犬佳生命源

【预防和治疗】治疗犬瘟热、犬细小病毒病等以及各种病毒、细菌感染。

五、接种疫苗的注意事项

（1）注射疫苗要严格遵循制定的免疫时间表，特别是幼犬。幼犬过早注射疫苗不仅不会保证健康，反而会破坏母源抗体的功效，起到相反的作用。同样，也不能过晚，失去母源抗体的幼犬，如果不进行免疫接种，则容易患病。

（2）犬做防疫前应进行健康检查，确认健康无病后方可进行免疫接种。犬处在应激状态或患病时，以及妊娠期间，不宜接种疫苗。

（3）疫苗应注意保存条件，灭活苗应保存在 $2\sim8℃$ 下，防止冻结、高温和阳光直射；弱毒苗则应保存在 $-15℃$ 以下，才能保持其效力。

（4）疫苗在有效期内使用。灭活疫苗用前摇匀，冻结后不能使用；弱毒疫苗用注射用水稀释后即用。

（5）以酒精作为消毒剂，待消毒的注射部位酒精挥发后再行注射，注意酒精不能与弱毒苗接触。

（6）疫苗免疫接种前后，要减少犬的大运动量活动，减少刺激等等。

（7）在防疫的同时使用免疫抑制类药物，可导致免疫反应性降低。

（8）接种疫苗后要注意观察犬的反应。一般情况下，接种疫苗后，犬不会出现大的身体变化，个别犬在接种疫苗后的第二天有不愿动、食欲差的暂时现象，很快会恢复正常，如果持续出现呕吐、腹泻，需要及时进行脱敏处置。个别犬对疫苗特别是狂犬疫苗可能发生局部反应，局部红肿、结节、脱毛等，发现后用毛巾热敷或及时请兽医处理。

如果犬在注射疫苗后 10～20 分钟内出现起皮疹，甚至浑身无力、呼吸急促等现象，属于急性过敏现象，应该请兽医立即抢救。因此，为安全起见，应注意观察幼犬接种疫苗后 20 分钟内的反应，发现不良反应，要尽早处置。

（9）犬的疫苗接种并非一劳永逸，每年要按时接种才对犬有保护力。

第三节　犬病的诊断

一、犬的保定

犬的保定是以人力或器械控制犬，限制其活动，以保障人和宠物的安全，便于诊治工作的顺利进行。应用某些药物达到控制动物的目的称为化学保定，是传统机械保定的发展。

兽医及操作者除了通晓犬的习性、攻击的手段之外，在临床实践中要确实执行各种手术保定技术的规定。

为了更有效地对犬进行控制，首先应懂得犬的习性和与犬相处的有关知识。一般动物与不熟悉的人接近往往产生不安、戒备、逃跑或攻击等行为，尤其是藏獒更突出一些，这也是动物自身防御的本能。犬体型差别很大，又由于生长环境的不同，因而所形成的气质也不相同，所以每只犬的表现也有极大的差异。因此，了解犬的习性、行为、驾驭手段和合理的保定方法等，应成为临床工作的重要组成部分。

在临床中不管犬的教养程度如何，都要保持警惕，当与犬靠近时应注意消除其紧张和不安，表现出善意和耐心，争取合作。对极端驯教不良的宠物也要有耐心，不得给犬以粗暴的感觉。粗暴的心态或不适当的控制手段不仅完不成保定的任务，还容易出现意外的事故。

保定的最终目的是在保证完成诊疗的同时保护人和犬的安全。每项诊疗都有常规的保定方法，不合理的保定技术或某些细节的疏忽都可能引起犬的损伤事故，如骨折、腱和韧带撕裂、脱臼和神经麻痹，甚至内脏损伤等。

（一）犬保定的意义

一是对犬实行有效的控制（包括机械的或化学的），能为诊断或治疗提供安定条件，有利于对犬的检查和外科手术技术的发挥。

二是诊疗部位的显露有赖于保定技术和方法。有的手术要求体位变化，有的手术需要肢体的转位，没有这些手术将无法进行。

三是防止被诊疗犬的自我损伤（咬、舔、抓），这也是保定的内容。自身损伤破坏体组织和医疗措施，使诊疗变得更为复杂。临床用的犬颈环、体架等，可预防宠物咬断缝线、撕碎绷带、损伤局部组织，保证创伤愈合，以提高医疗效果。

四是对犬的束缚本身包含对手术人员安全的保障。术者或手术成员在手术过程中受伤，小则直接影响手术进程，大则导致极为严重的后果。

（二）犬的保定方法

因犬对主人有较强的依恋性，保定时若有主人配合可使保定工作顺利进行。对犬的保定首先是防止伤人也要重视犬的自身损伤。保定方法有多种，可根据动物个体的大小、行为及诊疗的目的选择不同的方法。

1. 扎口保定法

为防止犬伤人，尤其对性情急躁、有损伤疼痛的犬，常用扎口保定。用绷带扎口是最常应用的方法之一。取绷带一段，先以半结做成套，置于犬的上、下颌，迅速扎紧，另外半个结在下颌腹侧，接着将游离端顺下颌骨后缘绕到颈部打结。

短口吻的犬捆嘴有困难极易滑脱。可在前述扎口法的基础上，再将两绳的游离端经额鼻自上向下，与扎口的半结环相交和打结，有加强固定的效果。

目前市面上有专门的嘴套出售，使用比较方便，有皮革和铁丝制品两种，有不同的型号，选择大小合适的给犬戴在嘴上，对于爱咬人的藏獒平时外出时也可戴上。

2. 颈钳保定法

该法适用于抓捕凶猛咬人的犬，颈钳柄长 90～100 厘米，钳端为 2 个半圆形钳嘴，使之恰能套入犬的颈部。保定时保定人员抓持钳柄，张开钳嘴及钳嘴套入犬的颈部，立即合拢钳嘴以限制犬头的活动。

3. 颈环保定法

用于犬和猫，颈环有商品出售，也可自己制作，硬纸板、塑料板、X 光胶片等皆可以利用。颈环在临床上广泛应用，主要用于防止舔、咬患部。不是所有的犬对颈环都能适应，初安装颈环时注意对呼吸的影响。使用时在颈环内周围用纱布垫好，与颈间留出能插入一指的空隙，麻醉尚未苏醒的动物不宜使用。

4. 站立保定法

站立保定适用于比较温顺藏獒的一般检查。最好由犬的主人来做，其他人员保定时，声调要温和，态度要友善，举动要稳妥，切忌突然靠近和从犬的尾部动手，还要避免粗暴的恐吓。

保定时，保定的人员要站于犬的左侧，面向犬的头部，边接近犬边用温和的声调呼唤犬，右手轻拍犬的颈部和胸下方或挠痒，左手用牵引带套住犬嘴。

5. 体壁支架保定法

体壁支架是一种防止自我损伤的保定方法。按犬颈围和体长，取两根等长的铝棒，其一端在颈两侧环绕颈基部弯曲一圈半，用绷带将两弯曲的部分缠卷在一起。另一端身后贴近两侧胸腹壁，用绷带围绕胸腹部缠卷固定铝棒，其末端裹贴胶布以免损伤腹壁。如需要提起尾部，可在腹后部两侧各加一根铝棒，向上做 30°～45° 弯曲，将末端固定在尾根上方 10～15 厘米处。此保定法可防止犬头回转舔咬胸腹壁、肛门以及跗关节以上等部位，尤其对不愿意戴颈环的犬更适宜用此法保定。

6. 手术台保定法

犬手术台保定有侧卧、仰卧和俯卧保定三种。一般情况下保定前动物应进行麻醉，根据手术需要选择不同体位。

（1）仰卧保定法　先将犬放倒于手术台上，用绳分别系于四肢球节下方，拉紧绳，使犬呈仰卧保定姿势，头部用细绳保定于手术台上防止犬头活动，颈、背部两侧垫以沙袋保持犬身平稳。给犬做腹部或会阴部手术时常采用此方法。

（2）侧卧保定法　先将犬放倒于手术台上，分别握住犬的前后肢，将前臂和小腿进行捆绑，拉紧固定，使犬体呈侧卧姿势。给犬静脉注射或局部治疗处理时常采用此法。

（3）俯卧保定法　将犬呈俯卧姿势放在手术台上，用绳分别系于四肢下部固定即可。给犬做耳的修整术时采用此法。

7. 化学保定法

化学保定法是应用化学药物使犬暂时失去正常活动能力，而犬的感觉依然存在或部分减退的一种保定方法。常用药物如下：

（1）氯胺酮　又称凯他敏。犬的肌内注射量为4～8毫克/千克体重，3～8分钟进入麻醉状态，可持续30～90分钟。本剂属短效保定药物，最长不超过1小时可自然复苏。氯胺酮注入犬体后，心率稍增快，呼吸变化不明显，睁眼，流泪，眼球突出，口、鼻分泌物增加，喉反射不受抑制，部分犬肌肉张力稍增高。在恢复期，有的犬出现呕吐或跌撞现象，不久即会消失。氯胺酮具有用量小、可肌注、诱导快而平稳、清醒快、无呕吐及骚动等特点，应用时如发现犬的麻醉深度不够，可随时增加药量，多次反复追补，均不会产生不良后果。

（2）846合剂　使用剂量为0.04毫升/千克体重，肌内注射。本药使用方便，麻醉效果良好。其副作用主要是对犬的心血管系统有影响，表现为心动徐缓，血压降低，呼吸性窦性心律不齐，一度房室传导阻滞等。用药量过大，呼吸频率和呼吸深度受到抑制，甚至出现呼吸暂停现象。出现上述症状时，可用846合剂的催醒剂（每毫升含个氨基吡烷6毫克、氨茶碱90毫克）作为主要急救药，用量为0.1毫升/千克体重，静脉注射。此外，还可使用新保灵系列制剂、眠乃宁、保定宁等进行药物保定，但以前述两种药物使用方便、成本低、药效确实。

二、临床诊断技术

藏獒的抗病力较强，一般不易发病，随着藏獒被引入内陆地区，由于环境、气候、温度、食物、饲料管理、生活环境等诸多条件的改变，藏獒的疾病也随之而多起来。要求饲养员和兽医在日常饲养过程中进行观察和检查，及时发现、准确判断藏獒生病的原因和果断就医是保证藏獒健康的必要手段。

检查和确定病犬的一些异常表现，叫作诊断。健康藏獒与患病藏獒从外观、生理方面比较有很大的区别，病犬的某些异常表现明显，容易被发现和确定；而有些轻微或不明显的表现，往往与正常现象难以区分，这就需要用特殊的诊断方法或借助仪器来检查，再进行综合分析，才能最后确定是否有病和有什么病症。当然，这里有些是由兽医工作者来实施的，而有些检查和分析项目，作为一个养犬者来说，也是应该知道和掌握的。现将有关犬病的简易诊断方法介绍如下：

（一）视诊

必须让犬在安静状态下来观察其有无异常表现，不然，剧烈活动后所引起的正常机能的加强就会被误诊为异常。如犬在剧烈运动或因捕捉挣扎之后，心跳速度肯定加快，难以区分是正常还是异常。同时，养犬爱好者也必须知道犬的各种正常生理值，才能发现犬的不正常现象。视诊应注意检查以下几方面：

1. 看精神状态

健康的犬，都活泼可爱，精神抖擞，行动灵活，双目有神，两耳常随声音而转动，即使是睡觉时，也始终保持警觉状态，听到一点细微的动静，就竖耳侧听，双眼盯视有动静的方向，表现出非常机灵的状态。健康的藏獒见到主人便跳到跟前，摇头摆尾，嬉戏玩耍，活泼可爱；有病的藏獒，见主人来也不理睬不愿动。健康的藏獒见到东西就嗅；患病的藏獒不愿意去嗅东西，连食物也不愿意去嗅。

若犬出现双目无神或半闭，不愿活动，喜静卧不动，两耳对外来刺激反应迟钝或无反应，神情淡漠，甚至呈昏睡状态，这些都属神经抑制状态，称为精神沉郁或昏迷。有的病犬表现兴奋不安，室内室外到处乱跑，惊恐，高声尖叫，常无目的地走动，转圈，甚至乱咬各种物品等，这样的精神状态称为精神兴奋或狂躁。上述两种精神状态，都属不正常的精神表现。

2. 看营养状况

判定犬营养状况好坏，主要观察膘情和被毛。健康犬应肥瘦适度，肌肉丰满健壮，被毛光顺而富有光泽，使人看后有一种舒适感。若犬身体消瘦，肌肉松弛无力，被毛粗糙无光、焦干、尾毛逆立等，常是患有寄生虫病、皮肤病、慢性消化道疾病或某些传染病的表现。

3. 看姿态

犬在站立或行走时，四肢强拘，不敢负重，站立或运步时，显示四肢软弱无力，则表明四肢有异常。如果犬躺卧时体躯蜷缩，头置于腹下或卧姿不自然，不时翻动，则表明腹痛。

4. 看眼睛

健康藏獒的眼睛是暗红色或黑黄色或浅蓝色的，眼球上半部翻隐在眼皮内，眼为三角形较小，还有的个别犬是"鸳鸯"眼或玉石眼，无眼屎，不流泪，一有动静睁着眼抬起头。藏獒每天眨眼睛13000～15000次。如见犬双眼无神、眼周不洁、结膜发红、红肿、羞明流泪、角膜浑浊等，则可能与眼病或消化不良等病有关。总闭着眼睛的藏獒是病藏獒。

5. 看尾巴

健康的藏獒将尾巴卷曲在背部，呈菊花状，见到主人便摇头摆尾非常有神；患病的藏獒夹着尾巴或拖着尾巴，尾巴抬不起来，无精打采。

6. 看被毛

健康的藏獒被毛整齐，有光泽，背和肩上的饰毛呈披肩形，突出。患病的藏獒被毛蓬乱，无光泽，到换毛季节毛换得不均匀。

7. 看皮肤

健康藏獒的皮肤光滑、细腻、有光泽、皮肤弹性良好。若犬的被毛不断脱落，粗糙无光泽，皮肤干燥，缺乏弹性，或啃咬皮肤、抓搔，或见皮肤上有皮疹、水疱、结痂和溃疡等缺损，则为病态。

8. 查体温

在正常生活条件下，健康犬的体温保持在一定范围内，通常清晨最低，午后稍高，一昼夜温差为 0.2～0.5℃，一般不超过 1℃。如果超过 1℃ 或上午体温高、下午低，都说明体温不正常。健康犬的正常体温是，幼年犬 38.5～39℃，成年犬 37.5～38.5℃。体温升高 1℃ 以内为微热，1～2℃ 为中热，2～3℃ 为高热。发热是常见的疾病征兆，它也是很多致命危险的前兆，因此不可轻视。

判定犬发热的简单方法，是从犬的鼻、耳根及精神状态来分析。正常犬的鼻端发凉而湿润，耳根部皮温与其他部位相同。如果发现犬的鼻端（鼻镜）干而热，耳根部皮肤温度较其他部位高，犬的精神不振、食欲不良而渴欲增加，则表明该犬体温高。在多数传染病、呼吸道、消化道及其他器官的炎症，日射病与热射病时体温升高；而在中毒、重度衰竭、营养不良及患贫血等疾病时，体温常降低。

测量体温最准确的方法是用体温表量。测温时，术者将体温表的水银柱甩到 35℃ 以下，用酒精棉球擦拭消毒，并涂少量润滑剂（液状石蜡），犬由助手适当保定，测温者将尾稍上提，把体温表缓缓插入肛门内。插入后要防止体温表脱落，3 分钟左右即可取出，读取数值。当犬兴奋、紧张和运动后，直肠温度可轻度升高，

9. 呼吸系统的观察

（1）呼吸状况　必须让犬处于安静状态下。检查呼吸状况。

① 查呼吸数　一般根据胸腹部的起伏动作测定，即胸腹部的一起一伏为 1 次呼吸。寒冷季节也可根据呼出气流来测定。健康犬的呼吸数为每分钟 15～30 次。呼吸数常受某些生理因素和外界条件影响，如幼犬比成年犬稍多，妊娠犬比未妊娠母犬多，妊娠后期更增多。尤其在运动或兴奋时可出现生理性增多，常可增加好多倍。此外，气温、季节的变化也可影响呼吸数的变化。从青藏高原

到内地的藏獒呼吸次数增多。

呼吸次数减少，可能发生某些中毒性疾病和代谢平衡紊乱及颅内压显著升高等；呼吸次数增加，常见于热性病或呼吸系统疾病，如肺炎、胸膜炎和膈肌的运动受阻，脑和脑膜充血等。

② 查呼吸节律　检查犬的呼吸节律对于呼吸系统疾病的诊断也很重要。健康犬的正常呼吸，是准确而有节律的相互交替运动，即吸气后紧接着呼气，每次呼吸之后，经过短暂的间歇期，再进行下一次的呼吸，如此周而复始，很有规律，所以称为节律性呼吸。节律紊乱，就是异常现象。但是，健康犬的呼吸节律，可因兴奋、运动、恐惧、尖叫、嗅闻等而发生暂时性的变化，应注意与病理性变化相区别。疼痛、缺氧、神经兴奋及肺有实质性病变时，都可出现病理性频率增多。中毒性昏迷时，频率减少。脑炎和毒血症时，频率时快时慢（"潮式"呼吸）。当病犬呼吸时表现张嘴、头颈伸直、肋骨向前上方移位和肘部向外扩展时，是由呼吸道阻塞引起的呼吸困难。如病犬呼吸浅表且呼吸数增多，表明肺不能完全扩张，常见于肋骨骨折、肺炎、气胸或胸膜炎。呼吸道被异物或肿瘤压迫或阻塞而狭窄时，也可表现出呼吸困难的现象。

③ 看呼吸式　犬的正常呼吸式是胸式呼吸。如果呼吸时腹壁运动较胸壁运动明显（腹式呼吸），或胸壁与腹壁运动同时进行（胸腹式呼吸），则表明胸部或腹部有疾病，如胸膜炎、胸水或肋骨骨折等。

（2）鼻分泌物　鼻镜的变化是判定犬有病与否的重要标志。健康犬的鼻端凉而湿润，有点小水珠，鼻孔干净，几乎不流分泌物；当犬鼻端干燥或鼻腔有浆液性、黏膜性或脓性分泌物时即为病态。当犬发生感冒或呼吸道炎症时，常可自鼻孔中流出分泌物。分泌物的性质有浆液性（清鼻涕）、黏液性，有化脓性炎症时，鼻分泌物可呈脓性（脓鼻涕），也可能混有血液或细小泡沫。分泌物的数量常随炎症的程度不同而变化。有时见不到鼻流分泌物，这可能是被犬舔掉或擦掉了，但病情严重时犬就不再舔鼻孔了。

10. 消化系统的观察

观察犬的消化系统功能是否正常，应注意检查以下几方面：

（1）口腔的观察　看犬的口腔有无红肿、溃疡或烂斑，有无特殊气味，吞咽有无困难等。健康犬口腔清洁湿润，呈粉红色，舌为鲜红色，无口臭，不流涎；若口腔红肿、流涎，伴口臭则为发病表现。

首先要看口腔黏膜的色彩（口色）。口色的变化可给我们提示很多病症及其轻重的程度。健康犬的正常口色是粉红色，有的局部有其他色素。口色潮红表明口腔有炎症或体温升高；苍白表明贫血；有肝、胆疾病时可能出现黄红或黄白色；当病情严重，引起血液循环障碍甚至休克时，则口色呈青紫色（发绀）。在观察口色的同时，要注意观察有无舌苔及其颜色，舌的活动能力，有无溃疡及破损等。健康犬的口腔较湿润，不会自然流出口水，如果流口涎，自口角处流出一条条黏稠的唾液，表明口水增多，这时应检查舌面、齿龈、颊黏膜和咽喉部有无水疱、溃烂和肿胀。也应注意有无异物或被尖硬物（如骨碎片）刺伤。

（2）饮食欲的观察　看犬有无食欲，食量多少，有无挑食或拒食等表现。健康犬食欲旺盛，每到喂食时非常兴奋，常围着主人打转，采食迅速，而且当其他犬靠近时，就会发出吼叫声，甚至咬架，以警告其切勿靠近。吃完食将食盆舔干净，食量较稳定，不挑不拣。而病犬则食欲不振，挑拣食物，食量减少，喜饮冷水或清水，有的只是闻闻，想吃而又不吃或走开，即使对于爱吃的食物也不感兴趣，将食物送到嘴边也不嗅不吃。这说明该犬的食欲不振或废绝，是消化道疾病或感染了某些传染病、寄生虫病。通过饮食欲的观察，可测知消化系统的疾病和一些传染性或中毒性疾病。但要注意区分犬是拒食、挑食还是吃食困难。此外，发高热、腹泻、脱水的犬，大多数饮欲明显增加，饮水量增多；但严重的循环衰竭病例，犬就不饮水了。

（3）呕吐状况的观察　看吃食后是否呕吐，并注意观察呕吐物的颜色、性状和内容物等。犬是容易发生呕吐的动物，在正常情况下，有时也可呕吐，如藏獒吃了异物会主动吐出，有些藏獒晕车也会呕吐，因此，要注意区别和分析呕吐的原因。如一次呕吐多量的胃内容物，而短时间内不再出现呕吐，这往往是过食所引起，是机体的一种保护性反应。

因此，当发现犬呕吐时，应根据发生呕吐的时间、次数、呕吐物的数量、气味以及呕吐物的性质和成分，认真分析，加以区别。如频繁多次的呕吐，表示胃黏膜长期遭受某种刺激，故常于采食后立即发生，直至将胃内容物吐完为止；如由于饲料腐败变质所引起，则呕吐物中含有刚吃下不久的饲料（腐败的肉等），呕吐物呈咖啡色或鲜红色，常是程度不同的胃肠炎或胃溃疡；如呕吐物为带泡沫的无色液体，则常是空腹时吃入某种刺激物所引起，顽固性的呕吐，即使空腹时也可发生，多由于胃、十二指肠、胰腺的顽固性疾病（如癌肿）所引起，此时，呕吐物常是黏液；如呕吐物中混有蛔虫，大多因蛔虫寄生过多所致。另外，强制吃食或灌药时，也易引起呕吐，需注意。

11. 排粪、排尿状况的观察

对排粪、排尿状况的观察应包括排粪、排尿的动作、次数，粪便的形状、数量、气味、色泽等内容。

（1）排粪状况　看排便的姿势和粪便形状、颜色和内容物是否正常。健康的藏獒排便时后腿弯曲如坐式，排出的便不湿也不干并有光泽，排完便肛门周边干净。健康犬大便呈条状、湿润，颜色依食物而定，可呈黄色、黄绿色或褐色等，无特殊臭味；如果犬粪稀软，粪中带血，有恶臭，或干硬、量少等，均为犬患病的特征。如果出现不正常的排粪姿势而粪便自肛门内不由自主地流出，常见于持续性腹泻、某些肠道传染病的后期及腰荐部脊髓损伤后引起肛门括约肌弛缓或麻痹。如犬频频做排便动作，但无粪便排出或只有少量黏液，这可能是直肠部梗阻的表现，因而病犬表现神态不安，有疼痛感，食欲减退或停食，腹部胀满并蓄有多量气体，须及时治疗。如排粪费力，粪便干、硬、小，量少，色暗，表面带有黏稠的黏液或假膜，见于便秘的初期、热性病或轻度胃肠炎等；若粪便变稀软，数量增加，粪便内混有未消化的食物，说明该犬的消化功能下降。若排粪次数增多，不断排出水样、粥样或混有黏液、脓液、血液、气泡等，这些都是肠管受刺激后肠管运动增强的结果，常见于肠炎等病。对于黏附的物质应注意黏附的位置及性质，是在粪便的表面还是混在粪便中。如粪便外附有鲜红色血液时，是后部肠管出血的特征；血液均匀地混于粪便中并呈黑褐色时，说明出血部位在胃及前段肠管。当然还要注意粪便的气味，是恶臭、腥臭还是酸臭。必要时应做粪便寄生虫卵的检查。

（2）排尿状况　健康的藏獒，公藏獒排尿一条后腿抬起（成獒），往侧面排出；母藏獒则是后肢稍向前踏，略微下蹲，弓背举尾排尿。患病的藏獒排尿姿势不正，而且随便无目的地排尿。无病藏獒外出一路留有排下尿的标记，以便回来时寻找原路线，患病藏獒无这种本能。尿失禁时，多见于膀胱括约肌麻痹或腰部脊髓损伤。排尿时努责不安、后肢及后腹部托在笼网上，是排尿有疼痛感的表现，多为膀胱炎、尿道结石或包皮炎；尿量及排尿次数减少多见于急性肾炎、剧烈腹痛、休克及心力衰竭。

通过上述视诊检查，可以发现异常现象，及时诊疗，防止贻误病情。

（二）触诊

触诊是用手指、手掌或手背触、摸、按、压犬体的相应部位以判定有无病变、病变的位置、轮廓、大小、形状、硬度、湿度、温度、敏感性、移动度及液动感等。可帮助检查者对被检查部位及脏器是否发生病变提供直观的重要依据。触诊时必须紧密结合解剖部位及脏器、组织间的关系进行分析，方有诊断价值。通常是在视诊的基础上，重点触摸可疑部位和器官。

触诊可分为直接感触法、浅部触诊法和深部触诊法三种。

直接感触法以手掌或手指直接轻置于体表被查部位，以感触被检查部位的温度高低、有无细震颤或搏动感等，主要用于体表检查。

浅部触诊法主要用于检查体表的温度、湿度和敏感性等。浅部触诊时，手指伸直，平贴于体表，不加按压而轻轻滑动，依次进行触感。检查体表温度时，最好用手背，因手背对温度比较敏感，并应与邻近部位相比较，这样感觉更准确。浅部触诊也用于检查心搏动、肌肉的紧张性、骨骼和关节的肿胀、变形等。当肌肉痉挛而变紧张时（如破伤风），触诊感觉硬度增加；当肌肉因瘫痪而弛缓时，感觉松弛无力。

深部触诊法是用不同的力量按压患部，即用指端缓缓加压，以触感深部器官的部位、大小、有无疼痛及异常肿块等。如犬因粪结导致的肠梗阻，一般深部触诊可检查到硬块。

触诊的原则应是先周围后中心，先浅后深，先轻后重。具体来说，触诊时，应从健康区或健康的一侧开始，然后移向患病区或患病侧，并进行健病对比。用力的大小应根据病变的性质、部位的深浅而定，病变浅在或疼痛重剧的，用力要小；反之，用力可大些。为了判断触诊的反应，应在触诊时注意犬的动作，如犬回视、躲闪或反抗，常是敏感、疼痛的表现。

（三）叩诊

叩诊是指用手叩击身体某部位，使之振动而产生声音，根据振动和声音的音调特点来判断被检查部位的脏器状态有无异常的诊断方法。叩诊常用于胸腔和腹腔内脏器官的检查。对犬的叩诊常用指叩法，即将左或右手指紧贴于被叩击部位，另以屈曲的右或左手指的中指进行叩击。叩诊音的不同取决于被叩击部位组织或器官的致密度、弹性、含气量及与体表的间距。叩诊音根据音响的频率（高音者调高，低音者调低）、振幅（大者音响强，小者音响弱）和是否乐音（音律和谐）的不同，在临床上分为清音、浊音、鼓音、实音、过清音五种。

（1）清音　是肺部正常的叩诊音。它是一种频率约为100～128次/秒、振动持续时间较长、音响不甚一致的非乐性音，提示肺组织的弹性、含气量、致密度正常。

（2）浊音　是一种音调较高、音响较弱、振动持续时间较短的非乐性叩诊音。除音响外，板指所感到的振动也较弱。当叩击被少量含气组织覆盖的实质脏器时产生，如叩击心或肝被肺段边缘所覆盖的部分，或在病理状态下如肺炎（肺组织含气量减少）的叩诊音。

（3）鼓音　如同击鼓声，是一种和谐的乐音，音响比清音更强，振动持续时间也较长，在叩击含有大量气体的空腔脏器时出现。正常情况下可见于胃泡区和腹部，病理情况下可见于肺内空洞、气胸、气腹等。

（4）实音　是一种音调较浊音更高、音响更弱、振动持续时间更短的非乐性音，如叩击心和肝等实质脏器所产生的音响。在病理状态下可见于大量胸腔积液或肺实变等。

（5）过清音　介于鼓音与清音之间，是属于鼓音范畴的一种变音，音调较清音低，音响较清音强，为一种类乐性音，是一种病态叩击音。临床上常见于肺组织含气量增多、弹性减弱时，如肺气肿。

由于叩诊时需要熟练的叩诊技术和听觉的配合，难度较大，初学者难以掌握。

（四）听诊

听诊是借助听诊器（常用的听诊器具有集音作用，同时还具有滤波作用）或直接用耳朵来探听犬体内自行发出的声音，来检查犬内脏器官异常现象的一种方法。听诊不但可辨别出生理性的或病理性的声音的性质，如声音的频率高低、强弱、间隔时间、杂音等。还能确定声音发生的部位，甚至可估计病变范围的大小，故临床上常用于心、肺、胃肠等脏器功能的检查，如听心音、呼吸音和胃肠蠕动等。

犬病的诊断技术很多，除了上面介绍的一般诊断法外，有些疾病的诊断还需要应用一些特殊的诊断方法，这些诊断方法技术性很强，非专业技术人员是难以操作的。家庭和一般畜牧技术人员，主要应用前述的一般诊断技术，早期发现犬的各种异常现象，请兽医诊疗，向兽医介绍病情，互相配合，做到早确诊、早治疗，以免延误病情。

第四节 疾病治疗方法与药物选择

一、治疗藏獒疾病的给药方法

治疗犬病通常采用内服给药、注射给药、外部用药、直肠给药和气雾给药等形式。

（一）内服给药

内服给药包括口服法和灌服法等。

1. 口服法

口服法是将能溶于水并且在水溶液中较稳定的药物放入犬饮水中，不溶于水的药物混于犬饲料内，由犬自行摄入。该方法技术简单，给药时犬接近自然状态，不会引起犬应激反应，适用于预防性药物给药。其缺点是犬饮水和进食过程中，总有部分药物损失，药物摄入量计算不准确，而且由于动物本身状态、饮水量和摄食量不同，药物摄入量不易保证，影响药物作用分析的准确性。

2. 灌服法

灌服法是将犬适当固定，强迫犬摄入药物。这种方法能准确把握给药时间和剂量，及时观察犬的反应，适合于急性和慢性动物实验，但经常强制性操作易引起动物不良生理反应，甚至可能因操作不当而引起动物死亡，故应熟练掌握该项技术。强制性给药方法主要有以下两种：

（1）固体药物灌服 一人操作时用左手从背部抓住犬的头部，同时以拇、食指压迫犬口角部位使其张口，右手用镊子夹住药片放于犬舌根部位，然后让犬闭口吞咽下药物（图8-11）。

（2）液体药物灌服 给犬灌胃时，可用扩口器，也可以不用扩口

图8-11 投药操作

器，不用扩口器给犬灌胃时，用 12 号灌胃管（藏獒幼犬选用直径
0.5～0.6 厘米，成年藏獒选用直径 1～1.5 厘米），灌胃前用胃导
管测量藏獒的鼻端到第八肋骨处的距离，并在胃管上作好记号。胃
管端涂以润滑油，左手抓住犬嘴，右手中指由右嘴角插入，摸到最
后一对臼齿后的天然空隙，胃管由此空隙顺食管方向不断插入约
20 厘米（以胃管上标注的记号为准），可达胃内，将胃管另一端插
入水中，如不出气泡，表示确已进入胃，而没误入气管内，即可
灌入。

犬一次灌胃能耐受的最大容积为 200～500 毫升。

无论用哪一方法投药，都需细心、耐心、认真，避免将药物呛
入气管内。

（二）注射给药

注射给药包括皮下注射、肌内注射、静脉注射和腹腔注射等。

1. 肌内注射

由于肌肉内血管丰富，注入药液后吸收很快，另外，肌肉内的
感觉神经分布较少，注射引起的疼痛较轻。一般药品都可肌内注
射。肌内注射是将药液注于肌肉组织中，一般选择在肌肉丰富的臀
部和颈侧的厚重肌肉区域。注射前，调好注射器，抽取所需药液，
对拟注射部位剪毛消毒，然后将针头垂直刺入犬的颈部上面 1/3
处，肩胛前缘部分的肌肉适当深度，然后用左手拇指和食指呈
"八"字形压住肌肉，待犬安静之后，回抽活塞无回血即可注入药
液。注射后拔出针头，注射部位涂以碘酊或酒精（图 8-12）。注
意，在注射时不要把针头全部刺入肌肉内，一般为 2～4 厘米，以
免针头折断时不易取出。不要在近尾部的大腿肌肉进行肌内注射，
这可能会导致跛行和坐骨神经损害。为了避免针头误入血管内，应
抽一下注射器的活塞，看注射器内是否回血。如果有血液出现，要
完全退出针头，在新的部位重新刺入针头。

一般刺激性较强和较难吸收的药液，进行血管内注射；对有副
作用的药液、油剂、乳剂等不能进行血管内注射的药液，以及应缓
慢吸收、持续发挥作用的药液等，均可采用肌内注射。刺激性过强

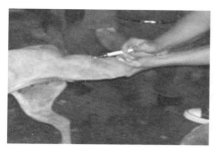

图 8-12 肌内注射操作

的药物，如水合氯醛、氯化钙、水杨酸钠等，不能进行肌内注射。

2. 静脉注射

静脉注射是将药品注入血管后随血流迅速遍布全身，此法具有药效迅速、药物排泄快的特点，常用于急救、输血、输液及不能肌内注射的药品。静脉注射的部位为前肢小腿前内侧有较粗的头静脉和后肢外侧小隐静脉处，这是犬静脉注射较方便的部位。

注射前切实固定好犬的头部。局部剪毛消毒，注射针头为 18 号或 20 号（或连接乳胶管的针头），针柄套上 6 厘米左右长的乳胶管，消毒备用。用压脉带绑扎肢体根部，或由助手握紧该部位，使头静脉充分扩张。术者左手抓住肢体末端，确认静脉充分鼓起后，在按压点上方约 2 厘米处，立即于进针部消毒，然后右手迅速将针垂直或呈 45 度角刺入静脉内，如准确无误，血液呈线状流出，将针头继续顺血管推进 1～2 厘米。然后放开压脉带，接上盛有药液的注射器或输液管。用输液管输液时，可用手持或夹子将输液管前端固定在腿部皮肤上，缓缓注入药液。注射完毕，迅速拔出针头，用酒精棉球压住针孔，按压片刻（图 8-13）。

注射过程中如发现推不动药液、药液不流或出现注射部位肿胀，采取的措施：一是针头贴到血管壁上，轻轻转动针头，即可恢复正常；二是针头移出血管外，轻轻转动注射器稍微后拉或前推，出现回血再继续注射；三是拔出后重新刺入。

注射时，对犬要确实保定，针刺部位要准确，动作要利索，避

图 8-13　静脉注射操作

免多次刺扎。注入大量药液时速度要慢，以每分钟 30～60 滴、每分钟 20～30 毫升为宜，药液应加温至约 35～38℃接近体温。一定要排净注射器或胶管中的空气。注射刺激性的药液时不能漏到血管外。油类制剂不能静脉注射。

3. 皮下注射

皮下注射就是将药物注入皮下结缔组织中，经毛细血管、淋巴管吸收进入血液，发挥药物作用，达到防治疾病的目的。由于皮下有脂肪层，注入的药物吸收比较慢。注射部位一般在犬颈部侧面或股内侧皮肤松弛的部位。用 5% 碘酒消毒注射部位，注射时左手食指、拇指捏起皮肤使之成褶皱，右手持注射器，使针头和皮肤呈 45 度角刺入皱褶向下陷而出现的陷窝皮下，顺皮下向里深入约 2～3 厘米，此时如感觉针头无抵抗，且能自由活动针头，即可注入药液。为了避免针头误入血管内，应抽一下注射器的活塞，看注射器内是否回血。如果有血液出现，要完全退出针头，在新的部位重新刺入针头。注射时，刚好将药物注入到皮肤下面，而不要注入到肌肉内。注完后，用碘酒消毒注射部位，并拔出针头（图 8-14）。必要时可对局部进行轻度按摩，促进吸收。凡是易溶解、无强刺激性的药品及疫苗、菌苗、肾上腺素和阿托品等均可作皮下注射。皮下注射的药物不如肌内注射那样很快地随血液进入身体的所有组织，但是它会大大减少对于胴体外观的损害。如需注射大量药液，应分点注射。注意刺激性药物及油类药物不宜采用皮下注射，易造成发炎或硬结。

图 8-14　皮下注射操作

4. 腹腔注射

腹腔吸收面积大，药物吸收速度快，故腹腔注射适合于多种刺激性小的水溶性药物的用药。腹腔注射穿刺部位一般选在下腹部正中线两侧，该部位无重要器官。腹腔注射可由两人完成，熟练者也可一人完成。注射前助手固定犬，先使犬前躯侧卧，后躯仰卧，将两前肢系在一起，两后肢分别向后外方转位，保定好头部。充分暴露注射部位并进行局部剪毛消毒。注射时，左手提起腹部皮肤，右手将注射针头（8号针头）缓慢刺入腹腔。针头刺入皮肤，依次穿透腹肌及腹膜。当针头刺破腹膜时，顿觉无阻力，有落空感。再回抽针栓，针头内无气泡及血液流出，也无脏器内容物溢出，注入灭菌生理盐水无阻力，说明刺入正确，此时可连接胶管，进行注射。注入后用医用橡皮膏封住针孔。药量根据病情、犬的体重、年龄而定，一般1次可注射200～1500毫升。注意腹腔注射时的药液必须加温至37～38℃，温度过低会刺激肠管，引起痉挛性腹痛。为利于吸收，注射的药液一般选用等渗或低渗液。如发现膀胱内积尿时，应轻压腹部，促其排尿，待排空后再注射。

（三）外部用药

外部用药包括药浴法和局部用药法。

1. 药浴法

药浴法是将药物溶解于水中，难溶性的药物要先用适宜溶剂将药物溶解后再溶入水中。然后将犬全身用药液浸泡或涂擦。此法多用于杀灭犬体表寄生虫或防治犬皮肤病。

药浴应注意掌握药液的浓度，刺激性及毒性强的药物要做好保护，防止犬舔舐，并在浴后及时除去药液，以防止犬中毒。

2. 局部用药法

目的在于引起局部作用，例如涂擦、喷淋、洗涤、滴入眼鼻等，都属于皮肤、黏膜局部用药。刺激性强的药物不宜用于黏膜。

必须指出，灌肠、吸入、植入（埋藏）等给药方法，虽然是将药物用于局部，但目的在于引起吸收，故不属于局部用药。

（四）直肠给药法

直肠给药法通常采用直肠灌注的方法将药物通过肛门直接注入直肠内。常用于麻醉、补液和缓泻。尤其是出现严重呕吐症状的病犬。一般用人的导尿管，接大的玻璃注射器作为灌肠用具。先将肛门及其周围用温肥皂水洗干净，待肛门松弛时，将导管插入10厘米，药液由注射器缓慢推入。灌注完毕将导管拔出，将尾根压迫在肛门上片刻，防止努责，然后松解保定。灌注药液的量通常在20～100毫升，若以营养为目的时，灌注量不宜过大，同时，药液温度应接近体温，否则容易排出来；以缓泻为目的时，使用药液的量可适当加大。

（五）气雾给药

气雾给药是将药物以气雾剂的形式喷出，使之分散成微粒，犬经呼吸道吸入发挥局部作用，或经肺泡吸入血液而发挥全身治疗作用。若喷于皮肤或黏膜表面，则可发挥保护创伤面、消毒、局部麻醉、止血等局部作用。气雾吸入要求药物对犬的呼吸道无刺激性，且能溶解于呼吸道的分泌物中，否则会引起呼吸道炎症。

（六）注射时易发生的问题和处理方法

1. 药液外漏

在进行静脉注射时针头移出血管，药液漏（流）入皮下。发现这种情况，要立即停止注射，用注射器尽量抽出漏出的药液。如氯化钙、葡萄糖酸钙、水合氯醛、高渗盐水等强刺激类药物漏出时，向漏出部位注入10％硫代硫酸钠或10％硫酸钠（或硫酸镁）10～

20毫升；也可用5％硫酸镁局部热敷，以促进漏液的吸收，缓解疼痛，并避免发生局部坏死。

2. 针头折断

一般在肌内注射时发生。由于动物骚动不安，肌肉紧张或注射时用力不均造成。一旦发生，尽快取出断针。当断针露出皮肤时，用止血钳等器械夹住断头拔出；断头在深部时，保定动物，局部麻醉后，在针眼处手术切开取出。

二、选择药物的原则

一是对症选药。为了尽快治愈疾病，应选择对疾病疗效好的药物。如治疗助消化药，调节肠胃功能用多酶片；痢特灵（呋喃唑酮）对大肠杆菌、痢疾杆菌感染有较好疗效；氟哌酸（诺氟沙星）止腹泻效果明显；头孢拉定可抗菌、消炎、止肿等等。

二是不良反应小。有的药物疗效虽好，但毒副作用严重，选药时不得不放弃，而改用疗效虽稍差但毒副作用较小的药物。例如可待因止咳效果很好，但因易成瘾与抑制呼吸等副作用，除非必需，一般不用。

三是价廉易得。养藏獒的开支很大，要精打细算，尽量降低养殖成本。治疗犬病同样如此，治疗同样疾病，使用的药物有贵的也有便宜的，价格相差很多倍，在选择治疗药物的时候要在保证疗效确切的前提下选择价廉易得的药物。例如治疗全身感染，多选用磺胺嘧啶，而少选用磺胺甲噁唑。

藏獒常见病备用药物如下：

（一）磺胺类

（1）磺胺嘧啶（SD） 具有广谱及较强抗菌活性，对革兰氏阳性及阴性菌均有抑制作用，可用于脑膜炎双球菌、肺炎球菌、淋球菌、溶血性链球菌感染的治疗，能通过血脑屏障进入脑脊液。口服，首次量220毫克/千克体重，维持量减半，2次/天；静注，首次量50毫克/千克体重，维持量50毫克/千克体重，2次/天。

（2）氨苯磺胺粉剂 对细菌的生长、增殖有抑制作用。用于各种感染创面、中耳炎，粉剂撒布于创面。

（3）磺胺二甲嘧啶（SM2）　与磺胺嘧啶同效。适用于治疗溶血性链球菌、脑膜炎球菌、肺炎球菌感染以及出血性败血症、肠炎菌痢、子宫内膜炎等感染疾病，药效持久，也用于球虫病的治疗。50毫克/千克体重（首次）内服或静注。

（4）磺胺脒（SG）　用于急慢性肠炎、菌痢及预防肠道手术感染。0.1～0.5克/千克体重，口服，2次/天。

（5）复方新诺明　磺胺类抗菌药，是磺胺甲噁唑（SMZ）与甲氧苄啶（TMP）的复方制剂，对非产酶金黄色葡萄球菌、化脓性链球菌、肺炎链球菌、大肠埃希氏菌、克雷伯氏菌属、沙门氏菌属、变形杆菌属、摩根菌属、志贺氏菌属等肠杆菌科细菌、淋球菌、脑膜炎奈瑟氏菌、流感嗜血杆菌均具有良好抗菌作用，尤其对大肠埃希氏菌、流感嗜血杆菌、金黄色葡萄球菌的抗菌作用较SMZ单药明显增强。用于治疗呼吸道、泌尿道感染和伤寒、细菌性痢疾等。30毫克/千克体重，1次/日；15毫克/千克体重，2次/日，口服或肌注。

（二）呋喃类

（1）呋喃唑酮（痢特灵）　本品为硝基呋喃类抗菌药。对革兰氏阳性及阴性菌均有一定抗菌作用，包括沙门氏菌属、志贺氏菌属、大肠杆菌、肺炎克雷伯氏菌、肠杆菌属、金葡菌、粪肠球菌、化脓性链球菌、霍乱弧菌、弯曲菌属、拟杆菌属等，在一定浓度下对毛滴虫、贾第鞭毛虫也有活性。4～6毫克/千克体重，2次/日，口服，连用3～5日。

（2）呋喃妥因　为合成抗菌药，抗菌谱较广，对大多数革兰氏阳性菌及阴性菌均有抗菌作用，如金葡菌、大肠杆菌、白色葡萄球菌及化脓性链球菌等。临床上用于敏感菌所致的泌尿系统感染，如肾盂肾炎、尿路感染、膀胱炎及前列腺炎等。4毫克/千克体重，3次/日，口服。

（三）抗生素

（1）头孢噻吩钠　为第一代头孢菌素，抗菌谱广，对革兰氏阳性菌的活性较强，本品适用于耐青霉素金葡菌（甲氧西林耐药者除外）和敏感革兰氏阴性杆菌所致的呼吸道感染、软组织感染、尿路感染、败血症等。20～35毫克/千克体重，肌注或静注，3～4次/天。

（2）头孢噻呋钠 为杀菌消炎、解热镇痛的复合制剂。兽医临床专用的第三代头孢类抗生素，具有广谱高效杀菌作用。用于菌毒重症感染和病毒、细菌全身或局部感染所致的高温高热、咳嗽、喘气、呼吸困难。肌内注射，1次，3～5毫克/千克体重，重症加倍，1日1次，连用2～3日。

（3）头孢噻啶 又名先锋霉素Ⅱ，作用基本与头孢噻吩相似，但对革兰氏阳性菌的作用较前者强，对大肠杆菌的作用亦较强，主要用于敏感菌所致的呼吸道感染、皮肤和软组织感染、泌尿道感染、胆道感染、胸腔腹腔感染，也可用于脑膜炎、败血症、胸膜炎的治疗。10毫克/千克体重，2～3次/日，肌注。

（4）青霉素G钠 适用于敏感细菌所致各种感染，如咽炎、破伤风、中耳炎、脑膜炎、钩端螺旋体病、脓肿、菌血症、肺炎和心内膜炎等。4万～8万单位/千克体重，4次/日，肌注或静注。

（5）氨苄青霉素 抗菌范围较广，对革兰氏阳性菌及阴性菌均有较强的抗菌作用，对大肠杆菌、沙门氏菌、志贺氏菌和一些变形杆菌的作用较强。5～10毫克/千克体重，2次/日，肌注或静注。

（6）苄星青霉素（长效青霉素） 长效抗菌，抗菌谱与青霉素相似。肌注后缓慢游离出青霉素而呈抗菌作用，具有吸收较慢、维持时间长等特点。但由于在血液中浓度较低，故不能替代青霉素用于急性感染。本品适用于敏感菌所致的轻度或中度感染，如肺炎、扁桃体炎、泌尿道感染及淋病等。5万单位/千克体重，1次/5日，肌注。

（7）硫酸链霉素 硫酸链霉素对结核杆菌具有强大的抗菌作用，对多数革兰氏阳性球菌（如各种链球菌）和杆菌（如铜绿假单胞菌、厌氧菌）的抗菌作用不强，对许多革兰氏阴性杆菌有较强的抗菌作用。本品对各种皮肤结核病皆有效,有抑制结核杆菌繁殖及毒素产生的作用,高浓度时有杀菌作用。用于治疗结核病、布氏杆菌病、呼吸道感染、尿路感染、巴氏杆菌病、乳房炎、子宫炎、败血症、大肠杆菌性肠炎等,与青霉素或氨苄西林联合治疗草绿色链球菌或肠球菌所致的心内膜炎。25～40毫克/千克体重,2次/日,肌注;1克/次,3次/日,口服。

(8) 硫酸庆大霉素 适用于治疗敏感革兰氏阴性杆菌,如大肠埃希氏菌、克雷伯氏菌属、肠杆菌属、变形杆菌属、沙雷氏菌属、铜绿假单胞菌以及葡萄球菌甲氧西林敏感株所致的严重感染,如败血症、下呼吸道感染、肠道感染、盆腔感染、腹腔感染、皮肤软组织感染、复杂性尿路感染等。治疗腹腔感染及盆腔感染时应与抗厌氧菌药物合用,临床上多采用庆大霉素与其他抗菌药联合应用。与青霉素(或氨苄西林)合用可治疗肠球菌属感染;用于敏感细菌所致中枢神经系统感染,如脑膜炎、脑室炎时,可同时用该品鞘内注射作为辅助治疗。42毫克/千克体重,肌注或皮下注射,2次/日;2～4毫克/千克体重,口服,3次/日。

(9) 卡那霉素 口服用于治疗敏感菌所致的肠道感染及用作肠道手术前准备,并有减少肠道细菌产生氨的作用;肌注用于敏感菌所致的系统感染,如肺炎、败血症、尿路感染等。5～10克/千克体重,2次/日,肌注。

(10) 氯霉素 对革兰氏阳性、阴性菌均有抑制作用,对部分衣原体及一些大型病毒也有效,主要用于痢疾、脑膜炎及其他感染。10～35毫克/千克体重,2次/日,肌注。

(11) 土霉素 四环素类抗生素,为广谱抑菌剂。用于痢疾、沙眼、结膜炎、肺炎、中耳炎、皮肤化脓感染等,亦用于治疗阿米巴肠炎及肠道感染。20～35毫克/千克体重,3次/日,口服;6毫克/千克体重,肌注。

(12) 四环素 广谱抑菌剂,高浓度时具杀菌作用,对革兰氏阳性菌、阴性菌、立克次氏体、滤过性病毒、螺旋体属乃至原虫类都有很好的抑制作用;对结核菌、变形菌等则无效。用于支原体属感染、非特异性尿道炎、输卵管炎、宫颈炎、肺炎双球菌所引起的急性呼吸道感染、敏感的大肠杆菌与变形杆菌引起的尿路感染、痢疾杆菌或沙门氏菌属引起的痢疾或肠炎。20毫克/千克体重，3次/日，口服；7毫克/千克体重，2次/日，肌注或静注。

（13）新霉素B 用于消化道感染、呼吸道感染及其他抗生素治疗无效的葡萄球菌感染。20毫克/千克体重，3次/日，口服。

（14）林可霉素 一般系抑菌剂，但在高浓度下，对高度敏感细菌也具有杀菌作用。用于葡萄球菌、链球菌、肺炎球菌、厌氧菌等感染。特别适用于耐青霉素、红霉素菌株的感染或对青霉素过敏的患犬。15～25毫克/千克体重，2次/天，连用3～5天，口服；10毫克/千克体重，2次/日，连用3天，静注或肌注或皮下注射。与庆大霉素等联合使用呈协同作用；与氯霉素或红霉素有拮抗作用；与卡那霉素同瓶静注有配伍禁忌。

（15）制霉菌素 抗霉菌的抗生素，能抑制真菌和皮藓菌的活性，对细菌无抑制作用。用于内服治疗消化道真菌感染或外用于表面皮肤真菌感染。5万～15万单位/次，3次/天，内服。

（16）两性霉素B 为广谱抗深部真菌药，用于犬组织胞浆菌病、芽生菌病、球孢子菌病。4毫克/千克体重（总量），使用时用注射用水溶解，再用5%葡萄糖稀释成0.1%的注射液，将总量分成10次量，每隔2天注射1次，缓缓静注。

（17）灰黄霉素 为抗浅表真菌抗生素。对各种皮肤真菌有较强的抑制作用，但对深部真菌和细菌无效。主要用于毛发、趾甲、爪等真菌性皮肤病。20毫克/千克体重，1次/日，连服2～3周。

（四）消化健胃药

（1）陈皮酊 芳香性健胃药，用于消化不良，积食气胀，食欲不振等。1～5毫升/次，3次/日，口服。

（2）稀盐酸 用于胃酸缺乏引起的消化不良，胃内发酵，食欲不振等。1～2毫升/次，3次/日，口服。

（3）胃蛋白酶 用于仔犬过食及胃蛋白酶缺乏所致的消化不良。0.1～0.2克/次，口服，3次/日，食前服。

（4）胰酶　用于消化不良，食欲不振，肝、胰疾病引起的消化障碍。常与碳酸氢钠同服。0.2～0.5克/次，口服，3次/日。

（5）乳酶生　为活乳酸杆菌制剂。有促进消化和止腹泻作用。用于消化不良，仔犬腹泻，便秘，肠炎。1～2克/次，口服，3次/日，不宜与抗菌药物、吸附剂同服。

（6）干酵母　用于消化不良，B族维生素缺乏症，腹泻，肠胀气等。0.5～4克/次，3次/日，口服。

（五）泻药

（1）液体石蜡　便秘，润滑泻下。15～40毫升/次，口服。

（2）硫酸钠（芒硝）　硫酸钠小量内服，以其离子和渗透压作用，能轻度刺激消化道黏膜，使胃肠的分泌和运动稍有增加，故有健胃作用；大量内服，可机械地刺激肠黏膜，可软化粪块，有利于加速排粪，临床上主要用于大肠便秘、排除肠内毒物、驱除虫体等。排除肠内毒物、驱除虫体时，硫酸钠是首选的泻药之一。无水硫酸钠致泻5～10克，一次量，内服。注意使用硫酸钠排肠内毒物和驱除虫体时，禁用油类泻药，以免增强毒性，老龄、妊娠母犬慎用。

（3）硫酸镁（泻盐）　硫酸镁内服，很难吸收，以大量的溶液增大肠内容积导致泻下。20％硫酸镁高渗溶液外用，有抗菌消炎、止痛、消肿等作用。临床上主要用于大肠便秘。致泻，10～20克，一次量，内服。注意老龄、妊娠母犬不用或慎用。

（4）植物油　10～30毫升/次，口服。

（六）止泻药

（1）鞣酸蛋白　适用于急性胃肠炎及各种非细菌性腹泻、消化不良等胃肠炎，下痢。0.3～2克/次，4次/天，口服。

（2）次碳酸铋　有保护胃肠黏膜及收敛、止泻作用。治疗胃肠炎、下痢。2～3克/次，口服。

（3）药用炭　即活性炭。

（七）强心剂

安钠咖，中枢兴奋药。用于全身衰弱、心力衰竭，有松弛平滑肌、利尿、兴奋中枢的作用。100～300 毫克/千克体重，肌注、皮下注射或静注。

（八）止血药

（1）维生素 K_1 用于各种维生素 K 缺乏引起的出血性疾病的治疗。用于凝血酶过低症、维生素 K_1 缺乏症、幼雏出血症的防治以及胃肠炎、肝炎等所致的低凝血酶原血症。还用于解救敌鼠钠中毒。0.5 毫克/千克体重，2～3 次/天，连用 5～7 天，内服、肌注、静注或皮下注射。

（2）葡萄糖酸钙 用于急慢性钙缺乏症（佝偻病、骨软症、低血钙）以及镁中毒和氟中毒时的解救。0.5～2.0 克/次，1 次/日，静注。

（3）止血环酸 用于消化道出血、渗血、外科手术出血及妇产科出血等。100～200 毫克/次，1～2 次/日，静注或滴注。

（4）安特诺新 用于毛细血管损伤性出血、紫癜、出血性肠炎、血尿等。0.33 毫克/千克体重，2～3 次/天，口服或肌注。

（九）止吐药

（1）灭吐灵（胃复安） 止吐，调节胃肠运动，用于胃胀满、胃酸过多。10～20 毫克/次，肌注；5～10 毫克/次，2～3 次/日，口服；0.02 毫克/（千克体重·小时），缓慢静注。

（2）晕海宁（茶苯海拉明） 用于晕车、晕船。25～50 毫克/次，3 次/天，口服。

（十）催吐药

盐酸阿扑吗啡，中枢性催吐药。主要用于抢救意外中毒及不能洗胃的患者；常用于治疗石油蒸馏液吸入，如煤油、汽油、煤焦油、燃料油或清洁液等，以防止严重的吸入性肺炎。4 毫克/千克体重，口服；0.08 毫克/千克体重，皮注。不得重复使用，阿扑吗啡遇光易变质，变为绿色者即不能使用。

（十一）祛痰镇咳平喘药

（1）氯化铵 用于气管炎、支气管炎，有祛痰作用。100 毫克/千克体重，2次/日，口服。

（2）碘化钾　用于慢性支气管炎。1～2克/次，2次/日，口服。

（3）咳必清　用于干咳的呼吸道炎症。25～50毫克/次，2次/日，口服。

（4）川贝枇杷糖浆　用于咳嗽。10～20毫升/次，2～3次/日，口服。

（十二）解热镇痛及抗风湿药

（1）复方氨基比林　用于高热不下以及肌肉痛、关节痛、风湿痛、神经痛。30～100毫克/次，肌注或口服。

（2）安乃近　主要用于退热，亦用于治疗急性关节炎、头痛、风湿性痛及肌肉痛等。0.3～0.6克/次，皮注或肌注。

（3）消炎痛（吲哚美辛）　抗炎作用比保泰松强，解热作用为氨基比林的10倍，镇痛作用弱。主要用于炎性疼痛的治疗，如风湿性关节炎、类风湿性关节炎等。2～3毫克/千克体重，2次/天，口服。

（4）风湿宁　用于风湿性关节炎、类风湿性关节炎、四肢疼痛。2～4毫升/次，肌注。

（十三）皮质类甾醇及抗炎剂

（1）地塞米松　用于感染性和过敏性休克、严重的肾上腺皮质功能减退症、结缔组织病、支气管哮喘。0.25～1毫克/千克体重，静注或肌注。

（2）氢化可的松　同地塞米松。0.5～2.0毫克/千克体重，静注或肌注。

（3）强的松龙　同地塞米松。0.5～2.0毫克/千克体重，口服，1次/日。

（十四）维生素

（1）鱼肝油　用于维生素A缺乏症，皮肤干燥，角膜软化，夜盲，被毛粗糙，性机能减退，佝偻病，软骨病。0.2毫克/千克体重，1次/日，内服。

（2）维生素 AD 胶丸　2.5 万～5 万单位/次，1 次/日，内服。

（3）乳酸钙　用作补钙剂，用于防治缺钙性疾病，如佝偻病、软骨病。可用作胃酸药和吸附性止泻剂。0.5～2.0 克/次，1 次/日，内服。

（4）复合维生素 B　用于防治营养不良、消化障碍、厌食、糙皮病、口炎等。1～2 片/次，2 次/日，内服；5～10 毫升/次，1 次/日，内服。

（5）维生素 B_2　用于防治因维生素 B_2 缺乏而引起的食欲不振、生长停止、慢性腹泻、口角炎、舌炎、阴囊炎、结膜炎、脂溢性皮炎等。10～20 毫克/次，1～2 次/日，内服。

（6）烟酰胺　用于糙皮病、口腔溃疡、皮炎、舌炎。50～100 毫克/次，1～2 次/日，口服。

（7）维生素 C　参与体内的氧化还原反应，维持毛细血管的致密度，并有化解毒物中毒、促进抗体生成、增强白细胞吞噬、抗炎和抗过敏、抗感染性休克、防治坏血病等功能。用于热性病、感染性疾病、中毒病和维生素 C 缺乏引起的坏血病。0.02～0.1 克，1～2 次/日，内服、肌注、静注或皮下注射。

（8）维生素 E　维持生殖器官神经系统和横纹肌的正常机能。500 毫克/日，口服。

（9）维生素 B_{12}　用于营养不良，生长发育不良，贫血，神经炎，神经痛。0.025～0.1 毫克/次，1 次/日，肌注。

（十五）解毒药

（1）阿托品　为有机磷酸酯类（有机磷杀虫药）中毒的解毒剂。0.22 毫克/千克体重（以瞳孔散大为药效指征），每 10～20 分钟重复，连续用药至症状消除，静注、肌注或皮下注射。

（2）碘解磷定（解磷定）　治疗有机磷毒物中毒。但单独应用疗效差，应与抗胆碱药联合应用。治疗有机磷中毒时，中毒早期用药效果较好，治疗慢性中毒则无效。对有机磷的解毒作用有一定选择性，如对 1605、1059、特普、乙硫磷、马拉硫磷、内吸磷等的疗效较好；而对敌敌畏、敌百虫的效果较差，对乐果无效，对二嗪农、甲氟磷、丙胺氟磷及八甲磷中毒无效。对轻度有机磷中毒，可单独应用本品或阿托品以控制症状；中度、重度中毒时则必须合并应用阿托品，因对体内已蓄积的乙酰胆碱几无作用。20毫克/千克体重，缓慢静脉注射，症状缓解前每2小时1次。

（3）氯解磷定（氯磷定）　为有机磷酸酯类解毒药及其他解救药，作用较碘解磷定强，作用产生快，毒性较低。主要用于农药杀虫剂中毒。用于中、重度有机磷中毒的解救，但其对胆碱酯酶的恢复作用根据有机磷的品种不同而不相等：对于对硫磷、内吸磷、甲拌磷、甲胺磷、特普等有良好疗效；对敌百虫、敌敌畏疗效较差；对乐果、马拉硫磷疗效可疑；对谷硫磷、二嗪农有不良作用。同时，该品还应与阿托品合用，消除乙酰胆碱在体内积蓄所产生的毒性。20毫克/千克体重，肌注或静注。

（4）硫代硫酸钠（大苏打）　可与亚甲蓝或亚硝酸盐合用解救氰化物中毒症，也可用于砷、铅、碘、汞、铋的中毒解救。1～2克，静注或肌注。

（5）亚硝酸钠　常与亚甲蓝或亚硝酸盐合用解救氰化物中毒症，也可用于砷、铅、碘、汞、铋的中毒解救。25毫克/千克体重，静注或肌注。

（6）亚甲蓝　治疗亚硝酸盐及苯胺类引起的中毒和氰化物中毒。治疗亚硝酸盐及苯胺类引起的中毒，1～2毫克/千克体重，静注；治疗氰化物中毒，2.5～10毫克/千克体重，静注。

（7）乙酰胺（解佛灵）　为有机氟杀虫药和杀鼠药氟乙酰胺等中毒的解毒剂，常用乙酰胺注射液，100毫克/千克体重，2次/天，连用2～3天，静脉或肌内注射。

（8）二颈基丙醇（BAL）　砷、汞、铋、锑、铬、铅、酒石酸锑钾中毒4毫克/千克体重，1次/4小时，肌注。

（十六）驱虫药

（1）左旋咪唑　防治蛔虫病、钩虫病、丝虫病。10毫克/千克，一次口服。

（2）吡喹酮　防治吸虫病、绦虫病、囊虫病。5～10毫克/千克，一次口服。

（3）乙胺嗪　防治犬心丝虫病。60～70毫克/千克，口服，连用3～4周。

（4）氨丙啉　治疗球虫病。100～200毫克/（千克体重·日），混于饲料或水中，连用7～10天。

（5）阿的平　防治滴虫病。贾弟虫病50～100毫克/千克体重，2次/日，连用5～7天，口服。

（6）阿卡普林　防治焦虫病。0.25毫克/千克体重，皮下注射。

（7）咪唑苯脲　防治焦虫病。5毫克/千克体重，肌内注射。

（8）贝尼尔　防治焦虫病、锥虫病。11毫克/千克体重，肌注，共2次，隔日1次。

（9）阿佛菌素　防治丝虫病、鞭虫病、肾虫病、螨虫病。0.4毫克/千克体重，皮下注射。

（10）氰戊菊酯油　防治蜱螨病。0.02%～0.04%溶液喷洒。

（十七）利尿药

（1）双氢克尿噻　用于各类水肿及高血压的利尿，也可用于解除泌尿系感染引起的尿频、尿急、尿痛症状。0.025～0.1克，2次/天，口服；10～25毫克，肌注或静注。

（2）速尿　用于肺水肿、全身水肿、脑水肿等。2～4毫克/千克体重，1～2次/日，口服，静注或肌注，总量不超过40～50毫克。

（十八）镇静剂

（1）安定　用于肌肉痉挛、癫痫、惊厥、过度兴奋症等。2.5～20毫克，静注或口服、肌注。

（2）氯丙嗪　用于呕吐、惊厥、癫痫、肌肉痉挛、麻醉，有安神、抗休克作用。4毫克/（千克体重·日），口服镇吐；2.2毫克/千克，肌注麻醉。

（十九）麻醉药

（1）复麻846针　全身麻醉。0.6～1.5毫升/次。

（2）普鲁卡因　局部麻醉。0.5%～1%溶液局部注射。

（二十）激素类药

（1）雌二醇　可促进性器官的发育和泌乳。用于犬的催情，治疗犬子宫炎和子宫蓄脓；也可治疗雄犬过度发情和肛门腺瘤，以及用于犬的误配后防止怀孕、终止妊娠或排出死胎；配合催产素用于分娩时的子宫肌无力。0.02～0.04毫克/千克体重，1次/天，肌注。误配后防止怀孕，交配后72小时内使用。

（2）缩宫素（催产素）　用于子宫颈已开放，娩出无力的难产、排出死胎或胎衣、产后止血和促进产后子宫复原。还可促进生乳素分泌，引起排乳。缩宫用，5～25单位，肌注、静注或皮下注射；催乳用，2～10单位，肌注、静注或皮下注射；催产素20单位＋维生素E100毫克，混入10%葡萄糖注射液500毫升，静滴后按摩母犬乳房，治疗产后缺乳症。

（3）孕马血清　用于促进母犬发情和排卵，或用于提高公犬性欲。25～200单位，皮下注射或静注。

（4）绒毛膜促性腺激素　具有促进卵泡素和黄体激素的作用。用于促进母畜卵成熟、排卵（或超数排卵）和形成黄体，增强同期发情的同期排卵效果，治疗性机能减退。25～300单位，肌注。

（二十一）药膏及药水

（1）庆大霉素点眼液　用于角膜炎、结膜炎等眼部疾病。2～3滴/次，3～4次/日，滴入眼内。

（2）硫酸卡那霉素滴眼液　适用于治疗敏感大肠埃希氏菌、克雷伯氏菌属、变形杆菌属、淋病奈瑟氏菌及葡萄球菌属等细菌所致结膜炎、角膜炎、泪囊炎、眼睑炎、睑板腺炎等。滴入眼结膜囊内，1～2滴/次，3～5次/日。

（3）氢化可的松点眼液　用于眼部感染、角膜浑浊等。2～3滴/次，3～4次/日。

（4）盐酸羟苄唑滴眼液　适应证为急性流行性出血性结膜炎。1～2滴/次，1～2次/小时，病情严重者每小时3～4次。

（5）克霉唑软膏　用于癣、真菌性皮肤病。2～3次/日，局部涂擦。

（6）去炎松-尿素软膏　用于过敏性皮肤病、皮炎、湿疹、瘙痒、红斑狼疮、癣。2～3次/日，局部涂布。

（7）醋酸肤轻松软膏　用于变应性皮肤病、盘状红斑狼疮、脂溢性皮炎。2～3次/日，局部涂布。

（8）硫磺软膏　用于疥螨性皮肤病。2～3次/日，局部涂布。

（9）红霉素软膏　用于化脓性皮肤感染。局部涂布，1日数次。

（10）抗炎松软膏　用于过敏性皮炎、接触性皮炎。局部涂布，1日数次。

（11）滴耳油　用于耳炎，耳内异物。2～3滴/次，2～3次/日。

（二十二）　其他药物

（1）肾上腺素　拟肾上腺素作用药。用于急性循环衰竭、过敏性休克、突发性心肌停搏，抗休克。皮下注射或肌注，0.1～0.5毫升；静注，0.1～0.3毫升。禁与洋地黄、氯化钙配伍。

（2）扑尔敏　用于过敏性湿疹、瘙痒、呼吸困难。1毫克/千克体重，静注，皮注；2毫克/千克体重，口服。

（3）葡萄糖氯化钠　补液，调节电解质平衡。静注，腹腔注射，用量及速度视情而定。

（4）复方氯化钠　补充体液及钠、钾、氯离子。静注。

（5）碳酸氢钠　纠正酸中毒。静注。

（6）生理盐水　补充体液，冲洗黏膜。静注、腹腔注射、口服及外用。

三、用药注意事项

药物是防治疾病的物质基础，在疾病的治疗中约有3/4的疗效是通过药物的治疗而获得的，可见药物在防治疾病中占有重要的地位。但是，如果药物使用合理，可以提高疗效和治疗水平；如果不合理地使用药物，不但不能解除病人的痛苦，达不到防治疾病的目的，反而会给病犬带来危害。对于药物本身的治疗作用，也要辩证地看，药物有治疗疾病的有利一面，也有产生不良反应的危害一面。因此，我们在救治病犬时不仅要掌握药物的作用、用法、适应证，还要熟练掌握药物的不良反应和禁忌证，以防止和减少不良反应的出现。

（一）对症下药

每一种药物都有其适用范围，用药时一定要对症用药，切勿滥用，否则不仅会造成物质上的浪费，更严重的还会造成不良后果。

（二）选择最适宜的给药方式

给药途径不同，药物效果不一样。根据病情缓急、用药目的及药物本身的性质来确定最适宜的给药方式。一般来说，全身感染用注射给药；肠道感染用口服给药；呼吸道感染用饮水给药；皮肤感染用涂抹给药；治疗腹腔脏器疾病或犬脱水时用腹腔注射给药；对危重病例，宜用静脉注射或静滴给药；治疗肠道感染、胃炎、胃溃疡以及驱肠虫时，则宜口服。

（三）注意给药剂量、时间和次数

为了达到预期的治疗效果，减少不良反应，用药剂量应当准确，并按规定时间和次数给药。特别是常用的抗生素类药物。各种抗生素药物都规定有预防剂量、治疗剂量和中毒剂量，因此，在使用抗生素药物防治犬病时，一定要按照药物规定的剂量实施，不要随意改变药物的使用剂量。抗生素药物使用量过大，不仅造成药物的浪费，增大成本的支出，严重时更可引起毒性反应、过敏反应和二重感染，甚至造成死亡；用药剂量不足，用药时间过长，不仅达不到防治效果，而且易诱发细菌产生耐药性。

一般情况下，犬的用药剂量可以用成年犬个体用量来表示，也可按照犬的体重计算。除了犬的体重、病情外，犬的种类、年龄、给药途径对药物用量也有很大影响。如内服用药剂量比例为1，皮下注射或肌内注射为1/3～1/2，静脉滴注为1/3～1/2，直肠给药为1.5～2。

大多数普通药物，一天可给药2～3次，直至达到治疗目的。抗菌药物则必须在一定期限内连续给药，这个期限称为疗程。如磺胺类药物一般以 3～4 天为 1 个疗程。

（四）注意犬的性别、年龄和个体差异

一般来说，幼龄犬、老龄犬和母犬对药物的敏感性比成年犬高，故用量应适当减少。妊娠后期的犬对毛果芸香碱等拟胆碱药敏感，易引起流产。

同种犬不同个体对同一药物的敏感性也往往存在差别。有的个体对药物的敏感性特别高，称为高敏性；有的则对药物的敏感性特别低，称为耐受性。用药过程中如发现这种情况，须适当减少或增加剂量，或改用其他药物。同时要作好用药记录，填好犬个体档案，供以后参考。

（五）合理地联合用药或交替用药

为了加强药效或防止耐药性产生，可合理地联合用药或交替用药。两种以上药物在同一时间里合用可以不互相影响，但是在许多情况下可受到影响，其结果可能是，比预期的作用更强（协同作用）；减弱一药或两药的作用（拮抗作用）；产生意外的毒性反应。合理地联合用药，应充分发挥药物的协同作用，杜绝拮抗作用和毒性反应。

因此，在使用药物前，一定要仔细阅读药物说明书，按照药物使用说明书规定的使用方法、用量、配伍等进行合理使用。

（六）注意避免药物相互作用及配伍禁忌

配伍禁忌要注意以下两方面：

一是避免药理性配伍禁忌（即配伍药物的疗效互相抵消或降低，或增加其毒性）。除药理作用互相对抗的药物如中枢兴奋剂与中枢抑制剂、升压药与降压药等一般不宜配伍外，还须注意可能遇到的一些其他药理性配伍禁忌。

二是理化性配伍禁忌，主要须注意酸碱性药物的配伍问题。如乙酰水杨酸与碱类药物配成散剂，在潮湿时易引起分解；生物碱盐（如盐酸吗啡）溶液遇碱性药物，可使生物碱析出；在混合静脉滴注的配伍禁忌上，主要也是酸碱的配伍，例如，青霉素与普鲁卡因、异丙嗪、氯丙嗪等配伍，可产生沉淀等。

（七）从正规的渠道购买货真价实的好药

目前兽药的销售监管方面还存在一些问题，市场上有一些不合格的兽药在出售，因此，在购买时要到正规的、信誉好、经营时间长的兽药店或者从大型兽药厂直接购买。购买时应仔细检查生产厂家是否正规，查看生产批号和有效期，检查药品有无浑浊、沉淀等异常变化。

（八）作好用药记录

养殖场要将用药犬只的编号，所用药物的名称、剂量、用药次数等作好详细地登记，以备参考。

第五节　常见病的防治

一、病毒性疾病

（一）犬瘟热

犬瘟热是由犬瘟热病毒引起的一种传染性极强的病毒性疾病。犬瘟热是犬最严重的病毒性传染病，有高度的接触传染性。本病多发生于 3～6 月龄的幼犬，其他年龄也可感染。除犬外，狼、狐等野生动物也发生，特别是水貂、雪貂极易感病。临床特征为双相热型，严重的出现消化道和呼吸道炎症和神经症状，少数病例出现脑炎症状。呈世界性流行，多发生于冬春季节（10 月份至翌年 4 月份）。

【病原】犬瘟热病毒（canine distemper virus，CDV）在分类上属副黏病毒科麻疹病毒属，是一种单链 RNA 病毒。该病毒对乙醚敏感。冷冻干燥−70℃以下可保存 1 年以上，−10℃半年以上，4℃时 7～8 周，室温 7～8 天尚能存活。最适 pH 值为 7～8，对碱抵抗力弱，多数常规消毒均可将 CDV 杀灭。如 3％氢氧化钠、3％福尔马林或 5％石炭酸溶液均可作为消毒剂。

病犬是重要的传染源，病毒的感染途径主要是与病犬直接接触，通过呼吸道和消化道交叉、平行传播，也可经胎盘垂直传播。

病犬的眼、鼻分泌物，唾液及粪尿中都含有病毒，并通过尿液长期排毒，污染周围环境，也是重要的间接传染源。

某些损害（如饲养管理不当，内外寄生虫）可促进疫病的发生，人的衣服和鞋也可带毒。一旦病毒侵入机体并得以繁殖，则葡萄球菌、溶血性链球菌、支气管败血波氏杆菌以及消化道的沙门氏菌、大肠杆菌、变形杆菌等很容易继发感染，使得疫病复杂化。

【临床症状】犬瘟热的潜伏期随着传染来源的不同，差异较大，一般为 3～6 天。临床症状表现多种多样，与病毒的毒力、环境条件及宿主的年龄、品种和免疫状态有关。50％～70％的犬瘟热病毒感染呈现亚临床症状，表现为倦怠、厌食、发热和上呼吸道感染，眼、鼻流水样分泌物，并常在 1～2 天内转变为黏液性、脓性。病初体温升高达 40℃左右，持续 1～2 天后降至正常，经 2～3 天后，体温再次升高。重症犬瘟热多见于未接种疫苗、84～112 日龄的幼犬，可能与母源性抗体消失有关。自然感染早期发热常不被注意，表现为结膜炎、干咳，继而转为湿咳、呼吸困难、呕吐、腹泻、里急后重、肠套叠，最终因严重脱水而导致死亡。

犬瘟热的神经症状通常在全身症状恢复后 7～21 天出现，也有一开始发热时就出现神经症状的，通常可根据全身症状的某些特征预测出现神经症状的可能性。幼犬的化脓性皮炎通常不会发展为神经症状，但鼻端和脚垫的表皮角化（称硬趾症）可引起不同类型的神经症状。犬瘟热的神经症状是影响预后和感染恢复的最重要因素。由于犬瘟热病毒侵害中枢神经系统的部位不同，临床症状也有所差异。大脑受损病犬轻则口唇、眼睑局部抽搐，重则流涎空嚼，或转圈冲撞，或口吐白沫、牙关紧闭、倒地抽搐，呈癫痫样发作；中脑、小脑、前庭和延髓受损表现为步态及站立姿势异常；脊髓受损表现为共济失调和反射异常；脑膜受损表现为感觉过敏和颈部强直。咀嚼肌群反复出现阵发性颤搐是犬瘟热的常见症状。

幼犬经胎盘感染，可在 28～42 天产生神经症状。母犬表现为轻微或无症状的感染。妊娠期间感染病毒可出现流产、死胎和仔犬成活率下降等。

新生幼犬在永久齿长出之前感染犬瘟热病毒可造成牙釉质的严重损伤，牙齿生长不规则，此乃病毒直接损伤牙齿釉质层所致。小于7日龄的幼犬实验感染还可表现为心肌病，临床症状包括呼吸困难、抑郁、厌食、虚脱和衰弱，病理变化以心肌变性、坏死和矿化作用为特征，并伴有炎性细胞浸润。

犬瘟热的眼睛损伤是由于犬瘟热病毒侵害眼神经和视网膜所致。眼神经炎以眼睛突然失明、胀大、瞳孔反射消失为特征；炎性渗出可导致视网膜分离。慢性非活动性基底损伤与视网膜萎缩和瘢痕形成有关。

血液检查可见淋巴细胞减少、白细胞吞噬功能下降，可在淋巴细胞和单核细胞中偶尔检出病毒抗原和包涵体。

本病的病程及预后与动物的品种、年龄、免疫水平及所感染病毒的数量、毒力、继发感染的类型等有关。无并发症的病犬，通常很少死亡；并发肺炎和脑炎的病犬，死亡率高达70％～80％。未发生过本病的地区发生本病时，动物的易感性极高，死亡率可达90％以上。

【诊断】根据临床症状及流行病学资料，作出疑似诊断。要确诊必须从患病组织的上皮细胞内发现典型的细胞质或核内包涵体。

由于本病常与犬传染性肝炎等病混合感染及继发感染细菌，使症状复杂化。因此，单凭上述症状只可作出初步诊断，最后确诊还须采取病料（眼结膜、膀胱、胃、肺、气管及大脑、血清）送实验室，做病毒分离、中和试验等特异性检查。

【防治措施】主要采取综合性防疫措施。

一是加强兽医卫生防疫措施。养殖场应尽量做到自繁自养。外购藏獒或与本场外的种藏獒进行配种的，都要确认无犬瘟热潜在风险后，方可实施引进或配种。来自场外的藏獒在进入本场前，要先在隔离舍内饲养，经免疫接种犬瘟热疫苗，确认无病后方可进入。严禁将场外的犬直接带到场内无隔离措施的獒舍内饲养。定期做好藏獒群的寄生虫驱杀工作。

二是加强消毒。定期对犬舍、运动场以及用具等使用对犬瘟热敏感的消毒药，如 3％氢氧化钠、3％福尔马林、5％石炭酸溶液或次氯酸钠等进行彻底消毒。

三是定期进行预防接种。幼犬在 45 日龄首免，间隔 2 周进行二免，再间隔 2 周进行三免，以后每年免疫 1 次。对未吃到初乳的幼犬，必须在 2 周龄开始，间隔 2 周连续接种疫苗到 14 周龄为止，以后每年免疫 1 次。

鉴于疫苗接种后需经一定时间（7～10 天）才能产生良好的免疫效果，而目前犬瘟热的流行比较普遍，有些犬在免疫接种前可能已经感染犬瘟热病毒，但未呈现临床症状，当在生活条件改变、长途运输等一些应激因素的影响下，可激发呈现临床症状而发病，这就是某些犬在免疫接种后仍然发生犬瘟热等疫病的重要原因之一。为了提高免疫效果，降低感染率，在购买幼犬时，最好先给幼犬接种犬五联高免血清 4～5 毫升，1 周后再注 1 次，2 周后再按上述免疫程序接种犬五联疫苗，这样既安全可靠，又可降低发病率。

四是对发病犬及时隔离治疗。及时发现病犬，早期隔离治疗，预防继发感染，这是提高治愈率、降低死亡率的关键。在抗病毒的同时，根据临床症状进行对症治疗。

（1）抗病毒　发病初期可肌内或皮下注射抗犬瘟热高免血清（或犬五联高免血清）或本病康复犬血清（或全血）。血清的用量应根据病情及犬只身体的大小而定，通常使用 5～10 毫升/次，连续使用 3～5 天，可获一定疗效。或用犬瘟热病毒单克隆抗体，0.5～1 毫升/千克体重，皮下注射或肌内注射，每日 1 次，连用 3 日，严重者可加倍。

（2）抗菌　用氨苄西林 20～30 毫升/千克体重，内服，每日 2～3 次；或 10～20 毫克/千克体重，静脉滴注或皮下注射或肌内注射，每日 2～3 次；或用头孢唑林钠 15～30 毫克/千克体重，静脉注射或肌内注射，每日 3～4 次。

（3）清热解毒　用柴胡注射液退热。2 毫升/次，肌内注射，每日 2 次；或用清开灵内服液，清热解毒，0.2～0.4 毫升/千克体重，内服或静脉滴注，每日 2 次。

（4）止吐　用胃复安（甲氧氯普胺）0.2～0.5毫克/千克体重，内服或皮下注射，每日3～4次。

（5）缓解呼吸症状　用氨茶碱10～15毫克/千克体重，内服，每日2～3次；或50～100毫克/次，肌内注射或静脉滴注。

（6）消炎　用地塞米松0.5毫克/千克体重，内服或肌内注射，每日1～2次。

（7）补液　用三磷腺苷（ATP）、辅酶A、维生素C、葡萄糖盐水等补充体液。

（二）狂犬病

狂犬病又称恐水症，俗称疯狗病，是由狂犬病病毒引起的人、兽共患急性接触性传染病。患病犬表现狂躁不安，意识紊乱，攻击人、畜，最后麻痹死亡。本病通常散发，即发生单个病例为多，大多数患病藏獒都有被狂犬病动物咬伤的病史。一般春夏发病较多，且与犬的性活动有关。

【病原】狂犬病病毒属于弹状病毒科狂犬病病毒属，病毒外形呈弹状，一端纯圆，一端平凹，有囊膜，内含衣壳，呈螺旋对称。核酸是单股不分节负链RNA。病毒具有强烈的嗜神经性。

狂犬病病毒能抵抗组织的自溶及腐烂，冻干条件下可长期存活。病毒对环境抵抗力较强，在尸体脑内可存活45天，在4℃可保存1周，如置50%甘油缓冲液内可保存1年以上。但狂犬病病毒对热、紫外线、日光、干燥的抵抗力弱，加温50℃1小时、60℃5分钟即死，也易被强酸、强碱、甲醛、碘、乙酸、乙醚、肥皂水及离子型和非离子型去污剂灭活。病毒对各种消毒剂均比较敏感。病毒可通过大鼠、小鼠、兔、鸡胚等传代，其毒力减弱，用于制备弱毒疫苗。

【流行病学】病毒主要存在于中枢神经组织、唾液腺内。通过病犬咬伤或皮肤、黏膜的损伤而传染，也有野生动物通过扒食病尸而经消化道传染的。犬、狐、狼等动物都是病毒的贮存宿主，蝙蝠的唾液腺也带毒。无症状的隐性感染动物可长期排毒。上述都构成人畜狂犬病的传染源。

【临床症状】本病潜伏期长短不一，与咬伤部位距大脑距离密切相关，越近越快，一般为2～8周，长的可达1年至数年。按临床表现分为三个阶段，即前驱期（沉郁期）、狂暴期（兴奋期）和麻痹期。有时不明显。

（1）前驱期　一般为1～2天。开始时表现反复无常，脾气变坏，怕光，病犬缩于墙角、暗处，无目的乱咬，不听呼唤，瞳孔放大，反射功能亢进，稍有刺激便极易兴奋。咬伤处发痒，常以舌舔局部。此期间体温无明显变化。

（2）狂暴期　病犬兴奋性明显增高，光线刺激、突然的声响、抚摸等都可使之狂躁不安。遇有轻微刺激响动就跳、瞳孔缩小或放大，不认主人，间或神志清醒重新认识主人。咬食不能消化的、平时根本不吃的东西（如木头、石块），想喝水，但喝不下，流口水。狂躁发作时，行为凶猛，病犬无目的乱跑，到处奔走，远达40～60千米，沿途随时都有可能扑咬人、家畜及其他东西（如铁链、笼具等）。但此时不吠叫，这一阶段约持续3～4天，也有狂暴期很短或仅见轻微表现及转入麻痹期。

（3）麻痹期　经过狂躁期，病情发展到了末期，主要表现为喉头和咬肌麻痹、大量流涎、吞咽困难、下颌下垂，不久后躯麻痹，不能站立，昏睡，最后因呼吸中枢麻痹或衰竭而死亡。此期1～2天。

【诊断】根据典型的临床症状，结合咬伤史，可初步诊断。由于不少病例症状不典型，但又存在着早期排毒、感染人畜的可能，故应及早确诊。确诊需进行实验室检查，实验室检查方法主要有病理组织学检查、荧光抗体检查、动物接种试验、病毒分离、血清学检查等。

注意本病与伪狂犬病的区别。从临床症状看，伪狂犬病的后期麻痹症状不如本病典型，一般无咬肌麻痹。伪狂犬病无内基氏小体。

【防治措施】目前对狂犬病无治疗方法。因对人、畜危害大，无治疗意义，一旦发现患病犬即进行捕杀并做无害化处理。

一是定期进行预防接种。狂犬病疫苗有单苗和联苗，免疫接种以单苗为好。犬的用量是，体重 4 千克以下的 3 毫升，4 千克以上的 5 毫升。接种疫苗的藏獒可获半年的免疫期。另一种疫苗是狂犬病弱毒细胞冻干苗。使用前，应以灭菌的注射用水或生理盐水按瓶签规定的量稀释，摇匀后，不论大小，所有犬只一律皮下或肌内注射 5 毫升，可获 1 年的免疫期。但此两种疫苗对体弱、临产或产后的母犬及幼龄犬都不宜注射。注射后 7 日内的犬，应避免过度训练，并注意观察其健康状况。也可注射犬五联疫苗（其中含有狂犬病疫苗）。

二是人、犬怀疑被病犬咬伤时，其治疗效果取决于治疗的时间及对局部处理是否彻底。正确及时地处理伤口，是防治狂犬病的第一道防线，如果及时对伤口进行了正确处理和抗狂犬病暴露后治疗，则可大大减少发病的危险。最后用狂犬病免疫血清治疗或免疫接种。

被咬后立即挤压伤口排去带毒液的污血或用火罐拔毒，但绝不能用嘴去吸伤口处的污血。用 20％肥皂水或 1％新洁尔灭彻底清洗，再用清水洗净，继用 2％～3％碘酒或 75％酒精局部消毒。局部伤口原则上不缝合、不包扎、不涂软膏、不用粉剂，以利伤口排毒，如伤及头面部，或伤口大且深，伤及大血管需要缝合包扎时，应以不妨碍引流、保证充分冲洗和消毒为前提，做抗血清处理后即可缝合。可同时使用破伤风抗毒素和其他抗感染处理以控制狂犬病以外的其他感染，但注射部位应与抗狂犬病毒血清和狂犬病疫苗的注射部位错开。

使用狂犬病免疫血清治疗的方法是在创伤的四周分点注射，用量为每千克体重按 0.5 毫升计算，最好在咬伤后 72 小时内注完。如无狂犬病免疫血清，应及时用狂犬病疫苗进行紧急预防接种。

（三）伪狂犬病

伪狂犬病又叫阿氏病，是由伪狂犬病毒引起的，多种家畜和野生动物都可感染的一种急性、发热性传染病。家畜中以猪发生较多，但犬也可感染发病。猪场猪群暴发本病时，犬常先于猪或与猪同时发病。其病原体是伪狂犬病病毒。由于本病与狂犬病有类似症状，所以以往认为与狂犬病是同一种疾病。后来，匈牙利学者阿乌杰斯基证明与狂犬病不是同一种疾病，而是一种独立的疾病，故又称阿氏病。临床表现主要呈脑脊髓炎、奇痒和发热。本病多散发，有的呈地区性流行。

【病原】伪狂犬病病毒属于疱疹病毒科、疱疹病毒属，双股DNA型，病毒呈球形，大小为100～150纳米。

伪狂犬病病毒对外界环境的抵抗力很强。病畜肉中的病毒可存活5周以上，在污染的犬舍能存活1个多月，8℃存活46天，24℃存活30天。病毒能在鸡肠上生长，并能连续传代，能在多种哺乳动物细胞中增殖，产生核内包涵体。在猪肾、兔肾及鸡胚的细胞上能形成蚀斑。但病毒对化学药品的抵抗力不强，常用的消毒药如0.5%石灰乳、0.5%盐酸、漂白粉、氢氧化钠、福尔马林等都能很快将其杀死。

【流行病学】伪狂犬病病毒主要存在于病猪体内，并随鼻汁、唾液、尿、乳汁及阴道分泌物向外排毒，因此，病猪是各种动物的传染源。此外，鼠也是本病的重要传染源，犬常因吃食病猪肉、内脏或病死鼠肉后感染发病。犬吃食感染本病的牛、羊肉也是次要的感染途径。病犬虽有很高的死亡率，但并不能向外排毒。

本病主要经消化道感染，但也可经呼吸道及皮肤创口感染。

【临床症状】潜伏期1～8天，少数长达3周。最具特征性的症状是病毒入侵范围内的瘙痒刺激，有时由于不断的搔抓和自咬而自残。

发病初期病犬淡漠，之后发生不安，拒食，蜷缩而坐，时常更换坐的地方，有时体温升高，且常发生呕吐。经过消化道感染的病犬常大量流涎，吞咽困难。起初病犬舔皮肤上受伤处，稍后痒觉增加，搔抓舔咬痒处，引起周围组织肿胀，或造成很深的创伤。有时缺乏这种症状，但病犬呻吟，似乎身体某处有疼痛。部分病例还可见类似狂犬病的症状，有的病例可见撕咬各种物体，跳墙；咽麻痹、不能吞咽，口流涎；瞳孔大小不等，反射降低；头、颈及唇肌有时抽搐；呼吸困难。一旦发病，多在 48 小时内死亡。

【诊断】根据临床特征（奇痒、神经症状以及局部的抓伤、咬伤等）结合流行特点可作出初步诊断。确诊需实验室检查，主要是做病原分离、免疫荧光及血清中和试验。

注意本病要与狂犬病相区别。

【防治措施】本病目前无特效疗法，采取综合性兽医卫生措施，进行免疫血清和疫苗注射，以预防为主。

一是消灭犬舍中的老鼠和禁喂病猪肉，对预防该病具有重要意义。严禁犬进入猪场，做好犬舍内外的防鼠、灭鼠工作，严防犬吃死鼠。

二是根据犬与猪的接触和吃猪肉的情况进行预防接种。可用"伪狂犬病弱毒疫苗"对 4 月龄以上的犬肌内注射 0.2 毫升，1 岁以上的犬为 0.5 毫升，3 周后再免疫 1 次，剂量为 1 毫升。

三是对病犬应及时隔离。对病犬可注射抗伪狂犬病的高免血清，有一定疗效。病犬的粪、尿要及时清扫、消毒。对犬舍可用 2％氢氧化钠液消毒，尸体应深埋或焚烧。

四是伪狂犬病对人有一定危害，患者皮肤剧痒，通常不会引起死亡。一般经皮肤创伤感染，因此处理病犬及其尸体时要注意自我保护。

（四）犬细小病毒病

犬细小病毒病是由犬细小病毒引起的一种急性传染病。临床上以出血性肠炎或非化脓性心肌炎为特征，该病多发于 2～6 月份藏獒幼犬。发病率 20％～100％，致死率 10％～50％，4 周龄以内死亡率最高。世界各地均有流行，是危害犬类的最主要的烈性传染病之一。

【病原】犬细小病毒（canine parvovirus，CPV）属细小病毒科细小病毒属。犬是主要的自然宿主，其他犬科动物如郊狼、丛林犬、食蟹狐和鬣狗等也可以感染。随着病毒抗原漂移，病毒可以感染小熊猫、貉等动物。

犬细小病毒对多种理化因素和常用消毒剂具有较强的抵抗力，

在 4～10℃存活 6 个月，37℃存活 2 周，56℃存活 24 小时，80℃存活 15 分钟，在室温下保存 3 个月感染性仅轻度下降，在粪便中可存活数月至数年。在偏酸偏碱的环境中仍有感染性，对乙醚、氯仿、醇类有抵抗力，但对紫外线、0.5％福尔马林、0.5％过氧乙酸、5％～6％次氯酸钠及氧化剂等敏感。

【流行病学】犬细小病毒主要感染犬，尤其幼犬，传染性极强，死亡率也高。本病发生没有明显的季节性。一年四季均可发病，以冬、春多发。饲养管理条件骤变，长途运输，寒冷，气温骤变，拥挤，卫生条件差及并发感染均可促使本病发生和加重病情。病犬和康复带毒犬是本病的主要传染源，呕吐物、唾液、尿液、粪便中均含有大量病毒。康复犬仍可长期通过粪便向外排毒。有证据表明，人、虱、苍蝇和蟑螂可成为 CPV 的机械携带者。健康犬与病犬或带毒犬直接接触，或经污染的饲料和饮水通过消化道感染。健康犬经消化道感染病毒后，病毒主要攻击两种细胞：一种是肠上皮细胞；另一种是心肌细胞。分别表现胃肠道症状和心肌炎症状，心肌炎以幼犬多见。

本病一旦在犬群中发病，极难彻底清除。

【临床症状】本病在临床上主要以肠炎型和心肌炎型出现。

（1）肠炎型 自然感染的潜伏期为 7～14 天，病初表现发热（40℃以上）、精神沉郁、不食、呕吐。初期呕吐物为食物，继之呈黏液状，黄绿色或有血液。发病 1 天左右开始腹泻。病初粪便呈稀状，随病状发展，粪便呈咖啡色或番茄酱样的血便。以后次数增加、里急后重，血便带有特殊的腥臭气味。血便数小时后病犬表现严重脱水症状，眼球下陷，鼻镜干燥，皮肤弹力高度下降，体重明显减轻。对于肠道出血严重的病例，由于肠内容物腐败可造成内毒素中毒和弥散性血管内凝血，使机体休克、昏迷甚至死亡。血白细胞总数（0.5～2）$\times 10^9$/升（500～2000/毫米^3），明显减少。

（2）心肌炎型 多见于 28～42 日龄的幼犬，病犬先兆性症状不明显。有的突然呼吸困难，心力衰竭，短时间内死亡；有的犬可见有轻度腹泻后死亡。

【诊断】临床上可根据血常规检测结果和本病的主要症状进行初步诊断。血常规检测红细胞压积增加，白细胞值正常或偏低，常提示病毒病。病犬排泄番茄汁样或酱油样带腥臭气味的血便是本病的特征性症状，可作为初诊依据。

确诊靠测定抗体滴度及粪便血凝素滴度。犬细小病毒病的诊断也多采用犬细小病毒胶体金快速诊断试纸进行。此法简便快速，准确率高。用棉签蘸取病犬的粪便或呕吐物，浸入装有生理盐水的塑料管中混匀，将 3～4 滴上清液滴于试纸反应孔内，静置 3～5 分钟，如 C 和 T 对应处均出现红线则为阳性。

【防治措施】

一是预防本病要做好犬舍的定期消毒以及健康犬的定期驱虫和预防接种工作，同时要注重春、夏季节犬的护理工作。疫苗免疫是预防发病的根本措施。但有可能出现免疫失败的情况，这和疫苗品质及免疫干扰有关。主要是疫苗毒株选取不当和母源抗体的干扰。疫苗应选用品质可靠的疫苗，首免时间一般在 10 周龄左右，但考虑到 10 周龄以前亦是幼犬易感期，故可在 6 周龄时注射小犬二联疫苗（此疫苗可突破母源抗体的干扰），10 周龄时注射六联苗，以后每隔 3 周注射 1 次六联苗，连续 2～3 次，以后每年免疫 1 次。

犬细小病毒对外界的抵抗力强，存活时间长，故其传染性极强。一旦发病，应迅速隔离病犬，防止病犬和病犬饲养人员与健康犬接触，对病犬污染的犬舍饲具、用具、运输工具进行严格的消毒，可采用 2％氢氧化钠溶液、漂白粉、次氯酸钾等消毒剂反复消毒后，再用紫外线照射。犬舍要停用 2 周。对饲养员应该严格消毒，并限制流动，避免间接感染。

二是由于本病无特效治疗方法，关键是早期诊断、早期治疗。治疗上多采取对症治疗和支持治疗。脱水时应大量输液，止泻、止血、止吐和严格控制采食等，同时使用抗生素防止继发感染。

发病早期使用高免血清、康复犬血清或单克隆抗体进行治疗，高免血清的用量为 0.5～1 毫升/千克体重，康复犬血清或血浆30～50 毫升，连用 3～5 天。如与抗菌消炎药同时使用可提高疗效。

（1）补液　病犬常因脱水而死，因此补液是治疗本病的主要措施。根据病情的轻重可采用口服补液法、静脉滴注法、腹膜腔补液等不同的方法。

（2）口服补液法　当病犬表现不食、心率加快、无呕吐且有食欲或饮欲时，可给予口服补液盐。氯化钠 3.5 克、碳酸氢钠 2.5 克、氯化钾 1.5 克，加水 1000 毫升，任犬自由饮用。

（3）静脉滴注法　输液中要严格控制输液量和输液速度，先盐后糖，先快后慢，注意心脏的功能状况，否则易造成治疗失败。

（4）腹膜腔补液　口服补液法和静脉滴注法困难时，可行腹膜腔补液法，用量 70 毫升/千克体重。

为尽快排出肠道内容物，可进行灌肠。一般用 0.05%～0.1% 高锰酸钾溶液进行灌肠，或者先用口服补液盐溶液进行灌肠，最后再用口服补液盐溶液加抗菌药或抗病毒药进行保留灌肠，也可用生理盐水、复方生理盐水、乳酸林格氏液灌肠。

（5）抗菌消炎　为了防止继发感染，应按时注射抗生素或以静脉滴注法给药。常用药有庆大霉素、卡那霉素等。

（6）止吐、止泻、止血和强心　犬细小病毒病止吐不能用胃复安，因为可以加重肠道出血，可用溴米那普鲁卡因注射液或止吐灵；腹泻时口服次硝酸铋、鞣酸蛋白；出血还可肌注维生素 K_1 和安络血等止血剂；强心主要用强尔心、樟脑磺酸钠或安钠咖等。

同时要注意病初应禁食 1～2 天，直到完全不呕吐，不腹泻时再试探性地饲喂易消化食物。在恢复期应停喂高蛋白、高脂肪性饲料，给予稀软易消化的饲料，少量多次，以减轻胃肠负担，提高治愈率。

（五）犬冠状病毒感染

犬冠状病毒感染是由犬冠状病毒引起的以犬胃肠炎症状为主的一种急性传染病，其临床特征为频繁呕吐、腹泻、沉郁、厌食等，是目前危害养犬业的一大传染病。

【病原】犬冠状病毒属于冠状病毒科、冠状病毒属。犬冠状病毒可与猫传染性腹膜炎病毒和猪传染性胃肠炎病毒的抗血清发生反应，说明三者可能是一组病毒。犬冠状病毒主要存在于病犬的胃肠道内，并随粪便排出，污染饲料和周围环境。因此，本病主要经消化道感染。病毒对外界环境的抵抗力较强。粪便中的病毒可存活6～9天，污染物在水中可保持数天的传染性。该病毒对热敏感，紫外线、来苏儿、0.1％过氧乙酸、乙醚、氯仿和去氧胆酸盐等都可短时间内将其杀死。

【流行病学】本病一年四季均可发生，以寒冷的冬季多发，传播迅速，发病率高，数日内常成窝爆发。犬冠状病毒可感染所有品种和各种年龄的犬，但以幼犬受害严重，而且通常都是幼犬先发病，然后波及其他年龄的犬。幼犬的发病率和致死率均高于成年犬。

病犬和携带冠状病毒的犬是本病的主要传染源，犬可通过呼吸道、消化道、粪便及污染物传染。该病一旦发生，很难在短时间内控制其流行和传播，同窝犬、同群犬均可造成感染。该病毒经常和犬细小病毒、轮状病毒及其他胃肠道疾病病原体混合感染。

【临床症状】潜伏期1～3天。幼犬症状重剧，成年犬症状轻微。呕吐和腹泻是本病的主要症状。临床症状轻重不一，可以呈现致死性的水样腹泻，也可能不出现临床症状。突然发病，精神沉郁，食欲废绝，呕吐，排恶臭稀软而带黏液的粪便。呕吐常可持续数天，直至出现腹泻才有所缓解。以后，粪便由糊状、半糊状至水样，呈橙色或绿色，内含黏液和数量不等的血液。病犬迅速脱水，体重减轻。多数病犬体温不高，于7～10天可以恢复。但幼犬出现淡黄色或淡红色腹泻粪便时，往往于24～36小时内死亡。随着日龄的增长，死亡率降低。成年犬几乎不引起死亡。

【诊断】本病的临床症状和流行病学特点与轮状病毒感染相似，而且常与轮状病毒、犬细小病毒等混合感染，诊断较为困难。同时由于本病临床症状、流行病学及病理学变化缺乏特征性变化，因此确诊须依靠病毒分离、电镜观察以及血清学检查。血清学试验可用中和试验。

【防治措施】防治本病要加强对引进犬的隔离检疫，严格消毒措施等。本病目前尚无特效疫苗供免疫用。治疗本病无特异性疗法，可采取一般胃肠炎的治疗措施对症治疗，并注意抗感染。

病犬应立即隔离到清洁、干燥、温暖的场所，停止喂奶和停喂含乳糖较多的牛奶。用乳酸林格氏液和氨苄青霉素按每千克体重10～20毫克静脉滴注，同时投予肠黏膜保护剂。喂给多酶片、乳酸菌素片等。口服补液盐或葡萄糖甘氨酸口服液，静脉滴注复方氯化钠液，以纠正脱水与电解质紊乱。肌注地塞米松，以改善微循环。

（六）犬传染性肝炎

犬传染性肝炎是由犬传染性肝炎病毒引起的一种急性、高度接触性败血性传染病。主要侵害1岁以内的幼年藏獒，常引起急性坏死性肝炎，临床以体温升高、黄疸、贫血和角膜浑浊为特征；病理以肝小叶中心坏死、肝实质细胞和内皮细胞核内出现包涵体及出血时间延长为特征。在临床上常与犬瘟热混合感染，使病情更加复杂、严重。本病几乎在世界各地都有发生，是犬的一种常见的重要疫病。

【病原】犬传染性肝炎病毒（ICHV）属腺病毒科、哺乳动物腺病毒属成员。病初病毒主要存在于病犬的血液中，以后在各种分泌物、排泄物中都有大量病毒，并排出体外，污染外界环境。病愈后还可从尿中排毒达6～9个月之久。因此，病犬和带毒犬是本病的传染源。健康的藏獒主要通过消化道感染，也可经胎盘传染。该病毒抵抗力相当强，低温条件下可长期存活，在土壤中经10～14天仍有致病力，在犬窝中也能存活较长时间，但加热能很快将病毒杀死。

【流行病学】犬只不分品种、性别、季节都可发生，但以1岁以内的幼犬多见，冬季发病较多。犬传染性肝炎主要发生在1岁以内的幼犬，成年犬很少发生且多为隐性感染，即使发病也多能耐过。病犬和带毒犬是主要传染源。病犬的分泌物、排泄物均含有病毒，康复带毒犬可自尿中长时间排毒。呼吸型病例可经呼吸道感染。体外寄生虫可成为传播媒介。本病发生无明显季节性，以冬季多发，幼犬的发病率和病死率均较高。

【临床症状】本病潜伏期 6～9 天，某些最急性幼犬病初体温升高，精神高度沉郁，通常未出现其他症状便于 1～2 天内死亡。多数患犬病初似急性感冒，体温升高，病犬体温升高到 40～41℃，持续 1 天，降至常温后，接着又第二次体温升高，呈马鞍形体温曲线。患病犬精神沉郁，食欲废绝，眼、鼻有少许黏液性分泌物，但无咳嗽症状；渴欲明显增加，甚至出现两前肢浸入水中狂饮，这是本病的特征性症状。呕吐，排果酱样血便或血性腹泻也是本病的主要症状，齿龈上的出血点或出血斑是本病的重要症状。不少患犬腹部膨大，胸腹腔注射可排出多量清亮、淡红色液体，触诊剑状软骨部位敏感疼痛。很多患犬出现蛋白尿。部分患犬一只眼睛或两只眼睛角膜在疾病恢复期浑浊，似被淡蓝色薄膜覆盖，称为"肝炎性蓝眼"，数天后眼角膜转为透明，也有由于角膜损伤造成犬永久视力障碍的。

【诊断】根据临床症状（突然发病和出血时间延长，肝炎性蓝眼和发热明显的马鞍形体温曲线），结合流行病学资料和剖检变化，可作出初步诊断。确诊需要实验室对病犬发热期血液、尿液、扁桃体等以及犬死后采取的肝、脾及腹腔液进行病毒分离，还可以进行血清学诊断以及皮内变态反应诊断。

本病的肝炎型早期症状与犬瘟热、钩端螺旋体病等相类似，且有时混合感染，必须注意区别。

犬传染性肝炎缺乏呼吸道症状，有剧烈腹痛，特别是剑突压痛；血液不易凝固，如有出血，往往出血不止；剖检时有特征性的肝和胆囊病变及体腔的血液渗出液，而犬瘟热则无此变化。犬传染性肝炎组织学检查为核内包涵体；而犬瘟热则是胞浆内和核内包涵体，且以胞浆内包涵体为主。

钩端螺旋体病不发生呼吸道炎症和结膜炎，但有明显黄疸，病原为钩端螺旋体。

【防治措施】

一是平时要搞好犬舍卫生，自繁自养，严禁与其他犬混养。发现病犬时要尽早隔离病犬，场地用3％氢氧化钠液彻底消毒。

二是做好免疫接种。常用的疫苗有犬传染性肝炎弱毒疫苗，断奶后每只犬皮下注射1.5毫升，间隔3～4周再注射2毫升。以后每半年注射1次，每次2毫升。免疫期为半年。此苗在发生疫情时不应使用。另外还有犬传染性肝炎与犬细小病毒性肠炎二联苗和犬五联苗。

三是新进犬要隔离检疫。疫病流行期间幼犬要皮下注射健康犬血清，每周1次，每次3毫升，注射2次。

四是本病无特效治疗药物，治疗原则为抗病毒、防治继发感染、对症处理和支持疗法。

（1）抗病毒 用高免血清或成年犬血清治疗，每天1次，每次10～30毫升；或者用干扰素10万～20万单位/次，皮下注射或肌内注射，隔2日1次。

（2）抗菌 用氨苄西林20～30毫克/千克体重，内服，每日2～3次；10～20毫克/千克体重，静脉注射、皮下注射或肌内注射，每日2～3次；或者用头孢唑林钠15～30毫克/千克体重，静脉注射或肌内注射，每日3～4次。

此外，要用药物保肝、护肝和补液。每日应静脉注射50％葡萄糖液20～40毫升，维生素C 250毫克或三磷酸腺苷15～20毫克，每日1次，连用3～5天。要节制饮水，可每2～3小时喂1次5％葡萄糖盐水。

（七）犬副流感病毒感染

犬副流感病毒感染是由犬副流感病毒（CPIV）引起的犬的一种呼吸道传染病。临床上以发热、流涕和咳嗽，病理变化以卡他性鼻炎和支气管炎为特征。目前，世界上所有养犬国家和地区几乎都有本病流行。

【病原】本病毒是副黏病毒属中的一个亚群，为RNA病毒，对犬有致病性的主要是副流感病毒2型。病毒颗粒基本上为圆形，但大小不等，呈多态性，直径在80～300纳米之间，有的呈长丝状。病毒粒子有囊膜，表面有纤突，并具有血凝作用。

病毒不稳定，4℃和室温条件下保存，感染性很快下降。pH值3.0和37℃可迅速灭活病毒。对氯仿和乙醚敏感，季铵盐类是有效的消毒剂。

【流行病学】各种年龄的犬都可感染，但幼龄犬病情较重。本病在犬群中呈突然暴发、迅速传播的趋势。呼吸道分泌物通过空气尘埃感染其他犬为主要散毒方式，也可通过接触传染。急性期病犬是主要传染源。感染期间可因犬抵抗力降低继发支气管败血波氏菌和霉形体感染。病毒存在于患犬的鼻黏膜、气管和肺。血液、食道、唾液腺、脾、肝、肾等不含病毒。

自然感染途径主要是呼吸道。人工用本病毒通过气溶胶感染和直接接触感染可引起幼犬产生呼吸道症状，肌肉和皮下接种不能引起呼吸道感染。经膀胱接种可引起膀胱炎。

【临床症状】病犬主要表现为呼吸道症状，突然发热，有大量黏性脓性鼻分泌物、结膜炎、咳嗽、呼吸困难，抑郁和厌食，常于1周左右转愈。如有继发感染，则病程延长，病情加重，咳嗽可持续数周之久，甚至死亡。少数病犬仅呈现后躯麻痹与出血性肠炎症状。当与支气管败血博代氏菌合并感染时，临床表现剧烈干咳（但很少为痰咳）、肺炎，以及眼、鼻有大量分泌物。病程一般15天，如有继发感染则病程延长。年龄较小幼犬病程3周以上。成年犬患病后症状较轻，可完全恢复。

【诊断】根据流行特点、临诊症状和病理变化可作出初步诊断，特征为突然发热、卡他性鼻炎和支气管炎。由于犬副流感病毒感染和"犬窝咳"疱疹病毒、呼吸型犬瘟热病毒、呼肠孤病毒感染十分相似，因此，根据临床症状很难确诊。病毒分离和鉴定较为可靠。

【防治措施】

一是预防本病主要是加强饲养管理，减少本病诱因（应激），冬春季节转换，天气比较寒冷时应采取保暖措施，防止因气温变化大造成幼犬发病。冬春交替季节可适当预防性投药，并增加营养，提高犬体的免疫力，是预防犬副流感的有效措施。平时搞好犬舍周围环境卫生。新购入犬进行检疫、隔离和预防接种。

　　二是做好免疫接种。目前的多联疫苗中已包含该种疾病，用于预防本病。可按照疫苗使用说明书进行免疫接种。

　　三是犬群一旦发病，立即隔离发病犬，并立即对犬舍内外环境及用具等进行彻底消毒，重病犬及时淘汰。

　　四是本病的治疗原则为抗病毒、防治继发感染和止咳化痰等对症处理。

　　抗病毒用高免血清5～15毫升/天或免疫球蛋白2～6毫升/天；或者用病毒唑50～100毫克/次，口服，每天2次，连用5天；也可以用双黄连注射液，1毫升/千克体重，肌内注射，每天2次。控制继发细菌感染用氯霉素10～30毫克/千克体重，肌内注射；或者用氨苄青霉素，30～40毫克/千克体重，肌内注射，每天2次。舒张气管用氨茶碱，10毫克/千克体重，肌内注射。缓解炎症反应可应用地塞米松，0.5～2毫克/千克体重，肌内注射。对长期高热、厌食的病犬应及时补液（复方氯化钠或者糖盐水），并适当添加维生素C（2000～4000毫克/次）、辅酶A、ATP后静滴，根据脱水程度单独补充碳酸氢钠等。

（八）犬疱疹病毒感染

　　犬疱疹病毒感染是由犬疱疹病毒（canine herpesvirus，CHV）引起的以全身出血或局灶性坏死为特征的一种急性致死性传染病。主要发生于2～3周龄的幼犬，成年犬主要为隐性感染或以呼吸道、生殖道的炎症为特征。

　　【病原】犬疱疹病毒属甲疱疹病毒亚科DNA型病毒。繁殖最适温度33.5～37℃。犬疱疹病毒对高温、氯仿、乙醚等抵抗力较弱，56℃经4分钟就可将病毒杀死。但对低温的抵抗力较强。在酸性环境（pH4.5）中，经30分钟即可使病毒失去致病力。

　　【流行病学】犬疱疹病毒只感染犬，而且主要是对2周龄以内仔犬的致死性感染，3周龄以上的仔犬及成年犬，症状轻微，主要呈非显性感染。病犬是本病的传染源。病毒可通过唾液、鼻液和尿液向外排出。本病主要通过接触或飞沫感染，分娩过程中胎儿接触了带毒母犬的阴道分泌物也可感染。

【症状】潜伏期 3～8 天，病犬一般无体温反应，仔犬病初腹泻，排黄绿色或绿色粪便，触诊腹部有痛感，常发出尖叫声。呕吐，流涎，精神沉郁，食欲不振，肌肉震颤，鼻黏膜发炎、出血、流清鼻涕，呼吸困难。腹下皮肤出现红斑，继而形成水疱。皮下水肿，有时波及外阴及生殖器官。病的后期粪呈水样。仔犬停止吮乳后 3 天内嚎叫死亡。1 周龄以下的仔犬死亡率达 80％以上。耐过犬有神经症状，如运动失调、角弓反张、失明等。怀孕犬感染后发生流产、难产、死胎。公犬外生殖器官发炎，包皮内可有大量脓性分泌物并出现水疱。

【病理变化】肝、肾、肺小肠等实质脏器有弥散性或灶性出血，胸腔、腹腔积液。肾脏被膜下以出血点和坏死灶为中心形成球状出血斑。肾脏断面的皮质与髓质交界处形成楔形出血灶，这是特征性的肉眼变化。

胃肠道发炎，肺水肿。特征性的组织学变化是实质脏器及大脑血管周围出现坏死区并形成空泡。坏死灶内及周围细胞内有嗜酸性核内包涵体。急性病例一般坏死灶无炎性细胞浸润。

【诊断】根据上述临床特征和病理剖检变化，结合流行特点，可作出初步诊断。确诊要靠分离病毒或血清学试验。

【防治措施】加强管理，采取综合性防疫措施，控制本病的传播途径，不让已知感染的母犬繁殖后代，特别是不从经常发生呼吸器官疾病的犬舍、饲养场引进藏獒。

目前国内尚无高效的弱毒疫苗。在疾病流行区，可用发病仔犬的母犬制备血清免疫，小犬腹腔注射（2 毫升），能起到一定作用。

本病无特效治疗方法，治疗原则为提高机体抵抗力、增加环境温度和防止继发感染。发现病犬及时隔离，加强消毒管理，皮下注射康复母犬的血清，可减少死亡。可进行输液补充电解质、防止脱水。使用广谱抗生素，以防止继发感染，配合抗病毒类药物，均有一定疗效。

（九）犬轮状病毒感染

犬轮状病毒感染是由轮状病毒引起的幼犬的一种急性肠道传染

病，以腹泻、脱水为主要特征。成年犬感染后，多呈隐性经过。本病广泛存在于世界各地，许多国家有本病的报道。

【病原】犬轮状病毒（canine rotavirus）属于呼肠病毒科轮状病毒属成员，各成员间通常具有宿主特异性。完整的病毒粒子呈球形，直径65～80纳米，呈二十面对称体，无脂蛋白囊膜，核芯直径为36～40纳米，具有双层蛋白衣壳结构，内层由内向外呈放射状排列的壳粒组成，外层紧贴在颗粒外缘，为一光滑的电子半透明薄膜包裹，核芯中央部位形成蜂窝状，剖面形似车轮。粒子有实心和空心两种，具有双层衣壳的光滑形粒子，有感染性。

轮状病毒有两种抗原：一种为群特异性抗原，存在于内层衣壳，为各种动物轮状病毒所共有，属共同抗原；另一种为型特异性抗原，存在于外层衣壳，也与一定的RNA基因组片段有关。不同群间无任何血清学交叉反应，同群不同型间有部分交叉中和反应。从不同种动物分离的病毒，不出现明显的交叉中和反应，可用中和试验和ELISA阻断试验加以区别。

已知轮状病毒仅有极少数毒株能在体外培养生长，多数病毒粒子（约90%）缺乏感染性，经用胰蛋白酶处理后，可使其感染性增强。

轮状病毒对理化因素的抵抗力较强。有的病毒株在室温条件下可存活4个月之久。粪便中的病毒在18～20℃条件下，至少生存7～9个月。加热60℃经30分钟仍存活，但63℃经30分钟可被灭活。

用1%高锰酸钾、来苏儿、碘酊、碳酸钠和十六烷基三甲基溴化铵处理病毒，经60分钟仍存活，也不能被5-碘-2-脱氧尿苷所抑制。0.01%碘、1%次氯酸钠和70%酒精可将病毒灭活。

【流行病学】轮状病毒感染通常以突然发生和迅速传播的方式在动物群中广泛流行，常呈地方流行性。患病动物和隐性感染带毒动物是本病的主要传染源。病毒主要存在于肠道内，随粪便排出体外。病愈动物至少在3周内仍持续随粪便排毒，污染环境、垫草、饲料和饮水。易感动物主要通过接触被感染动物和污染的饮水、饲料用具和环境，经消化道途径传染。各种年龄的犬都可感染，但主要发生在幼龄犬，特别是 10～45 日龄的幼龄犬。成年犬常呈隐性经过。

轮状病毒有一定的交互感染作用，可以从人或犬传给另一种动物，只要病毒在人或一种动物中持续存在，就有可能造成本病在自然界中长期传播。

本病的发生无明显季节性，全年均可发生，但有明显的流行高峰。多发生于寒冷季节。卫生条件不良常可诱发本病。我国东北以 10～11 月，其他地区以 10～12 月多发。

【临床症状】1 周龄以内的仔犬常突然发生腹泻，粪便呈黄绿色或绿色及褐色，恶臭，或呈无色水样。严重者粪便带有黏液和血液。因脱水和酸碱平衡失调，病犬心跳加快，皮温和体温降低。脱水严重者，常因衰竭而死亡。

【病理变化】肠内容物稀薄，小肠黏膜呈条状或弥漫性出血，容易脱落。肠管胀满，肠壁菲薄，肠管内充满灰黄色或灰黑色液状物。组织学检查见小肠绒毛萎缩、变短，上皮细胞脱落。

【诊断】根据流行病学特点及临床变化，可初步诊断。确诊须要做实验室检查，主要依靠病毒分离、电子显微镜检查、特异性荧光抗体检查、血清学检查以及酶联免疫测定。

【防治措施】

一是加强饲料管理，增强母犬抵抗力，做好母犬免疫，并保证新生幼犬能吃到足够的含有抗体的初乳，以获得保护。同时搞好幼犬的卫生防疫工作。

二是本病无特效治疗方法。治疗原则为抗病毒、防止继发感染和对症治疗。发现腹泻幼犬应及时隔离到清洁、干燥、温暖的场所，停止哺乳。

抗病毒用利巴韦林 20～50 毫克/千克体重，内服，每日 1 次，连用 7 日；5～7 毫克/千克体重，皮下注射或肌内注射或静滴，每日 1 次。对病犬用成犬免疫血清治疗，也可收到较好效果。

补液用复方乳酸林格液、葡萄糖盐水和 5％碳酸氢钠溶液，静脉注射防止脱水和酸中毒。

预防和治疗继发性细菌感染可给予抗生素、免疫增强剂等。

（十）犬传染性气管支气管炎

犬传染性气管支气管炎，也称为犬窝咳或上呼吸道感染综合征，是由多种病原引起的传染性呼吸系统疾病。具有突然发作、突发性咳嗽、不定期吐痰、眼鼻有分泌物等特征。因此病传播迅速并呈现接触性传染，凡是接触过病犬的健康犬（包括未经免疫的所有犬只）少有幸免，而往往是一户所有的犬或全窝的仔幼犬全部发病，故称为"犬窝咳"，是犬只重要的上呼吸道传染性疾病。

【病原】传染性支气管炎是由多种病毒（犬副流感病毒、腺病毒Ⅱ型、疱疹病毒、呼肠孤病毒）、细菌（博德氏菌、支气管败血波氏杆菌、巴氏杆菌等致病菌）、支原体等多种病原单一或混合感染引起的高接触性上呼吸道病症，但主要是博德氏菌、副流行性感冒病毒和腺病毒的单独或合并感染所造成。病毒性病原能破坏呼吸道黏膜上皮细胞，使受损的呼吸道容易被细菌或支原体感染。细菌性病原感染后能导致支气管炎。此病通常先为病毒性感染，使得呼吸道容易继发细菌性感染，可进一步导致临床症状发生。

【流行病学】本病只感染犬和狐狸，各种年龄的犬都可感染发病，4月龄以下幼犬发病率较高，尤其是刚断奶不久的幼犬最易发病，且可能引起死亡。本病发生无季节性，但寒冷季节发生较多。犬感染本病后可长期带毒，病犬、病狐及其带毒者是本病的传染源。该病呈高度接触性传染，病原通过空气经呼吸道是其主要传播途径。在密集饲养的犬群中一旦有犬发病，便可迅速流行，并不易根除，幼犬可整窝发病。

【临床症状】潜伏期一般5~10天。主要症状是具有特征性的长时间持续的空腔咳嗽，临床表现轻重不一，幼犬的症状表现通常比较严重。病犬常突然出现阵发性干咳，类似小儿百日咳，并且咳嗽后的尾声出现一种"咔痰"痛苦的低头动作和"咔"的长声音，一些没有经验的饲养员大多误以为它们是被异物卡住了喉咙，接着出现干呕或作呕。咳嗽往往随运动或气温变化而加重。当分泌物堵塞部分呼吸道时，听诊可闻粗厉的肺泡音及干性啰音。混合感染危重的藏獒，体温升高，精神沉郁，食欲不振，流脓性鼻液，疼痛性咳嗽之后，持续干咳或呕吐。

本病还易与犬瘟热、副流感、疱疹病毒病等混合感染，这时症状复杂而严重，死亡率很高。

【病理变化】剖检病死犬，主要见肺炎和支气管炎病变。肺充血、实变、膨胀不全；支气管淋巴结充血、出血，支气管黏膜充血、变脆或见增厚，管腔有大量分泌物。有时可见到增生性腺瘤病灶。

【诊断】本病最终确诊必须依靠病毒分离和血清学检查，病料采取呼吸道分泌物和呼吸器官组织。

【防治措施】

(1) 加强犬的饲养管理，提高犬的自身免疫力。定期注射疫苗、驱虫等；调整日粮，保障全价配合饲养，防止犬偏食；保持犬舍清洁卫生，加强犬的运动，提高犬体质。在犬长途转运或者环境气候变化较大时，可以通过预防性投药，使用抗应激饲料等方法减少对犬的不良刺激，尽快使犬适应环境气候。

(2) 定时消毒犬舍。对进出犬舍的通道要设立消毒池，防止外界病菌侵入。进入犬区的人员应进行彻底消毒并更换鞋子、外衣或紫外线消毒后方可进入。定期使用84消毒液、火碱等对犬舍进行消毒，使用来苏儿、过氧乙酸等进行环境喷雾消毒。

(3) 饲养人员要经常巡视犬区，及时发现病犬，做到早发现、早诊断、早治疗。一旦发病应及早隔离病犬，整窝发病还应适当疏散，同时应及时治疗，并进行环境消毒。

(4) 国内目前尚无特异性疫苗可用，有条件的可使用进口犬六联苗进行免疫接种。目前荷兰英特威公司生产的"犬窝咳疫苗"采取滴鼻方法，无痛苦，可达到预防效果。

(5) 目前尚无特效的治疗药物，治疗原则是对症治疗和防止继发性感染。护理上要特别注意防寒保暖，对症治疗以止咳、平喘、消炎为主，预防细菌性感染宜选用广谱抗生素和某些能在气管、支气管黏膜中达到有效浓度的药物。

① 初期病犬治疗方法 口服枸橼酸喷托维林片3片/次，2次/日；复方甘草口服液10毫升，2次/日；同时肌内注射阿米卡星注射液2毫升（0.2克），2次/日。体温高于39.5℃的患犬肌内注射拜有利1毫升。

② 中期病犬治疗方法 初期病犬治疗方法配合雾化疗法。

a. 雾化液配制 0.9%氯化钠400毫升、硫酸庆大霉素（8万单位）20支、利巴韦林注射液（100毫克）10支、地塞米松硫酸钠注射液（2毫克）10支、沐舒坦（20毫克）2支、维生素C注射液（0.5克）5支。

b. 器具 犬笼、雾化器、黑色塑料袋、药液、注射器。

c. 方法 首先将犬笼彻底消毒晒干，将配好的雾化液注入雾化槽内，将导管伸入犬笼，并用黑色塑料袋封闭犬笼，打开雾化开关，时间约20～30分钟。对症状特别严重的患犬同时配合输液疗法：0.9%氯化钠100毫升、头孢噻肟钠2克，2次/日；5%葡萄糖注射液100毫升、双黄连针粉剂1200毫克，2次/日。对体温居高不下者可肌内注射拜有利1毫升、强尔心5～15毫克/千克、地塞米松0.25～1.0毫克/千克。

③ 后期病犬治疗方法 采用雾化和口服给药相结合，根据情况调整好用药时间。

二、细菌性疾病

（一）沙门氏菌病

沙门氏菌病，又称犬副伤寒，是由沙门氏菌属细菌引起的人兽共患病，是藏獒的一种急性细菌性疾病，其临床症状主要表现为败血症和肠炎。

【病原】病原体为沙门氏杆菌，它包括2000多个血清型，而从犬体内分离到的有40多个血清型，其中能引起犬临床发病的最常见的菌型是鼠伤寒沙门氏杆菌。沙门氏菌是革兰氏阴性杆菌，为需氧或兼性厌氧菌，在普通培养基上生长良好。沙门氏菌对外界有一定的抵抗力，在水中可存活 2～3 周，粪便中可存活 1～2 个月。对化学消毒药的抵抗力不强，一般的消毒药均可达到消毒目的。

【流行病学】病犬、隐性沙门氏菌病畜禽，以及患过此病的病畜禽所产的乳、肉、蛋等是本病的主要传染源。鼠类、禽类、蝇等可将病原体带入犬舍引起犬的感染。胃肠道的传染病，最常见的是与被传染源污染的食物、水或其他污染物接触所引起。用未煮沸或未加工的食料饲喂藏獒亦能引起感染。受到沙门氏菌污染的食具、笼具、用具等均能传播本病。藏獒群饲养密度大、犬的体质差、投予抗生素扰乱肠道的正常菌群、投予免疫抑制剂以及运输或手术等应激刺激，也可诱发本病。

另外，健康畜禽的带菌现象相当普遍，特别是鼠伤寒沙门氏菌，经常潜藏于消化道、淋巴组织和胆囊内，当某种诱因使机体抵抗力降低时，菌体即可增殖而发生内源传染，连续通过易感动物后，毒力增强，便引起该病的扩大传播。在此种情况下，消化道感染是主要的传播途径。

【临床症状】本病的临床表现随着感染细菌的数量、动物的免疫力、并发因素及并发症的不同而有区别。临床上可分为胃肠炎型、菌血症和内毒素型、亚临床感染型等。

（1）胃肠炎型　犬发病后，开始出现发热，体温 41～42℃，精神萎靡，食欲下降，而后呕吐、腹痛和剧烈腹泻；腹泻开始粪便稀薄如水，继而转变为黏液性，严重的因胃肠道出血而带有血液，体重很快减轻，严重脱水；表现为黏膜苍白、虚弱、黄疸和休克；有的出现神经症状，表现为应激性增高、后肢瘫痪、失明和抽搐。部分病例出现肺炎症状，表现为咳嗽、呼吸困难和鼻腔出血。

（2）菌血症和内毒素型　常见于幼犬。这种类型一般为胃肠炎型的前期症状，只是有时表现不明显。但当机体免疫力低下时，其症状较为明显。病犬开始只表现为极度沉郁，虚弱，体温下降及毛细血管充盈不良，后期出现肠炎症状。妊娠母犬感染后有流产或死胎，出生的仔犬体弱、消瘦。

（3）亚临床感染型　动物感染少量沙门氏菌或抵抗力较强，可能仅出现一过性症状或无任何临床症状。

【病理变化】从外观看病死犬尸僵不全，尸体消瘦，脱水，眼窝塌陷，可视黏膜苍白。胃肠黏膜水肿、淤血或出血，十二指肠上段发生溃疡和穿孔，肝脏肿大呈土黄色，有散在坏死灶，脾、肾肿大，表面有出血点（斑），肺水肿有硬感，小肠后段和盲肠、结肠呈明显的黏液性、出血性肠炎变化，肠内容物含有黏液、脱落的肠黏膜呈稀薄状，重者混有血液，肠黏膜出血、坏死，大面积脱落，肠系膜及周围淋巴结肿胀、出血，切面多汁，心脏伴有浆液性或纤维蛋白性渗出物的心外膜炎和心肌炎。

【诊断】根据临床症状易与胃肠道疾病混淆，因为能引起犬发生高热、厌食、呕吐和腹泻的原因很多，且健康畜禽带有沙门氏菌的现象较普遍。因此，只凭临床诊断是难以最后确诊的。对具有上述临床表现的犬，应采取病死犬的脾、肠系膜淋巴结、肝、胆汁等病料送实验室做细菌学检查。只有从病料中发现有致病性的沙门氏菌，再结合上述临床表现，才可最后确诊。

【防治措施】

一是要严禁给犬喂病死动物的肉，最好以煮熟的肉、蛋、乳类喂犬。

二是对饲养管理用具要经常清洗消毒，注意灭鼠灭蝇。

三是发现病犬及时隔离治疗，专人管理，严禁病犬与健康犬接触。对病犬舍、运动场、食具应以2%～3%氢氧化钠溶液、漂白粉乳剂等消毒液消毒。尸体要深埋，严禁食用，以防人员感染。

四是本病的治疗原则为抗菌和对症治疗。

① 抗菌　对病犬可用抗生素治疗，氯霉素有较好的疗效，每次用量0.02克/千克体重，每日2～4次，连用4～6天。呋喃唑酮，10毫克/千克体重，分2次内服，连用5～7天。磺胺类药物也有很好的疗效，如磺胺嘧啶（SD），首次量为0.14克/千克体重，1日2次，连用1周；或应用增效新诺明0.02～0.025克/千克体重，1日2次。也可使用大蒜内服，即取大蒜5～25克捣成蒜泥后内服，或制成大蒜酊后内服，每日3次，连服3～4天。

② 胃肠止血　可用安络血，1～2毫升/次，肌内注射，每日2次；2.5～5毫克/次，内服，每日2次。

此外，适当配合输液，维护心脏功能，清肠制酵，保护胃肠黏膜等对症治疗。

（二）犬坏死杆菌病

犬坏死杆菌病是由坏死杆菌引起的散发性慢性传染病。以部分皮肤损害、皮下组织损害和消化道黏膜坏死等为特征。一般多由皮肤、黏膜外伤感染，主要侵害犬的脚趾部，其次是口腔黏膜和皮肤，有时在内脏形成转移性坏死灶。

【病原】坏死杆菌是革兰氏阴性多态细菌，从球杆菌到丝状杆菌，不形成芽孢和荚膜的多形性厌氧菌，小者呈球杆菌［(0.5～1.5)微米×1.5微米］；大者呈长丝状，其大小为（0.75～1.5）微米×(100～30)微米，且多见于病灶及幼龄犬培养物中。普通苯胺染料可以着色，用稀释石炭酸复红液或碱性美蓝加温染色时，则出现浓淡不均的着色。

【流行病学】该病侵害各种哺乳动物和禽类，偶尔也感染人。该菌广泛存在于自然界，在土壤中能生存30天，粪便中50天，尿液中15天。犬不分年龄、性别均可感染发病。常多发于多雨、潮湿和炎热季节，以5～10月份最为多见。特别是在饲养管理不良、圈舍潮湿、犬营养缺乏时，最易发病。

【临床症状】病变主要发生在犬的四肢，特别是脚趾部，表现为局部化脓、溃疡及坏死。初期创口小，附有少量脓汁，逐步发展为坏死，坏死灶中心凹陷，周围组织比较整齐，并向周围深部健康组织蔓延。重症病例若治疗不及时，往往在内脏器官形成转移性坏死灶而死亡。

成年犬病例多表现为坏死性皮炎和坏死性肠炎。坏死性皮炎主要经四肢损伤感染，病初出现瘙痒、肿胀、热痛、跛行。当脓肿破溃后流出脓汁，可能会发痒。若及时治疗则可在3～5天后治愈。坏死性肠炎则由于肠黏膜损伤感染所致，出现腹泻、消瘦。

【病理变化】病理变化因个别差异而不同，但死亡的犬剖检检查都可以在实质器官发现坏死灶，可引起坏死性肺炎、化脓性肝炎和心包炎，有的死亡犬在口前腔和胃肠黏膜有纤维素坏死性炎症。

【诊断】根据流行病学和临床症状可做出诊断，必要时可做细菌检查，从病、健组织交界处采取材料涂片，镜检可发现着色不匀细长丝状坏死杆菌。

【防治措施】

一是加强饲养管理，保证犬舍、犬床及笼具等表面光滑，无尖锐金属或木质毛刺，损坏要及时修理，以防刮伤藏獒。

二是本病的治疗原则为局部抗菌治疗及全身抗菌治疗。

① 局部治疗　对患部剪毛，清洗消毒，清除坏死组织、异物等，用3％双氧水或5％碘酊按1：20的比例冲洗创面，然后涂上碘酊，撒上硼酸粉或用提毒散或生肌散，再用绷带包扎，每隔2～3天换药1次。病情严重者，可用0.25％普鲁卡因10毫升、链霉素20毫克/千克体重进行局部封闭疗法。

② 全身治疗　可用10％葡萄糖注射液250毫升，配以头孢拉定（含量1.0克）2～3克，地塞米松（含量100毫克）1支静脉注射，5～7天为1疗程，重症者可用两个疗程。

（三）破伤风

破伤风又名强直症、锁口风，是由破伤风梭菌产生的特异性嗜神经性毒素所致的人畜共患性传染病，以引起全身肌肉强直性痉挛和对外界反应增强为特征。

【病原】破伤风梭菌是厌氧的革兰氏阳性杆菌，能形成芽孢，位于菌体一端，呈鼓槌状。有周鞭毛，能运动，无荚膜，极易死亡。本菌能产生两种毒素：一种为痉挛毒素，毒性很强，多于细菌的繁殖末期产生，能引起本病典型的症状；另一种为溶血毒素，能使红细胞崩解，导致局部组织坏死。其中毒性最强、对发病最为重要的是痉挛毒素。

本菌芽孢抵抗力很强，耐高温，煮沸10～15分钟后才能被杀死。但该菌的繁殖体用一般消毒药均能在短时间内杀死，用5％石炭酸15分钟，10％碘酊、10漂白粉、30％双氧水等10分钟可杀灭，3％福尔马林 24 小时也能将其杀死。

【流行病学】本菌在自然界分布极广，广泛存在于土壤和粪便中，各种动物和人均可感染。本病多散发，无季节性。通常有污染物经创伤处侵入而感染发病。本病由创伤感染，尤其创伤深、创口小、创伤内组织损伤严重、有出血和异物、创腔内具备无氧条件，适合破伤风梭菌芽孢发育繁殖的伤口，更易产生外毒素而致病。

【临床症状】本病潜伏期长短不一，一般于感染后 5～8 天内发病。受伤部位越接近中枢神经，则发病越迅速。创伤离大脑越近，病情越严重。本病的主要表现是全身肌肉强直性收缩及应激性增高，患病动物步态僵硬，尾巴高举，呈现典型的角弓反张姿势；瞳孔散大，屈肌反射降低，牙关紧闭，咀嚼及吞咽困难，流涎，眼瞬膜外露，面肌痉挛，病犬反射性兴奋增高，对声、光等刺激敏感，体温正常或偏高，终因呼吸中枢麻痹而死亡。

【诊断】根据创伤病史，结合临床症状，如能分离到菌体即可确诊。但要注意同急性风湿症、脑炎、狂犬病等区别。

【防治措施】

一是定期注射破伤风类毒素，对创伤应及时治疗。对深部开放性创伤，用 3％过氧化氢溶液充分消毒后全身抗感染处理，迅速注射破伤风抗毒素，并及时给予类毒素；在 30 天时，再用 1 次类毒素。做较大外科手术时，最好注射预防量的破伤风抗毒素。

二是本病的治疗原则为加强护理、消除病原、中和毒素、镇静解痉与其他对症治疗。破伤风发病后 4～7 天是治疗的关键，7 天后就逐渐缓解了，因此，发现患犬，应紧急予以抢救。

第一步是将患犬置于安静、温暖、避光的房中，因患犬怕声音的刺激，故应用脱脂棉球将患犬两耳的外耳道塞紧。

第二步是注射破伤风抗毒素，剂量为每千克体重 500～1000 单位，加入输液剂中静脉注射或肌内、皮下注射，每天 2 次，连用 2～3 天。

第三步是找到伤口后，用 3％双氧水冲洗伤口，或用 0.1％高锰酸钾冲洗，拭干后，涂 2％碘酊。

第四步是注射抗生素。常用青霉素、氨苄青霉素，静脉或肌内注射，1天2次，连用3～4天。

第五步是镇静解痉。25％硫酸镁注射液，每次1～2克，肌内或静脉滴注。牙关紧闭者，可用普鲁卡因青霉素，在咬肌处封闭治疗。

第六步是输液疗法。由于患犬不吃不喝，又有酸中毒的可能，因此每天用糖盐水或10％～25％葡萄糖，加入碳酸氢钠静脉注射。也可用口服补液盐加水，经直肠灌入，以达补液、补充营养、调节体内电解质平衡之作用。

（四）肉毒梭菌毒素中毒

犬肉毒梭菌毒素中毒症又称肉毒中毒，是因犬食入含有肉毒梭菌毒素的腐败肉类或饲料中肉毒梭菌产生的神经毒素——肉毒梭菌毒素而引起的一种中毒症，是人畜共患病。临床上以运动神经中枢和延脑麻痹及肠道功能障碍为主要特征。

【病原】肉毒梭菌（*C.botulinum*）为梭菌属的成员，为腐物寄生型专性厌氧菌。在适宜条件下可产生一种蛋白神经毒素——肉毒梭菌毒素，它是迄今所知毒力最强的毒素，对人的最小致死量为1微克，1毫克纯毒素能致死4×10^{12}只小鼠。根据毒素性质和抗原性不同，可将本菌分为A、B、C（1、2）、D、E、F、G等7个型别，通常以毒素分子和血凝素载体构成的复合物形式存在。肉毒梭菌毒素对胃酸和消化酶都有很强的抵抗力，在消化道内不会被破坏，其中C、D、E、F型毒素被蛋白酶激活后才显示出毒性。此外，生长最适温度28～37℃，毒素能耐pH3.6～8.5，产毒的最适pH为7.8～8.2。毒素对高温也有抵抗力（毒素经100℃15～30分钟才能破坏），在动物尸体、骨头、腐烂植物、青贮饲料和发霉饲料及发霉的青干草中，能保存多月。

【流行病学】肉毒梭菌芽孢广泛存在于自然界，土壤为其自然居留场所，动物肠道内容物、粪便、腐败尸体、腐败饲料及各种植物中都经常含有。自然发病主要是由于摄食了含有毒素的食物或饲料引起，病畜（人）一般不能将疾病传给健康者，就是说病畜

（人）作为传染源的意义不大，食入肉毒梭菌也可在体内增殖并产生毒素而引起中毒。

在畜禽中以鸭、鸡、牛、马较多见，绵羊、山羊次之，猪、犬、猫少见。兔、豚鼠和小鼠都易感；貂也有很高的易感性。易感性大小依次为单蹄兽、家禽、反刍兽及猪。

本病的发生除有明显的地域分布外，还与土壤类型和季节等有关。在温带地区，肉毒梭菌发生于温暖的季节，因为在 $22\sim37℃$ 范围内，饲料中的肉毒梭菌才能大量地产生毒素。在缺磷、钙的草场放牧的牲畜有舐啃尸骨的异食癖，更易发生中毒。饲料中毒时，因毒素分布不均，故不是吃了同批饲料的所有动物都会发病，在同等情况下，以膘肥体壮、食欲良好的动物发生较多。放牧盛期的夏季、秋季发生较多。

【临床症状】病犬潜伏期及症状与其摄入毒素的量有关，一般多为 $4\sim20$ 小时，长的可达数日。犬突然发病，初期可见病犬口吐白沫，随后从后肢到前肢发生进行性衰弱、对称性麻痹，进而引起四肢瘫痪，但尾巴仍可摇动。病犬反射机能减弱，触之无反抗，肌肉松弛，瞳孔散大，但意识清醒。患犬下颌肌及咬肌麻痹，下颌下垂，流涎，咀嚼吞咽困难，两耳下垂无力，两眼有脓性分泌物；视觉障碍，眼睑反射能力较差。严重的病犬可见腹肌和膈肌的张力降低，出现呼吸困难、心功能紊乱、卧地不起、头下垂、大小便失禁等症状，最终窒息死亡。

【病理变化】剖检无特殊的变化，所有器官充血，肺水肿，膀胱内可能充满尿液。

【诊断】依据特征性症状，结合发病原因进行分析，可作出初诊。确诊需采集病畜胃肠内容物和可疑饲料，加入 2 倍以上无菌生理盐水，充分研磨，制成混悬液，置室温 $1\sim2$ 小时，然后离心（血清或抗凝血等可直接离心），取上清液加抗生素处理后，分成 2 份：一份不加热，供毒素试验用；另一份 $100℃$ 加热 30 分钟，供对照用。可选择以下实验用动物进行试验，如检出毒素后需作毒素型别鉴定。

应注意与其他中毒、低钙血症、低镁血症、葡萄穗霉中毒和其他急性中枢神经系统疾病相鉴别。

【防治措施】

一是注意饲料保管，注意清洁卫生，防止腐败，不给犬饲喂腐败变质的饲料。

二是加强饲料调制，对于动物性饲料，饲喂前应加热煮沸。保证钙、磷平衡，防止犬舔食污水、尸骨等。

三是严格处理动物死尸，应进行焚烧或深埋处理。对污染地区的犬每年应用多价灭活苗进行免疫接种。

四是治疗原则为解毒和补液。

① 抗毒素治疗　应用多价抗毒素治疗，毒型确定后可用同型抗毒素，每只犬可肌内或静脉注射 3～5 毫升，在摄入毒素后 12 小时内均有中和毒素的作用，早期应用比晚期应用效果显著。

② 对症治疗　用硫酸卡那霉素注射液 5 万单位/千克体重，2 次/日；或用先锋霉素 0.5 克，维生素 B_1 50 毫克，维生素 C 1 克，10％安钠咖 5 毫升，生理盐水 250 毫升，混合后一次静脉滴注，轻者连用 2 天，重者连用 4 天。

出现腹水的，穿刺放出腹水，青霉素 160 万国际单位、链霉素 100 万国际单位，向腹腔注射。

③ 补液疗法　5％葡萄糖盐水 100～1000 毫升、5％碳酸氢钠注射液 10～50 毫升，混合静脉滴注。

（五）犬链球菌病

链球菌病是由一大类致病性化脓性链球菌引起的一种人畜共患性疾病，在人和多种动物能引起败血症、乳房炎、关节炎、脑膜炎等疾病。对犬主要危害仔幼犬，成犬多为局部化脓性病灶。世界各地都存在，在我国也屡有发生。

【病原】引起犬链球菌病的病原主要是马链球菌兽疫亚种和肺炎链球菌。马链球菌兽疫亚种原称兽疫链球菌，属化脓链球菌组。本菌革兰氏染色阳性，呈球形，无芽孢，无动力，过氧化氢酶阴性，不耐热（55～60℃30 分钟即可杀死），为兼性厌氧菌。最适生长温度为 37℃，pH 值为 7.4～7.6，在普通培养基中生长不良。在液体培养基中生长时为成对或成链状排列的球菌。易被各种常用消毒药杀灭，但对各种自然因素却有一定的抵抗力。在痰、渗出物及动物排泄物中可生存数周，在尘埃中无日光照射时可生存数日。

【流行病学】链球菌广泛分布于自然界，从水、尘埃、乳汁、健康人的鼻咽部、人及动物粪便中皆可检出。大部分是由伤口、呼吸道或尿道感染引起的。新生仔犬患本病可通过母乳垂直传播，另外，卫生消毒不严格，经产道、脐带等感染也可发病。

【临床症状】仔犬感染后发生急性败血症。特别是感染后发生菌血症，体温升高，出现卡他性肠炎乃至出血性肠炎，脐部感染发炎，多数转移至关节而发生关节炎，最后因败血症死亡。主要表现为虚弱、咳嗽、呼吸困难、发热、呕血和血尿。成年犬多发生皮炎、淋巴结炎、乳房炎和肺炎，母犬出现流产。

链球菌可引起犬中毒性休克综合征和坏死性筋膜炎。动物表现为发热，感染部位极度疼痛，局部发热和肿胀，筋膜有大量渗出液积聚，筋膜和脂肪组织坏死。由伤口、呼吸道或尿道感染引起的，起初可能有皮肤溃疡和化脓，并伴有淋巴结肿大，随后发展为深度的蜂窝织炎等，动物往往有败血症性休克症状。

【病理变化】剖检死亡犬，轻者肝肿大，质脆；肾轻度肿大，有出血点。严重者腹腔积液，肝脏有化脓性坏死灶；肾肿大，严重出血，呈花斑状；胸腔积液为纤维性和脓性；肺化脓性坏死，心内膜有出血斑点。所有病犬中，全身淋巴结和脾脏未见任何病变。

【诊断】根据流行病情况、临床症状、病理剖检及微生物检查等可作出初步诊断。主要通过细菌学检查进行确诊。无菌采取母乳、死亡仔犬胸腹积液涂片，革兰氏染色，镜检可见革兰氏阳性、成对或呈短链的球菌，成对排列占多数。然后，进行细菌学分离、培养，做生化实验、药物实验以及动物实验即可定性。

【防治措施】

一是搞好卫生消毒。为控制本病的发生，应在母犬分娩前后注意环境卫生消毒和母犬的卫生保洁，热敷乳房，清洗阴门，断脐消毒彻底。

二是治疗原则为抗菌和对症治疗。一般对母犬分娩后应进行全身抗感染治疗，可用青霉素、链霉素等。仔犬若出现临床症状应结合药敏实验结果，选择敏感抗生素。同时做好保温护理工作。严重病犬可通过腹腔补液纠正水、电解质平衡。

可用注射用青霉素钠 40 万～160 万国际单位（青霉素用前必须做皮试）、注射用硫酸链霉素 0.5～1 克、注射用水 5～10 毫升，肌内注射，每天 2 次，连用 2～3 天；或者用 5％葡萄糖注射液 250 毫升、林格氏液 250 毫升、25％维生素 C 注射液 4 毫升，一次静脉滴注；也可用 5％葡萄糖氯化钠注射液 250～500 毫升、5％碳酸氢钠注射液 20 毫升，一次静脉滴注。

（六）犬钩端螺旋体病

犬钩端螺旋体病是由致病性钩端螺旋体感染引起的，以短期发热、黄疸、血红蛋白尿、母犬流产和出血性素质为特征。钩端螺旋体病是一种重要而复杂的人和多种动物共患的传染病。犬对本病也很易感，世界各国均有发生。

【病原】钩端螺旋体是具有螺旋状结构的，一端或两端弯曲呈钩状的微生物。个体纤细，长 6～30 微米，宽 0.1～0.2 微米，螺旋弯曲旋宽 0.2～0.3 微米，螺距 0.3～0.5 微米。钩端螺旋体对酸、碱均敏感。加热至 50℃ 30 分钟，阳光直接照射 2 小时均可杀死。潮湿是其存活的重要条件，对冷冻抵抗力强，在含水的泥土中可存活 6 个月，在低温下−70℃毒力可保持数年，这在本病的传播上有重要的意义。常用消毒液均可将其杀死。

【流行病学】钩端螺旋体很容易穿过消化道黏膜、生殖道黏膜、鼻黏膜和眼结膜，也可从破损的皮肤侵入。钩端螺旋体侵入机体后很快进入血液，积聚于肝脏和肾脏，最后定位于肾脏生长繁殖。发病或带菌动物是本病的主要传染源，呈散发。

（1）犬传染性黄疸型　鼠类是本病的主要传染源。在温暖季节多发，主要采食了被鼠尿等污染的饲料或饮水而经口和经结膜感染，也可经鸟类传播。本病多为散发，主要侵害幼犬。

（2）犬伤寒型　病犬和健康带菌犬是主要传染源，病原随排泄物排出体外，污染周围环境。犬经黏膜或受伤的皮肤等途径感染，雄犬的发病率较高。

通过性交感染的可能性很大，因公犬有用鼻和舌头嗅舔自己或母犬生殖器的习惯。

犬和鼠均是钩端螺旋体的重要宿主，康复犬经尿液排毒可达几个月，甚至更长。鼠呈亚临床感染，但长期从尿液排出病菌，在适合的温度和条件下污染周围环境，成为自然界的疫源地，从而引起接触的人和其他动物发病。吸血昆虫也能传播本病，偶尔也可经胎盘传染给下一代。

【临床症状】潜伏期一般为5～15天。临床症状和预后主要与感染钩端螺旋体的血清有关。感染黄疸出血群钩端螺旋体的病犬，多呈急性出血型或黄疸型经过，症状严重，多预后不良，但也有部分感染犬呈现以肾炎型为主的亚急性经过。犬群钩端螺旋体的感染率最高，临床上主要为肾炎型为主的亚急性或慢性过程，预后良好。

（1）出血性黄疸型　几乎无潜伏期，病犬突然发病，精神沉郁，短期体温升高，呕吐，体质虚弱，肌肉僵硬及疼痛，四肢乏力，常呈坐姿而不愿走动，食欲废绝，眼结膜和口腔黏膜充血、出血，呼吸促迫，心律不齐，体表淋巴结肿胀，70％的病犬出现黄疸和血便，尿液浑浊色浓，呈豆油色。病犬最后因极度衰弱而死亡，病程很短，往往于发生黄疸后3～5天死亡，个别病犬发病几小时后就死亡，如能耐过1周以上，多数能治愈。

（2）亚急性肾炎型　病犬精神沉郁，食欲减少，体温升高，可视黏膜充血，部分病例可见溃烂和出血，肌肉疼痛不愿活动。病情急剧加重时，则发展为尿毒症，出现呕吐、血便、无尿、臭尿或脱水等症状。后期病犬常出现慢性肾炎症状，触诊肾肿大。亚急性病犬经及时有效的治疗，多预后良好。大多数病犬死于尿毒症。

【病理变化】剖检病犬能发现皮下组织黄染，并常有坏死灶，浆膜和黏膜出血。肝脏肿大，呈黄褐色或红褐色。肾脏肿大，表面有灰白色、灰色灶，有时可见出血点。淋巴结发生浆液性、卡他性或增生性淋巴结炎，肿大。心肌脆弱，呈红色，切面横纹消失，间或有奶黄色条纹。胃肠黏膜水肿、出血，呈黑色。

【诊断】根据体温升高、黏膜黄染及有出血点，尿液黏稠呈豆油色，红细胞减少，白细胞增多，核左移等变化或根据临床症状、流行病学及剖检变化，可作出初步诊断，确诊需进行实验室病原学和血清学检查。

【防治措施】

一是平时要做好防鼠、灭鼠、灭蜱工作，消除各种带菌动物。

二是消毒和清理被污染的水源、犬舍、用具及周围环境防止传染和扩散。消毒可用 2%～5%漂白粉溶液，或 2%氢氧化钠、3%来苏儿溶液。

三是做好免疫接种工作，定期接种抗钩端螺旋体病疫苗。幼犬一般在第一年以间隔 2 周左右时间共接种疫苗 3 次，成年犬每年接种 1～2 次。

四是对发生过钩端螺旋体病的犬群，应在检查确定无钩端螺旋体病的同时，针对犬群进行 1 次紧急接种。

五是加强人员防护，防止人体感染。

六是治疗原则为抗菌和对症治疗。应根据病情对症治疗，青霉素和链霉素都是治疗钩端螺旋体病的首选药物。其中链霉素对清除肾脏内的钩端螺旋体具有比较好的效果。青霉素（1 千克体重/2 万单位）和链霉素（1 千克体重/45～60 毫克）肌内注射，每日 2 次，连用 5～7 天。

表现尿毒症时，用 5%或 10%葡萄糖静脉滴注，速尿（2～4 毫克/千克体重）肌内注射，每日 2 次；或进行血液透析。

为维护心脏功能，应给予强心剂，同时应注意保肝、止吐、防止贫血和酸中毒。

三、寄生虫病

（一）球虫病

球虫病是由等孢属球虫引起的一种肠道原虫病，是侵害藏獒幼犬的主要寄生虫病。临床主要表现为肠炎症状。当环境卫生条件不好和饲养密度较大时可使疾病严重流行，感染率和发病率均较高。

【病原】常见的有 3 种等孢属球虫，寄生于犬肠道上皮细胞内。从犬粪中排出的卵囊呈卵圆形或椭圆形，无色，无微孔，囊壁两层，光滑。卵囊在外界环境中进行孢子生殖，孢子化时间为 20 小时。卵囊（孢子化卵囊）在 100℃ 时 5 秒钟被杀死，干燥空气中几天内死亡。病犬和带虫的成年犬是主要的传染源，感染途径是消化道。此属球虫除感染犬外，尚可感染人、猫及其他肉食动物。

【生活史】该球虫寄生于犬的小肠黏膜上皮细胞内，它以无性繁殖许多代（裂体生殖），产生许多新裂体芽孢。经过若干裂体生殖后，进行有性繁殖，形成很多大孢子和小孢子，大、小孢子进入肠管内，并在肠管内结合，受精后的大孢子为卵囊，随粪便排出体外。卵囊在外界适宜的条件下，1 天或几天后即可完成孢子发育（孢子化）。此时卵囊内含有 2 个孢子囊，每个孢子囊内有 4 个子孢子。孢子化的卵囊具有感染性，当犬吞食孢子化卵囊后即可感染。

【症状】急性期病犬排泄血样黏液性便，并混有脱落的肠黏膜上皮细胞。严重的病犬，被毛无光，进行性消瘦，食欲废绝。继发细菌感染时，体温升高，病犬可因衰竭而死。老龄犬抵抗力较强，常呈慢性经过。临床症状消退后，即使排便正常，仍有卵囊排出达数周至数月之久。

【诊断】用饱和盐水浮集法检查粪便中有无球虫卵。死亡犬剖检，可见小肠黏膜上卡他性炎症，球虫病灶处常发生糜烂。慢性经过时，小肠黏膜有白色结节，结节内充满球虫卵囊。

【防治措施】预防本病应采取综合性兽医卫生措施。本病的发生主要是由于病犬及带虫犬对场地的污染，因此，平时应加强饲养管理，防止犬乱跑。一旦发现病犬，及时隔离治疗，消灭鼠类、蝇类及其他昆虫，杜绝卵囊的传播。此外，可用药物预防，用氨丙啉溶液（每 100 毫升水含 0.9 克）母犬产仔前 10 天开始饮用，幼犬可连续用 7 天；也可用氨丙啉 50 毫克/日，连喂 7 天。幼犬开食时用百虫清按 15 毫克/千克体重，口服 1 次，也可取得较好的预防效果。平时注意消灭蝇鼠，保持犬舍干燥、卫生。病犬粪便做无害化处理。

治疗原则以驱虫、消炎、对症治疗为主。治疗犬球虫病，磺胺类药物有特效。磺胺二甲氧嘧啶 100 毫克/千克体重，口服，连用 2～3 周，停药 7 天后，再服 1～2 个疗程；或用磺胺嘧啶首次量为 0.14～0.2 克/千克体重，口服或静脉注射，随后按 0.11 克/千克体重用药，2 次/日；也可用百球清（百球清口服液每毫升含 25 毫克甲苯三嗪酮），配合中药（球虫九味散：僵蚕 50 克、大典 25 克、桃仁泥 25 克、地鳖虫 25 克、生白术 15 克、川桂枝 15 克、白茯苓 15 克、泽泻 15 克、猪苓 15 克组成。按 3 克/千克体重，煎汁口服，每天 2 次）治疗球虫，用药时间短，疗效也很好；当便血时，用维生素 K_3 10 毫克/千克体重，肌内注射，如有条件，可给幼犬输全血。同时应对症治疗脱水及心力衰竭。

抗球虫的药物较多，但应注意药物的选择，犬场经常使用磺胺类药物时，应考虑球虫对其产生的耐受性。

（二）蛔虫病

犬蛔虫病是由犬蛔虫和狮蛔虫寄生于犬的小肠和胃内而引起的疾病。本病主要危害藏獒幼犬，影响幼犬的生长发育，严重感染也可导致病犬死亡。1～3 个月的藏獒幼犬最易感染，是幼犬最常见的一种寄生虫病。

【病原】犬的蛔虫主要有两种：一是犬弓首蛔虫，这是幼小犬寄生的主要蛔虫；二是狮弓首蛔虫，常发生于成年犬。成年犬为两种蛔虫的终末宿主。还有一种在犬中很少寄生的蛔虫是猫弓首蛔虫。犬弓首蛔虫，呈淡黄白色，头端有 3 片唇，体侧有狭长的颈翼膜。犬蛔虫的特点是在食道与肠管连接处有 1 个小胃。雄虫长 50～110 毫米，尾端弯曲；雌虫长 90～180 毫米，尾端直。虫卵圆形，大小为 68 微米×74 微米；狮弓首蛔虫，颜色、形态与犬蛔虫相似，但无小胃。雄虫长 35～70 毫米，雌虫长 30～100 毫米。虫卵似圆形，大小为 49 微米×86 微米。

【生活史】犬蛔虫卵随粪便排出体外，在适宜条件下发育为感染性虫卵。3月龄以内的仔犬吞食了感染性虫卵后，在肠内孵出幼虫，幼虫钻入肠壁，经淋巴系统到肠系膜淋巴结，然后经血流到达肝脏，再随血流达肺脏，幼虫经肺泡、细支气管、支气管，再经喉头被咽入胃，到小肠进一步发育为成虫，全部过程4～5周。年龄大的犬吞食了感染性虫卵后，幼虫随血流到达身体各组织器官中，形成包囊，幼虫保持活力，但不进一步发育；体内含有包囊的母犬怀孕后，幼虫初激活，通过胎盘移行到胎儿肝脏而引起胎内感染。胎儿出生后，幼虫移行到肺脏，然后再移行到胃肠道发育为成虫，在仔犬出生后23～40天已出现成熟的犬蛔虫。新生仔犬也可通过吸吮初乳而引起感染，感染后幼虫在小肠中直接发育为成虫。

蛔虫虫卵在外界适宜的条件下，发育为感染性虫卵，被犬吞食后，幼虫在小肠内逸出，进而钻入肠壁内发育后返回肠腔，经3～4周发育为成虫。

【症状】主要症状大致为渐进性消瘦、贫血、可视黏膜发白、营养不良、被毛粗乱无光、食欲不振、呕吐，偶见呕吐物中有虫体；异嗜，消化功能障碍，隔腹触压肠管，大量虫体寄生时可感到肠管套叠界线。有腹痛症状，患犬不时叫唤。出现肠穿孔、肠套叠或梗阻时，患犬全身情况恶化而死亡。偶有咳嗽。由于蛔虫毒素的作用还可引起癫痫样神经症状。

【诊断】根据临床症状，即可确诊。实验室检查可采用饱和盐水浮集法或直接涂片法，检验粪便内的虫卵进行确诊。

【防治措施】

一是采取综合性兽医卫生措施，要认真搞好犬舍环境、食槽、食物的清洁卫生，及时清除粪便，并进行发酵处理。

二是定期检验和驱虫。幼犬在2个月左右一定要进行驱虫。成年犬每季检查1次，发现病犬，立即进行驱虫。

三是治疗原则以驱虫、消炎、对症治疗、增加营养为主，可用枸橼酸哌嗪（驱蛔灵）200毫克/千克体重，内服，对成虫有效，而按每千克体重200毫克口服，则可驱除1～2周龄仔犬体内的未成熟犬；或用左旋咪唑，8～10毫克/千克体重，内服，每日1次，连用5～30日；或用伊维菌素，0.2毫克/千克体重，皮下注射，1次；或用丙硫苯咪唑，25～50毫克/千克体重，内服，每日2次，连用7～14日。

（三）钩虫病

犬钩虫病是由犬钩虫、狭头钩虫寄生于犬的小肠尤其是十二指肠中所引起的，以贫血、黑色柏油状粪便、胃肠功能紊乱及营养不良为特征的一种犬的常见寄生虫病。

【病原】寄生于犬的钩虫有犬钩虫、巴西钩虫、锡兰钩虫和狭头钩虫等，引起犬钩虫病的病原，常见的是犬钩虫与狭头钩虫。对藏獒致病性较强的是犬钩虫和巴西钩虫。

犬钩虫为淡黄白色小线虫，头端稍向背侧弯曲，口囊很发达，口囊前缘腹面两侧各有3个犬齿，各齿向内呈钩状弯曲。雄虫长10～12毫米，雌虫长14～16毫米。狭头钩虫两端稍细，较犬钩虫小，口囊前缘腹面两侧各有1片半月状切板。雄虫长5～8.5毫米，雌虫长7～10毫米。

钩虫的虫卵形态都很相似，无色，呈椭圆形，两端较钝，新鲜虫卵内含2～8个卵细胞。

【生活史】犬钩虫卵随粪便排出体外，在外界温度（28～32℃）和湿度合适的情况下发育，经12～30小时孵出幼虫（杆状蚴），再经1周左右，蜕化为感染性幼虫（带鞘丝状蚴）。犬通常经口感染，也可经皮肤和黏膜感染。当幼虫经口进入宿虫体后，停留在肠内，脱去囊鞘，逐渐发育为成虫。当幼虫经皮肤侵入时，钻入外周血管，移行到肺泡和气管，随痰进入口腔，吞下后到小肠发育为成虫。犬钩虫还可通过胎盘、初乳感染。狭头钩虫的生活史与犬钩虫相似，但以经口感染较为多见。

【症状】犬钩虫病和狭头钩虫病多发生于夏季，严重感染时，病犬出现食欲减退或不食、呕吐、下痢，典型症状排出的粪便带血，色呈黑色、咖啡色或柏油色。可视黏膜苍白、消瘦、脱水。红细胞数下降到400万/毫米^{3}以下，比容下降至20%以下。患犬可极度衰竭死亡。

临床症状的轻重很大程度上取决于感染程度。轻度感染时病犬表现贫血、消瘦、生长发育不良、异食、呕吐、下痢等症状。严重感染时病犬表现食欲不振或废绝，消瘦，眼结膜苍白，贫血，弓背，拉黏液性血便或带有腐臭味的焦油状便，最后因极度衰竭而死亡，一般多见于幼犬；由胎盘或初乳感染的仔犬，于出生2周左右，食乳量减少或不食，精神沉郁，不时叫唤，严重贫血，昏迷死亡；若幼虫大量经皮肤侵入，病犬可发生钩虫性皮炎，引起局部（以爪部、趾间为主）发红、瘙痒、脓疱、皮炎，并可能继发细菌感染，躯干呈棘皮症和过度角化。少数病犬因大量幼虫移行至肺部，可引起肺炎。

【诊断】根据临床症状，如贫血、血便、消瘦、营养不良等均可考虑本病。取粪便进行饱和盐水浮集法，在显微镜下镜检，发现钩虫卵可确诊。

【防治措施】

一是应保持犬舍清洁干燥，及时清理粪便。对笼舍的木制部分用开水浇烫，铁制部分或地面用火焰消毒，可搬动的用具可移到户外曝晒，以杀死虫卵。

二是治疗原则为驱虫、消炎、输液、补充电解质和蛋白，对严重贫血的犬进行输血治疗。

驱虫可用商品制剂为4.5％二碘硝基酚溶液，1次皮下注射，剂量为每千克体重0.22毫升（10毫克），对犬的各种钩虫驱虫效果接近100％。该药对犬蛔虫、鞭虫、绦虫和肺吸虫效果不佳。此外，也可应用左旋咪唑5～10毫克/千克体重或丙硫咪唑10～15毫克/千克体重或甲苯咪唑22毫克/千克体重，口服，每天1次，连用3天，必要时2周后可重复用药1次。或用阿维菌素或伊维菌素制剂，0.2毫克/千克体重，一次性皮下注射。

对于重度感染病例，应结合采取对症治疗，如输血、补液、消炎、止血、止泻等。

（四）犬心丝虫病

犬心丝虫病也称犬恶丝虫病，是由犬心丝虫寄生于犬的右心室和肺动脉而引起的血液寄生虫病，临床上以血液循环障碍、呼吸困难及贫血为主要特征。犬心丝虫病是全世界许多地方的常见疾病，在我国也分布甚广，几乎全国各地均有发生。本病不仅感染犬，几乎所有在发生心丝虫病的区域中未被保护的动物（猫及其他野生肉食动物等）都有可能感染，另外，免疫力不全的人遭受病媒不停的叮咬，很容易被犬恶丝虫感染。

【病原】虫体呈微白色。雄虫长 12～18 厘米，末端有 11 对尾乳突，分为肛前 5 对，肛后 6 对。交合刺两根，不等长。雌虫长 25～30 厘米，尾端直，阴门开口于食道后端，约距头端 2.7 厘米。成虫常纠缠成几乎无法解开的团块，也可游离或被包裹而寄生于犬心脏的右心室和肺动脉中，个别寄生于肺动脉支和肺组织，还有的见于皮下和肌肉间组织中。其幼虫——微丝蚴无鞘，周期性不明显，但以夜间出现较多。多寄生于血液中，做蛇行或环行运动，经常与血细胞相碰撞。由于该寄生虫的生活史所需的中间宿主是吸血昆虫——蚊子等，因此每年蚊子最活跃的 6～10 月为该病的感染期，其中感染最强期是 7～9 月。

【生活史】犬恶丝虫成虫雌雄交配后，受精卵在雌成虫的子宫内发育和孵化，向血液中排出长约 0.3 毫米的微丝蚴（存活至少 1 年）。当中间宿主（蚊、蚤等）吸患犬血时，微丝蚴进入其体内，经约 2～2.5 周发育成对犬有感染能力，约 1 毫米长的成熟子虫。当蚊等带虫的中间宿主叮咬健康犬时，成熟子虫即从其口器中逸出，钻进健康犬的皮孔中，开始在皮下结缔组织、肌间组织、脂肪组织和肌膜下发育。被叮咬感染犬 3～4 个月后，体内虫体长达 3～11 厘米并进入静脉，移行至右心室，被称为未成虫；再在右心室或肺动脉内继续发育约 3～4 个月，发育为成熟的成虫。微丝蚴经蚊等中间宿主和感染犬体内发育为成虫约需 6～7 个月的时间。成虫在右心室和后腔静脉、肝静脉、前腔静脉再到肺静脉的毗邻血管内约有 5～6 年的寄生时间，在此期间内不断产生微丝蚴。

【症状】感染恶丝虫的犬初期多数没症状。随着病情发展，患犬会出现精神不振、食欲不佳等，偶有咳嗽，运动时加重，易疲劳。随后心悸亢进，脉细弱有间歇，并出现心内杂音；肝区触诊疼痛，肝脏肿大。病情恶化后，患犬发生心因性恶病质，右心功能衰竭导致腹水，严重时出现持续性的咳嗽、呼吸困难，甚至咯血。临床可检出血红蛋白尿和血小板减少症。病程长的患犬肺源性心脏病十分明显。最终全身衰弱或虚脱死亡。患犬常伴发以瘙痒和倾向破溃的多发性灶状结节为特征的皮肤病。

【诊断】根据临床检查结合外周血液内微丝蚴检查，进行确诊。当检查微丝蚴时不易辨认或怀疑隐性感染时，可用超声波或免疫学方法检查。

【防治措施】

一是搞好环境及藏獒犬体卫生，防蚊灭蚊，消灭野犬，切断传染源。

二是定期给予犬心丝虫之预防药物，防止吸血昆虫（蚊、蚤等）的叮咬，扑灭蚊蚤，为本病预防之道。犬、猫于4个月大时，即可进行心丝虫之预防，文献指出，犬、猫于6月龄前血液中不会出现心丝虫幼虫，故于6月龄前进行心丝虫预防是不需先进行检验的，超过6月龄再进行预防则建议先检验是否感染较稳妥。

采用药物预防可用乙胺嗪（海洋生）内服剂量6.6毫克/千克体重，在蚊蝇活动季节应连续用药。对微丝蚴阳性犬，严禁使用乙胺嗪，必须先用药杀灭成虫和微丝蚴后，才可使用乙胺嗪进行预防。

三是治疗可采取手术治疗和药物驱杀两种方法。

① 手术治疗　用心丝虫夹虫手术法暂时减少恶丝虫的寄生量，减轻腔静脉和右心负担，病情缓解后再行驱虫以降低治疗的危险性。

② 药物驱除成虫　可用硫砷酰胺钠，剂量为2.2毫克/千克体重，缓慢静脉注射，每天2次，连用2天。在治疗前、中、后，给予阿司匹林对犬有益；或用盐酸二硫苯砷，剂量为2.5毫克/千克体重，用蒸馏水稀释成1%溶液，缓慢静脉注射，每隔4～5天1次，该药驱虫作用较强。

③ **药物驱除微丝蚴**　驱除成虫和微丝蚴之间相隔 6 周时间。可以用碘化噻唑青胺，每千克体重 5 毫克，口服，每日 2 次，连用 7～10 天；或者用伊维菌素 0.2 毫克/千克体重，1 次皮下注射；也可用 7%倍硫磷溶液 0.2 毫升/千克体重，皮下注射，必要时间隔 2 周重复 1 次。使用倍硫磷前后不要用任何杀虫剂或具有抑制胆碱酯酶活性的药物。

④ **药物治疗的副作用**　死亡虫体及幼虫可能在血管内形成栓子，导致组织器官的缺血或因死亡虫体膨胀而栓塞，造成患犬仰头急喘，腹式呼吸甚至猝死。所以，在治疗期间必须注意适当限制患犬的运动。

⑤ **对症治疗**　除投给利尿、镇咳、肾上腺皮质激素类、保肝等药物外，有人主张使用抗血小板药唑嘧胺，每千克体重 5 毫克，口服，对本病治疗有一定作用。

（五）旋毛虫病

旋毛虫病是由旋毛虫的成虫和幼虫寄生于同一犬体而引起的一种重要的人兽共患寄生虫病。临床上常表现出非特异性胃肠炎、肌肉疼痛、嗜酸性细胞增多、呼吸困难和伴有高热等症状。由于犬有吃动物尸体或粪便的习性，故农、牧区养犬有很多机会感染。本病广泛分布于世界各地，在公共卫生上较为重要，对人可引起严重疾病，死亡率颇高。

【病原】旋毛虫为一种很小的线虫。成虫寄生在小肠的肠壁上，虫体前半部为食道，后部较粗，生殖器官为管形。雄虫长 1.4～1.6 毫米，无交合刺，后端有两叶交配附器。雌虫长 3～4 毫米，阴门位于食道中央，直接产生幼虫。幼虫长为 0.1～1.5 毫米，在骨骼肌纤维之间发育并形成包囊。

【生活史】旋毛虫广泛地寄生于人、犬、猪、猫、鼠等多种动物体内，已知有 100 多种动物在自然条件下可以感染旋毛虫病。当犬采食了含有活的幼虫的肉类后，幼虫在胃内破囊而出，在小肠内经 40 小时发育为成虫。经 7～10 天产出幼虫。其成虫寄生于小肠（肠旋毛虫）；幼虫寄生于犬的各部肌肉内（肌旋毛虫）。雄虫在交配后，绝大多数由肠道排出；而雌虫于交配后第 5 天开始产幼虫，通常持续 4～6 周。1 条雌虫可产幼虫达 1500 条左右。幼虫随淋巴经胸导管流入前腔静脉和心脏，然后随血液散布到全身，在骨骼肌纤维间经 1～3 个月形成包囊，被侵害的肌纤维变性，6 个月后包囊开始钙化，囊内幼虫可存活数年。若钙化波及虫体，幼虫则迅速死亡。

【症状】犬感染旋毛虫后一般无明显临床症状，感染初期表现为胃肠炎症状，如食欲减退、呕吐和腹泻等。幼虫移行至横纹肌而引起肌炎，出现肌肉疼痛、运行障碍、流涎、呼吸和咀嚼困难、麻痹、发热、消瘦、嗜酸性粒细胞增多。有的出现眼睑和四肢水肿。4～6 周后症状逐渐消失，成为长期带虫者。

【诊断】犬旋毛虫病在犬生前诊断较困难，必要时可采取肌肉做活体组织检查。怀疑犬生前有感染时，可用活组织穿刺器采取一小块舌肌压片检查；还可采用皮内反应和沉淀反应等方法进行诊断。死后病犬是在肌肉中发现幼虫予以确诊。

可采取膈肌左右角（或腰肌、腹肌）各 1 小块，再剪成麦粒大的小块 24 块，用厚玻片压片镜检。发现包囊或尚未形成包囊的幼虫即可确诊。

【防治措施】

一是加强对本病的预防，搞好卫生，消灭鼠类，并将其尸体烧毁或深埋。禁止随意抛弃动物尸体或内脏。对检出旋毛虫的尸体，应按规定严格处理。

二是用以喂犬的生肉必须经过卫生检验，证明无旋毛虫才可饲喂。在喂藏獒动物性食物时，提倡熟食，不喂生的或未充分煮熟的肉食。这是预防本病发生的主要措施。

三是犬旋毛虫病尚无特效疗法，治疗原则以驱虫、消炎为主。可用甲苯咪唑 25～40 毫克/千克体重，分 2～3 次喂服，连用 2 天，能驱杀肠道中的成虫和肌肉中的幼虫。用丙硫苯咪唑 25～40 毫克/千克体重，每日 2～3 次喂服，5 天为 1 疗程，或用噻苯唑喂服都有效。能驱杀成虫及肌肉内的幼虫。

（六）绦虫病

绦虫病主要是由假叶目和圆叶目的各种绦虫的成虫寄生于犬的小肠而引起的常见寄生虫病。在犬的肠道寄生虫中，绦虫是最长的一种，种类很多，可造成犬营养不良、消瘦、贫血、胃肠道症状及神经症状，重者可导致全身衰弱死亡。绦虫对犬的健康危害很大，其危害还在于绦虫蚴体可感染人和各种家畜，危害生命，造成经济损失。

【病原及生活史】

（1）犬绦虫（犬复孔绦虫、瓜实绦虫）　虫体呈淡红色，长10～50厘米。成熟体节长7毫米，宽2～3毫米，呈长卵圆形，外观如黄瓜籽。每个成熟节片含雌雄两套生殖器官，生殖孔开口于体节两侧的中央部。蚤类及犬毛虱为犬绦虫的中间宿主，在其体内发育为似囊尾蚴。终宿主吞食了含似囊尾蚴的蚤或虱而被感染，在小肠内约经3周发育为成虫。

（2）线中绦虫（中线绦虫）　虫体长30～250厘米，最宽处为3毫米。成熟节片近方形，每节有一套生殖器官，子宫位于节片中央而呈纵的长囊状，故眼观该种绦虫的链体中央部位有一纵线贯穿。已知中线绦虫需两个中间宿主：第一中间宿主为食粪的地螨，在其体内形成似囊尾蚴；第二中间宿主为蛇、蛙、鸟类及啮齿类，在它们体内形成四槽蚴，多在第二中间宿主的腹腔或肝、肺等器官内发现。四槽蚴被终宿主吞食后，经16～20天变为成虫。

（3）泡状带绦虫（边缘绦虫）　虫体长75～500厘米，前部节片宽而短，向后节片逐渐加长，成熟体节（10～14)毫米×（4～5)毫米。子宫有5～10对大侧支再分小支，每个节片有一套生殖器官，生殖孔在节片一侧不规则地交互开口。中间宿主为牛、羊、猪等家畜，幼虫为细颈囊尾蚴，寄生在中间宿主的肝脏、大网膜及肠系膜等处，犬吞食含细颈囊尾蚴的内脏而被感染，经36～73日在小肠发育为成虫。

（4）豆状带绦虫（锯齿绦虫）　虫体长60～200厘米，生殖孔不规则地在节片一侧交互开口，稍突出，使虫体侧缘呈锯齿状，成熟体节（10～15）毫米×（4～7）毫米；子宫有 8～14 对侧支。中间宿主为家兔和野兔，幼虫为豆状囊尾蚴，寄生于兔的肝脏、网膜、肠系膜等处。犬吞食含豆状囊尾蚴的内脏，经 35～46 日发育为成虫。

（5）多头带绦虫（多头绦虫）　虫体长 40～100 厘米，最宽处为 5 毫米，子宫有 9～26 对侧支。中间宿主为牛和羊，幼虫为多头蚴（脑共尾蚴），寄生于中间宿主脑内，有时也见于延脑或脊髓中。犬吞食含多头蚴的脑而被感染，约经 41～73 天发育为成虫。

（6）细粒棘球绦虫　虫体由 1 个头节和 3～4 个节片组成，全长不超过 7 毫米。成熟节片内有一套生殖器官，孕节长度超过虫体全长的一半，子宫呈囊状，没有侧支，只有一些突起。细粒棘球绦虫的幼虫为棘球蚴，寄生于多种动物和人的肝、肺及其他器官中，犬吃了含棘球蚴的脏器而被感染。

（7）曼氏迭宫绦虫（豆氏裂头绦虫）　虫体长约 100 厘米，宽 2～2.5 厘米。头节呈指形，背腹各有一个纵行的吸槽。颈节细长。节片一般宽大于长。孕卵节片则长宽几乎相等。成熟节片中有一套生殖器官，节片前部中央有一圆形雄性生殖孔，子宫呈螺旋盘曲，位于节片中部，子宫末端开口与阴道口分别位于雄性生殖孔下方。虫体呈黄灰色，体节中央因子宫与虫卵而呈灰黑色点状连线。曼氏迭宫绦虫需要两个中间宿主：第一中间宿主为淡水桡足类（如剑水蚤），在其体内发育为原尾蚴；第二中间宿主为蛙类和蛇类（鱼类、鸟类甚至犬可作为转运宿主），在其体内发育为裂头蚴。猫、犬为终末宿主，裂头蚴在其小肠内发育为成虫。

【流行病学】犬体内的各种绦虫，其寄生寿命较长，有的可达数年，同时其孕卵节片有自行爬出肛门的特性，以致极易散布虫卵，不但犬群间易相互感染，还污染环境，使人感染，当人们接触犬时，即有可能感染绦虫蚴病。如给犬饲喂感染绦虫蚴病的动物脏器时，可造成犬感染绦虫病。

【症状】犬感染绦虫的致病性因寄生绦虫种类、感染程度和犬年龄及健康状况不同而异。犬轻度绦虫感染时，大多不显症状，除了偶然地排出成熟孕卵节片外，通常不引起人的注意。重度感染时，可出现肠卡他、肠炎、出血性肠炎症状、呕吐。当肠管逆蠕动虫体可进入胃中，呕吐时虫体可随胃内容物一同呕出。粪便中可见到大量脱落的节片。患犬可见有异嗜、进行性消瘦、营养不良、贫血、精神沉郁，有的可见有神经症状、抽搐、痉挛等。

【诊断】根据肛门周围粘有脱落的节片或粪便中有脱落的虫体节片可以确诊。也可用饱和盐水浮集法检查粪便中的虫卵，根据粪便或孕节中的虫卵形态，辨认绦虫种类。

【防治措施】

一是提高认识，加强饲养管理，消灭传染源。关键是要使养殖人员充分了解绦虫病的危害，注意人身和环境的清洁卫生。要保持犬舍内外的清洁干燥和犬体清洁，对犬舍和周围的环境要定期使用氢氧化钠消毒。经常用杀虫剂杀灭犬体上的蚤、虱，消灭啮齿动物。

二是妥善处理屠宰废弃物，防止犬采食带有绦虫蚴的中间宿主或其未煮熟的脏器、淡水鱼及鼠类。不饲喂生肉或生鱼，禁止把不能食用的含有绦虫蚴体的家畜肉和内脏不经过高温煮熟直接饲喂。

三是对藏獒定期预防性驱虫，以每季度1次为宜，繁殖犬应在配种前3～4周内进行。驱虫时，要把藏獒固定在一定的范围内，以便于收集排出带有虫卵的粪便，彻底销毁，防止散播病原。

四是治疗原则以驱虫、消炎、增强营养为主。发生肠梗阻、套叠、扭转甚至破裂的动物必须进行手术治疗。

治疗的药物很多，可用氢溴酸槟榔素，用量为1.5～2毫克/千克体重，口服，使病犬绝食12～20小时后给药。为了防止呕吐，应在服药前15～20分钟给予稀碘酊液（水10毫升，碘酊两滴）；或用吡喹酮，用量为5～10毫克/（千克体重·次），口服；或用盐酸丁萘脒，用量为25～50毫克/千克体重，1次口服；驱除细粒棘球绦虫用50毫克，间隔48小时再用1次。

（七）弓形虫病

弓形虫病是由肉孢子虫科弓形虫属的龚地弓形虫引起的一种人、畜及野生动物共患的原虫病。多数为隐性感染，但也有出现症状甚至死亡的。目前本病在世界各国广为传播，其感染率有逐年上升的趋势，我国大部分地区也有本病的存在。

【病原】龚地弓形虫在不同的发育阶段共有 5 种形态类型。在中间宿主体内（人和其他温血动物）有速殖子和包囊；在终末宿主（猫和猫科动物）体内有裂殖体、配子体和卵囊。最常见的是速殖子（又叫滋养体）和卵囊。

（1）速殖子　通常呈香蕉形或月牙形。大小为（4～7)微米×(2～4)微米。经姬姆萨氏染色可见虫体胞浆淡蓝色，并有少量颗粒，一紫红色的核通常位于虫体中央或稍偏钝端。

（2）卵囊　卵囊见于猫粪便内，呈圆形或椭圆形，卵壁两层，无色，无微孔。大小为（8～11)微米×(11～14)微米，平均为 10 微米×12 微米。

【流行病学】猫是各种易感动物的主要传染源。随粪便排出的卵囊对外界各种条件有较强的抵抗力，用 3％石炭酸、0.1％升汞、3％来苏儿、10％福尔马林液等消毒剂和化学药品浸泡形成孢子的卵囊，即使经过 48 小时也不丧失其感染力。卵囊一旦形成孢子之后，在常温、常湿下，可保持感染能力达 1 年至 1 年半。弓形虫为中间宿主范围非常广泛的寄生虫。人、畜、禽以及许多野生动物均有易感性。经口感染是该病最主要的途径，其次，还可经胎盘、皮肤、黏膜等途径感染。

一般说来，弓形虫的流行没有严格的季节性，但秋冬和早春发病率最高，可能与动物因寒冷、运输、妊娠导致机体抵抗力降低有关。猫在 7～12 月份排出卵囊较多；此外，温暖、潮湿地区感染率也较高。在我国，近年来发现其对各种动物的感染率有逐年上升的趋势。

【生活史】弓形虫的整个发育过程需要两个宿主，在终宿主体内进行肠内期（又称球虫相）发育；在中间宿主体内进行肠外期（又称弓形虫相）发育。

猫吞食了已孢子化的弓形虫的卵囊或包囊和假膜后，子孢子或慢殖子和速殖子侵入小肠绒毛的上皮细胞内进行类似球虫发育的裂殖增殖和配子生殖，最后产生卵囊，随粪便排出体外。在外界适宜条件下，经约 2～4 天，孢子发育完成，形成感染卵囊（内含两个孢子囊，每个孢子囊内有 4 个孢子）。弓形虫也可在猫体内进行弓形虫相发育，即被猫吞食的子孢子、慢殖子或速殖子有一些可以进入淋巴、血液循环，被带到全身各脏器、组织中，侵入有核细胞内，以内出芽增殖进行无性繁殖，最后生成包囊（内含许多滋养体，亦称假包囊），包囊破裂释放出滋养体。每个滋养体又能侵入新的细胞内重新进行内出芽增殖。弓形虫不仅可在细胞浆内繁殖，有时也能侵入细胞核内繁殖。经一段时间的繁殖之后，由于宿主产生免疫力，或者还有其他因素，使其繁殖变慢，一部分滋养体被消灭，一部分滋养体在宿主的脑和骨骼肌等处形成包囊，内含慢殖子，保存下来。

犬吞食了弓形虫感染性卵囊或包囊后，子孢子或慢殖子在其体内进行弓形虫相发育，最后形成包囊，存留在犬的一些脏器组织中。

【症状】多数为无症状的隐性感染。但是若动物因营养不良、寒冷、捕获、监禁、妊娠等使其抵抗力下降时，也可发病。幼年犬和青年犬感染较普遍而且症状较严重，成年犬也有致死病例。症状类似犬瘟热、犬传染性肝炎，主要表现为发热、咳嗽、厌食、精神萎靡、虚弱，眼和鼻有分泌物，黏膜苍白，呼吸困难，甚至发生剧烈的出血性腹泻。少数病犬有剧烈呕吐，随后出现麻痹和其他神经症状。怀孕母犬发生流产或早产，所产仔犬往往出现排稀便、呼吸困难和运动失调等症状。

【诊断】对于犬，仅依靠临床症状很容易与犬瘟热特别是神经型犬瘟热相混淆。因此，在进行流行病学分析、临床症状等综合判定后，还必须检出病原体或证实血清中抗体滴度升高才能确诊。

【防治措施】

一是控制野生动物，特别是啮齿类动物及猫与犬接触。对于所养家猫应加强管理，尽力防止猫粪对饲料、饮水等的污染。在严重流行区应对犬、猫进行药物预防。

二是禁止给藏獒喂食未煮熟的肉类。

三是治疗原则以驱虫、防止继发感染及预防为主。犬发病以后，对急性感染病例，可使用磺胺嘧啶、磺胺甲氧嘧啶、磺胺-6-甲氧嘧啶、磺酰胺苯砜、甲氧苄胺嘧啶和敌菌净等药物治疗。这些药物均有较好的疗效，尤以磺胺-6-甲氧嘧啶和磺酰胺苯砜杀灭速殖子效果最好。上述磺胺类药物若与抗菌增效剂合用，疗效更佳。

（八）疥螨病

犬疥螨病俗称癞皮病，是由疥螨虫引起的犬的一种慢性寄生性皮肤病，也是犬常见的皮肤病。临床特征为犬表现为剧痒瘙痒、被毛脱落及湿疹性皮炎等症状。

【病原】引起犬疥螨病的病原主要是疥螨科疥螨属的犬疥螨。犬疥螨，近圆形，呈微黄白色，背面隆起，腹面扁平。雌虫体长 0.3～0.4 毫米，雄虫体长 0.19～0.23 毫米，为不全变态的节肢动物。螨的唾液及其排泄物的刺激，可引起炎症和瘙痒，再次感染时，则出现过敏反应性病变。

【生活史】疥螨的发育需经过卵、幼虫、稚虫和成虫 4 个阶段，其全部发育过程都在犬身上度过，一般在 2～3 周内完成。雌虫在宿主表皮挖凿隧道产卵，孵化的幼虫爬到皮肤表面开凿小孔，并在穴内蜕化为稚（若）虫，稚虫也钻入皮肤，形成狭而浅的穴道，并在里面蜕化为成虫。雌虫寿命为 3～4 周，雄虫于交配后死亡。

【流行病学】疥螨的感染方式主要是由于健犬与病犬直接接触或通过被病虫及其虫卵污染的犬舍、用具等间接接触引起感染。另外，由于工作上的不注意，也可由饲养人员或兽医人员的衣服和手传播病原。

疥螨病无严格的季节性，但主要发生于冬季、秋末和春初，因为这些季节，日光照射不足，犬毛长而厚，特别是在犬舍潮湿、犬体卫生不良，皮肤表面湿度较高的条件下，最适合疥虫的发育和繁殖。

所有犬种均可感染，幼犬更易感染。另外，人接触患犬可能出现瘙痒性的丘疹。

【症状】疥螨感染后，表现为丘疹和瘙痒。病变多见于四肢末端、面部、耳郭、腹侧及腹下部，逐渐蔓延至全身。初期表现为皮肤红斑、丘疹和剧烈瘙痒，因啃咬和摩擦而出血、结痂，形成痂皮。病变部脱毛，皮肤增厚，尾根和额部形成皱褶，多为干燥性病变，有时呈过敏性急性湿疹状态。病犬烦躁不安，饮、食欲降低，继发细菌感染后，可发展为深在性脓皮症。

【诊断】根据症状，找到虫体（用小刀深刮病变皮肤，将刮取物放在玻片上，滴加10％氢氧化钠，放大镜检查）。另外，要注意和湿疹，虱、蠕形螨寄生引起的皮肤病相鉴别。

【防治措施】

一是保持环境清洁卫生，作好检疫是预防的关键。

二是治疗原则以驱虫、防止继发感染、对症治疗为主。

发生疥螨病后，要隔离病犬，直到完全康复。犬舍及犬的用具要彻底消毒。患部应先剪毛、用温肥皂水清除污垢，然后应用药物。由于螨卵对药物的抵抗力较强，根据螨的1个生活周期为3周的生长规律，涂药治疗应持续2个生活周期为宜。

患部用1％～2％敌百虫或滴滴涕乳剂，按1∶9的比例与煤油混合涂擦，隔5～7天重复治疗1～2次。注意不要使犬舔食杀虫药。

同时使用伊维菌素，0.2毫克/千克体重，1次皮下注射，2周后重复1次。适当给予止痒剂，泛酸钙每次1～3片，口服。出现脓皮症时用抗生素治疗。

（九）蠕形螨病

蠕形螨病又称毛囊虫病或脂螨病，是由蠕形螨寄生于犬皮脂腺或毛囊而引起的一种皮肤寄生虫病。本病是一种常见而又顽固的皮肤病，多发于藏獒幼犬。

【病原】蠕形螨在分类上属于节肢动物门、蛛形纲、蜱螨目、辐螨亚目、蠕形螨科，是永久性寄生虫。蠕形螨的寄生宿主特异性很强，因此大多数种名是按其宿主命名，如犬蠕形螨。犬蠕形螨虫体长形呈蠕虫样，半透明乳白色，雄性体长 0.22～0.25 毫米，宽 0.04～0.045 毫米，雌性体长 0.25～0.3 毫米，宽 0.04～0.045 毫米。虫体分为头、胸和腹三部分，头是由一对触须及不成对的吸管所组成，从胸部分出 4 对短而粗的腿。雄性虫体交合器官位于背部，雌性虫体的阴门则在体部的腹面，长椭圆形的腹部有横断的条纹。虫卵呈纺锤形，长约 0.07～0.09 毫米。

【生活史】犬蠕形螨的全部生活过程（刺吸营养、蠕动爬行、交配产卵、代谢物排出、死亡、尸体腐烂、液化）都在犬体上进行。雌虫在寄生部位产卵。发育史包括卵、幼虫、若虫、成虫 4 个阶段。蠕形螨从卵孵化后，由幼虫经若虫长至成虫到死亡，生命周期为 15 天左右。卵在寄生部位孵化出 3 对足的幼虫，然后变成 4 对足的若虫，最后蜕化变成成虫。犬蠕形螨除寄生在毛囊、皮脂腺外，还能生活在淋巴结内，并在那里生长繁殖，转变为内寄生虫。

【流行病学】犬蠕形螨病的感染途径主要为直接接触传播，由健康犬与病犬接触而传染；也可间接传播，如犬窝垫料和胎盘等传播。健康犬身上常有这种螨存在，当机体抵抗力降低（各种原因引起）或皮肤发炎或经常洗澡皮肤被浸软时，即可侵入并大量繁殖引起疾病。

【症状】犬蠕形螨病可以分为 4 个时期，即干斑期、鳞屑型期、疱疮型期和普遍型期。前两期病变主要发生在头部、眼睑周围和四肢末端的皮肤上。病初可见小的局限性潮红和鳞屑，由界限不明显无瘙痒的脱毛逐渐扩大为斑状，随病情发展，患部色素沉着，皮肤发红、变厚、多皱纹，皮脂腺分泌增强，覆盖有银白色黏性的糠皮样鳞屑；后两期皮肤的颜色变成淡蓝色或红铜色，伴有化脓菌侵入，患部脱毛，形成皱褶，生脓疱，流出的淋巴液干涸成为痂皮，重者因贫血及中毒而死亡。

【诊断】根据无痒觉的皮肤病变及临床病理检查结果，即可诊断。

应注意与犬疥螨病及真菌性皮肤病的区别。

（1）与犬疥螨病的区别　犬疥螨病主要发于耳尖外侧、尾根、脚爪、口周围及眼圈等皮薄毛稀的部位，严重者可扩散至全身。表现剧痒，不断抓挠啃咬，以致患部脱毛、结痂，耳壳边缘、尾根、爪处皮肤增厚，密布糠麸样厚痂。有时皮肤会有色素沉着。蠕形螨病与之最大的区别在于，蠕形螨病几乎没有痒感。

（2）与真菌性皮肤病的区别　真菌性皮肤病表现剧痒，大面积严重脱毛，体表散布红色丘疹，脱毛区覆盖油性厚痂，刮去痂皮裸露潮红或溃烂的表皮，严重者形成溃疡。随着病程延长，患部出现色素沉着，毛根易脱，毛干易断。取患部毛根显微镜检查，可见毛根萎缩呈高粱穗样，附有多量竹叶状小孢霉，毛干呈管套状，毛干周围包裹着致密的小孢霉。蠕形螨病与之的区别在于蠕形螨病脱毛没有真菌性皮肤病严重，且蠕形螨病几乎没有痒感。必要时可用伍德氏灯确诊是否是真菌性皮肤病。

【防治措施】本病复发率较高，且为一种顽固的皮肤病，故预防工作十分重要。

一是注意犬舍卫生，保持垫料干燥，定期消毒犬笼、垫料等。

二是注意犬粮营养均衡，增强机体抵抗力。

三是畜主平时注意观察犬的健康状况，发生脱毛、体痒等反应的要立即就诊；畜主应注意自身保护，防止人自身的感染。

四是发现病犬要及时隔离治疗，彻底清除患犬的垫料，将有关的污物烧毁，场地及用具等清洗干净后用消毒液彻底消毒。切勿让健康犬与病犬接触，以防止直接接触传播。为防止垂直传播，患犬不宜用于繁殖，患病期间禁喂鱼类、火腿肠、罐头制品等含有不饱和脂肪酸的食物。

五是治疗原则以驱虫、对症治疗为主。

轻型病犬，不治疗也可自然痊愈。对临床症状表现比较明显的犬，首先将病变部位的被毛用剪毛剪剪去，清洁患部，然后可用蜱螨洗剂，按 1∶200 的浓度稀释后药浴或喷洒。间隔 5 日用药 1 次。也可用酒精和乙醚等混合液擦洗，然后用 0.5% 敌百虫液、0.2% 敌敌畏液或石硫合剂（生石灰 160 克、硫磺 240 克加水 3600 毫升熟煮而成）涂擦。每隔 2～5 天用药 1 次。仅有脱毛屑者，用酒精或碘酒每天涂擦 1 次。

对于脓疱严重的可将脓疱开放用 3％过氧化氢液清洗后涂擦 2％碘酊；然后隔日再用蜱螨洗剂药浴。

外部用药的同时，皮下注射伊维菌素，0.5～1 毫克/千克体重，严重的藏獒剂量可加大到 1.5 毫克/千克体重，隔 7 日重复注射 1 次，重者可重复注射 3～4 次。

全身性感染的病例可结合抗生素疗法。

（十）虱病

虱病是由血虱科血虱属的虱在吸血、咬伤过程中注入毒性分泌物刺激皮肤而引起的皮肤寄生虫病。犬之间直接接触传播，当犬体质弱、卫生条件不良时，容易传播虱病。

【病原】引起犬虱病的主要有犬毛虱和犬颚虱两种。终生不离开犬的身体。犬毛虱还是犬复孔绦虫的传播者，以毛和表皮鳞屑为食，淡黄褐色带黑斑，咀嚼式口器，头部宽度大于胸部，有触角 1 对，足 3 对，雄虱长 1.74 毫米，雌虱长 1.92 毫米。犬颚虱以吸血为食，身体呈圆锥形，头部较胸部窄，口器刺吸式，触角短，有 3 对足，雄虱长 1.5 毫米，雌虱长 2 毫米，呈淡黄色。

【生活史】虱在宿主被毛上产卵，卵经过 7～10 天孵化成幼虫，数小时后就能吸血。然后再经 2～3 周的反复 3 次蜕皮而变为成虫。成虫的寿命为 30～40 天。离开犬身体后 3 天左右即死亡。

【症状】吸血寄生引起藏獒的痒感，不安，有时皮肤出现小出血点、小结节，甚至化脓，幼犬发育不良。啮毛虱寄生出现脱毛，轻度痒。患虱病时，病变部易见虱及黄白色虱卵。

【诊断】寄生于犬身体上的虱均为 2 毫米以下，若仔细观察不难发现。通常寄生在避光部位，多见于颈部、耳翼及胸部，可见这些部位的被毛损伤和黏附在被毛上的卵。

【防治措施】

一是保持藏獒舍干燥及清洁卫生，经常对藏獒身体刷拭和定期消毒。对周围环境可用 1％～2％敌百虫溶液喷雾杀虫及预防，并定期对藏獒进行检查，发现虱病，应立即隔离治疗。对新引进的藏獒进行检疫。

二是治疗原则以杀虫、防止继发感染、对症治疗为主。

① 杀虫治疗　应隔离病犬，许多杀虫剂对虱均有效。用伊维菌素 0.2～0.3 毫克/千克体重，内服或皮下注射，2 周后重复；或者用赛拉菌素（大宠爱）外用，每月 1 次；也可用 0.5％马拉硫磷溶液喷洒；或以 0.5％～1％敌百虫水溶液喷洒或药浴。

② 对症治疗　对皮炎和瘙痒严重的病犬，可用氯苯那敏（扑尔敏）等抗过敏药物缓解症状；防止继发感染，全身应用抗生素；对体质虚弱的犬应增加营养。

（十一）蚤病

蚤病是由吸血昆虫蚤及其排泄物刺激引起的皮肤病。

【病原】蚤俗称跳蚤，是一种小型的吸血性外寄生虫。侵害犬的跳蚤主要是犬栉首蚤。蚤的颜色为深褐色，雌蚤长，有时可超过 2.5 毫米，雄蚤不到 1 毫米。跳蚤是小、棕色、侧面狭窄的昆虫，在体表活动时可被发现。其卵为白色，小，球形。成年蚤以血液为食，在其叮咬吸血时，具有毒性的唾液及其排泄物刺激皮肤。

【生活史】蚤多生存于尘土、地面的缝隙及垫草中，虫体细小无翅，两侧扁平，腹大，成虫体长 2～5 毫米，呈现深色或黄褐色。后足腿节特别发达，擅长跳跃。成虫一生大部分在宿主身上度过。1 只雌虫可产 200～400 个卵，卵呈白色，有光泽。卵从犬体被毛间落到地上后，经 7～14 天孵化为幼虫，然后经 3 次蜕皮而成蛹，再经 2 周后变为成虫。蚤的 1 个生活周期为 35～36.3 天。蚤还是犬绦虫的中间宿主，可引起犬的绦虫病。

【症状】蚤多易寄生于犬的尾根、腰荐背部、腹后部等。蚤吸血初期，可见丘疹、红斑和瘙痒，病犬变得不安、啃咬、摩擦皮损部。继发感染时，则引起急性湿疹皮炎。蚤的唾液可成为变应原，使寄生局部的皮肤发生直接迟发型过敏反应。过敏性皮炎经过时间长时，则出现脱毛、落屑、形成痂皮、皮肤增厚及有色素沉着的皱褶。蚤寄生严重时，可引起贫血。在犬背中线的皮肤及被毛根部，附着煤焦样颗粒，这是蚤排泄的血凝块。

【诊断】确诊本病须在犬体上发现蚤或进行蚤抗原皮内反应试验。对犬进行仔细检查，可在被毛间发现蚤或蚤的碎屑，在头部、臀部和尾尖部附近的蚤往往最多。将蚤抗原用灭菌生理盐水10倍稀释，取0.1毫米腹侧注射，5～20分钟内产生硬节和红斑，证明犬有感染。也有于24～48小时后表现迟发型反应的犬。

浮集法检查粪便，因为蚤是绦虫的中间宿主，所以粪便中可查到绦虫卵。肛门周围有绦虫节附着的，可提示蚤寄生。

【防治措施】

一是加强饲养管理，做好预防工作。对环境清扫、消毒，保持通风、干燥。由于蚤存在于尘土、地缝及垫草中，蚤也不在犬体上发育，因此只要保持畜舍清洁，对周围环境、地面和垫草等经常用杀虫剂喷洒，犬床和垫草经常暴晒，即可预防发生。一旦发现跳蚤，应将垫草彻底清理出犬舍并焚烧。

二是治疗原则以杀虫、防止继发感染、对症治疗为主。

许多杀虫剂对蚤的杀灭都有效，但都有一定毒性。推荐用赛拉菌素（大宠爱）和福来恩。赛拉菌素（大宠爱）外用，每月1次（杀蚤成虫剂）；治疗可选用0.2％～0.5％敌百虫液、溴氰菊酯涂抹或喷洒犬体。用药浴的方法更为有效，而且有很好的持续效应，可持续7天以上。也可对犬舍用0.5％马拉硫磷溶液喷雾，或用氟代甲磺酸熏蒸犬舍。

对皮炎和瘙痒严重的病犬，可用氯苯那敏（扑尔敏）等抗过敏药物缓解症状；防止继发感染，全身应用抗生素。

（十二）硬蜱病

硬蜱病是由蜱寄生于犬的体表并叮咬吸血而引起的皮肤病。同时蜱还是细菌、病毒、立克次氏体的传播媒介或作为中间宿主使犬患某些寄生虫病。

【病原】蜱俗称狗豆子或壁虱，褐色，长卵圆形，背腹扁平，无头、胸、腹之分。按其外部附属器的功能和位置，区分为假头与躯体两部分。小到芝麻粒，大到大米粒。雌蜱吸饱血后，虫体可膨胀达蓖麻籽大小。蜱的卵较小，呈卵圆形，一般为黄褐色。寄生于犬的硬蜱有血红头扇蜱、镰形扇头蜱、二棘血蜱、长角血蜱、草原革蜱和微小牛蜱。

【生活史】硬蜱是不全变态的节肢动物，其发育过程包括卵、幼虫、若虫和成虫4个阶段。多数硬蜱在宿主身上进行交配。交配后雌蜱吸饱血落地，爬到地缝隙或土块下蛰伏不动，4～8天产卵。卵经1个月左右孵出幼虫。幼虫又爬到犬身上吸血，经过2～7天吸饱血后又落地，蜕化变若虫。若虫再吸血、落地经十余天成熟。成虫吸饱血后，身体变圆，紫黑色，胀大几十倍甚至上百倍。

【流行病学】犬蜱病发生季节性非常明显。我国犬体表出现最早的时间在2月下旬至3月初，消失时间在11月中下旬。每年5～10月为蜱病的发病高峰。特别是在潮湿夏季的阴雨天，表现尤为突出。蜱侵袭以短毛犬多于长毛犬，南方多于北方，各年龄段均可发生。

【症状】病犬在头、耳、脚趾间隙等体表各部位有大小不等、数量不定蜱存在，病犬在蜱叮咬部位常出现局部刺激，造成寄生部位痛痒，摩擦他物或啃咬。病犬烦躁不安，并发皮炎或跛行，有的伴发肺水肿，脑脊膜充血，淋巴结肿大和脾萎缩。心跳、呼吸、体温在初期无明显变化，随后出现后肢运动失调而导致步态不稳，后肢出现麻痹，逐渐发展到前肢和躯干。表现为四肢无力，步态蹒跚，喜卧，触摸肌肉敏感。最后犬精神沉郁，食欲废绝但可饮水，心跳缓慢，呼吸浅表，可视黏膜充血、发绀，不能站立，痛觉消失，严重时可导致呼吸衰竭和死亡。

【诊断】肉眼见到虫体，镜检看到虫卵，结合临床症状和流行病学调查，即可作出诊断。

【防治措施】

一是加强饲养管理，保持犬舍和活动场的清洁卫生，割掉或烧掉犬舍及运动场周围杂草，使蜱无栖息之地。保持犬舍通风干燥。最好的预防方法就是不要让犬到有蜱病发生的地方去，不要让疫源地的患犬进入本地犬场。

二是引进犬进入犬场须经严格检疫，经过检疫合格的犬方可进入犬场，对于有病患犬需彻底治愈后方可混群。犬一旦感染，必须进行隔离治疗，并做好犬舍和环境的杀虫消毒。

三是定期对犬进行药浴，对环境经常进行杀虫消毒。春夏秋季每个星期0.04％～0.08％高效氯氰菊酯对犬舍和犬活动场所进行杀虫消毒。

四是治疗原则以杀虫、对症治疗为主。少量的蜱，可用手直接摘下。放到消毒液里处死。用10％葡萄糖酸钙和10％葡萄糖混合静脉滴注，肌内注射强力解毒敏1次；维生素B_1、维生素B_{12}，隔天1次，连用2次。

① 局部用药　1％～2％敌百虫液局部涂擦患处。敌百虫的毒性较大，每次涂擦不可过量，以免引起中毒。患部面积较大时应先重后轻，分数次治疗，每次间隔2～3天，同时应注意防止犬舔食药液。

② 皮下注射　伊维菌素0.2毫克/千克体重，皮下注射。轻度患犬1次即可治愈，较重患犬间隔7天再使用1次，连续用药2～3次。

③ 药浴　用0.5％溴氯菊酯药浴；或者用0.04％～0.08％畏丙胺（赛福丁）药浴；或者用0.04％～0.08％高效氯氰菊酯对犬进行药浴。

四、消化系统疾病

（一）口腔炎

口腔炎是口腔黏膜深层或浅层组织的炎症，包括舌炎、齿龈炎及硬腭炎，临床上以流涎和口腔黏膜潮红肿胀为特征。按炎症的性质可分为卡他性口炎、水疱性口炎、溃疡性口炎、霉菌性口炎和坏疽性口炎，藏獒常见的为溃疡性口炎。

【病因】异物（如鱼刺、骨头等）、过冷过热的食物、化学物质（如舔食腐蚀性药物等）、老犬齿石及各种病原微生物（如病毒、坏死杆菌）等均可引起。

【症状】由于口腔疼痛而拒食，或小心咀嚼；硬物常从口中吐出，大量流涎，口腔黏膜潮红，温高，口臭，舌苔重。患水疱性口腔炎时，口腔黏膜有水疱，其中充满浆液，水疱破裂出现鲜红的糜烂面或溃疡；患溃疡性口炎时，门齿和犬齿齿龈部暗红色出血、肿胀，组织坏死脱落形成溃疡，牙齿松动，与病相对应的唇、颊部也发生溃疡，口恶臭，咀嚼困难。

【诊断】通常表现拒食，即或采食也小心拒绝，有疼痛感，大量流涎。渴欲常增加。结合临床症状可确诊。

【防治措施】以消除病因、防止和治疗继发感染、加强护理为原则。

（1）去除病因　如修整锐齿，及时治疗原发病等。

（2）清理口腔　一般可用1%食盐水或2%～3%硼酸溶液或2%～3%碳酸氢钠溶液冲洗口腔，每日2～3次。口臭严重时，用0.1%高锰酸钾冲洗；分泌物过多时，用1%明矾液冲洗；口腔黏膜或舌面发生溃疡时，在冲洗后，用碘甘油或1%龙胆紫涂创面，每日1～2次。慢性口炎用1%～5%的蛋白银或中药冰硼散效果也很好。

（3）药物治疗　除应用上述治疗方法外，还可全身应用抗生素，如肌注青霉素1万单位/千克体重，每8～12小时1次；或青霉素和链霉素合用，链霉素10毫克/千克体重，肌内注射，每日2次；必要时可注射复合维生素B_2、维生素B_6、维生素C等。

（4）加强护理　喂以营养丰富又易于消化的流质食物，如牛奶、肉汤、菜汁等，配合治疗。

（二）食管梗阻

食管梗阻是指食管被食物团或异物所阻塞。多发生于咽腔之后、胸腔入口之前。

【病因】饲料块片，如骨块、软骨块、大块肌腱、鱼刺等；混在饲料中的异物，如木棍、针等；由于嬉戏而误咽的物品，如手套等，都可使食管发生梗阻。饥饿过甚，采食过急，或采食过程中受到惊扰，均可致病。

【症状】食管梗塞分为完全梗阻和不完全梗阻两种情况。犬不完全梗阻时，表现干呕和哽噎动作，摄食缓慢，吞咽小心，仅液体通过食管入胃，固体食物则往往被呕吐出来，有疼痛表现。犬完全梗阻时表现为完全拒食，高度不安，头颈伸直，大量流涎，出现哽咽和呕吐动作，吐出带泡沫的黏液和血液，常用四肢搔抓颈部，出现头部水肿，甚至窒息。呕吐物吸入气管后时，可刺激上呼吸道，出现咳嗽。锐利异物可造成食管壁裂伤。梗阻时间较长时，压迫食管壁发生坏死和穿孔，呈急性症状，病犬高烧，伴发局限性纵隔窦炎、胸膜炎、脓胸、脓气胸等，多死亡。

【诊断】根据病史和突发的特征性症状，或用 X 射线或食道探查可诊断。如卡在颈部食道，可从外部摸出。

【防治措施】

（1）预防　喂饲要定时定量，不使动物过度饥饿，防止采食过急，喂骨头应在喂其他食物之后，犬在训练中要防止误咽异物。

（2）治疗原则　以去除异物、消炎、输液治疗、加强营养和护理为主。

① 去除异物　选择肌肉松弛效果好的麻醉剂给予全身麻醉，如复方噻胺酮 5 毫克/千克；有条件的动物医院用内窥镜引导，然后用长臂钳将异物取出。如果异物不太大，而比较圆滑时，可采取上推下导的办法或挤推回口腔或导入胃；如果异物较大而又带尖、角，并卡住不动甚至穿孔时，必须手术取出。如果是水果、食团甚至块茎等物时，可待其自行软化，然后在一偶然的哽噎动作之后，使异物滑入胃中。

② 消炎、输液治疗　食管梗阻持续时间长时，均有并发症。必须局部及全身投予抗生素。用氨苄西林，20～30 毫克/千克体重，内服，每日 2～3 次；或者 10～20 毫克/千克体重，静脉滴注或皮下注射或肌内注射，每日 2～3 次。输液中加入 25％葡萄糖、ATP 和辅酶 A、复合维生素等。

③ 术后护理　绝食 3～5 天，采用营养疗法。静脉补充葡萄

糖、氨基酸、电解质及抗生素，5天后可喂服流食，如牛奶、高浓缩的肉汤或鱼汤等。

（三）胃内异物

犬胃内食入难以消化的异物，又不能呕出或经肠道排出体外，停留在胃内的状态。多见于幼犬。

【病因】缺乏维生素及微量元素，胰腺疾病或继发于某些传染病引起异嗜癖，乱吃一些石块、沙土、金属、塑料等造成；犬在训练或嬉戏时将石头、木块、橡皮球、线手套、破布等异物误咽；个别犬有喜欢咬杂物及小石块的恶习，将异物吞食到胃中。

【症状】根据胃内存有的异物大小不同，临床症状有所差异。当胃内异物是金属或是锐性物体时（如鱼钩、玻璃寸铁丝等），临床上出现急性胃炎症状：腹痛不安，呻吟，甚至嚎叫；有时伴有痉挛和咬癖，病犬高度沉郁，不食，高度口渴，呕吐且呕吐物中带血；当尖锐物体刺破胃壁时可引起腹膜炎症状。

一般性异物存在胃中，如小的石块、木块、桃核、骨块等，临床上呈现慢性胃卡他症状，食欲时好时坏，有间断性呕吐史，进行性消瘦。

【诊断】一是根据饲养员眼见是否吃入异物；二是根据临床症状，食欲时好时坏、间断性呕吐、消瘦及异嗜癖病史；三是应用放射线拍片或造影，可查明异物的种类。

【防治措施】

一是平时饲喂时应给犬加入适量的维生素及微量元素。改正异嗜行为训练与嬉戏时要注意防止犬的误食。最合理的预防办法是不让犬接触到异物。

二是对于少量而小的异物，可试用阿扑吗啡皮下注射，以促其吐出；或灌服石蜡油10～40毫升、食用醋5～20毫升，让异物通过肠道排出体外；或用胃镜取出；也可试用甲基纤维素，每次口服1茶匙，每天3次。对异物不能排出的犬应施行胃切开术，将异物取出。

（四）犬胃肠炎

胃肠炎是犬常见的一种疾病，是胃肠道表层组织及其深层组织的炎症，临床表现为消化紊乱、腹痛、腹泻、发热和毒血症等为特征，按其病因可分为原发性和继发性；按其病理过程分为急性和慢性。各种年龄的藏獒均可发生本病，2～4岁的藏獒多发。

【病因】原发性胃肠炎主要是由于饲养不当、饥饱不匀、采食腐败或不容易消化的食物和误服刺激性强的药物所致。这种病变多见于暴食动物内脏、骨、肉的犬只。继发性胃肠炎是指在某些传染病（如犬瘟热、钩端螺旋体病、弯曲菌病、沙门氏菌病、轮状病毒病、犬细小病毒性肠炎等）及寄生虫病（如钩虫病、球虫病、鞭虫病、小袋虫病、弓形虫病等）的病程中所引发的胃肠炎。

胃肠炎大多是因为犬只营养不良、过度疲劳或感冒等因素，导致其防御疾病的机能降低，从而使胃肠屏障机能减弱，于是引起胃肠道内的细菌（如大肠杆菌、产气荚膜杆菌、沙门氏杆菌和弧菌等）毒力增强，最终致病。此外，滥用抗生素，也可能造成肠道的细菌群失调，从而引起二重感染。

【症状】胃肠炎发病初时，病犬经常伏卧于凉的地面或以肘及胸骨支于地面后躯高起。主要症状表现为精神沉郁，食欲减退，消化不良，伴有呕吐、拉稀等现象，其体温正常或稍高（38.5～39.5℃），同时粪便带黏液。患病后期主要表现为行走不稳，偶排出恶臭血便，体温升高至40℃以上，甚至有流涎、白沫和痉挛现象。最后病犬会严重脱水，甚至胃功能衰竭而死亡。

当炎症波及黏膜下层组织时，病犬则呈现持续剧烈腹痛，腹壁紧张，触诊时疼痛。

当以胃、小肠炎症为主时，病犬主要表现为口腔干燥、灼热，眼结膜黄染，频频呕吐，有时呕吐物中混有血液。

若以大肠（尤其是结肠）炎症为主时，出现剧烈腹泻，粪便恶臭，混有血液、黏液、黏膜组织或脓液。病的后期，肛门松弛，排便失禁或呈里急后重现象。肠音初期增强，后期减弱或绝止。全身症状比较重剧，体温升高（40～41℃以上），脉搏细数而硬（线脉），可视黏膜发绀，眼球下陷，皮肤弹力减退，尿量减少。肾机能遭受损害时，可发生尿毒症。濒死期体温低下，四肢厥冷，陷入昏迷，全身肌肉抽搐而死亡。

【诊断】根据病史和症状易于诊断，但要建立特异性诊断或确定病因，则需做实验室检查。

【防治措施】

（1）加强护理　将病犬安置在温度适宜的地方，若有冰更好，让病犬舔食，以缓渴。如发现有呕吐待其有所缓解后，应喂给糖盐水（配方为氯化钾1.6克、碳酸氢钠2.5克、食盐3.5克、葡萄糖50克加水100毫升），腹部施行温敷（幼犬较见效）。多喂些无刺激性的食物，如米饭、粥、菜汤或少许瘦肉。

（2）清理胃肠　对暴食后突然食欲减少、胃肠胀满、拉稀粪的病例，病初最好先禁食1天，必要时用花生油等缓泻剂清肠。

（3）镇静止吐　对严重呕吐时，可肌注胃复安1.5毫克/千克体重或肌注氯丙嗪1～3毫克/千克体重或阿托品1～2毫克，以抑制呕吐反射。呕吐缓解后，口服酵母片、大黄苏打片等健胃药。

（4）消炎止泻　为控制胃肠炎症发展，可肌注庆大霉素和氨苄青霉素，也可口服抗菌药物，如磺胺脒（配合抗菌增效剂TMR）、金霉素和新霉素等，配合矽碳银、次硝酸铋以收敛止泻。见血便，可选用安络血、止血敏配合维生素K_3进行止血。如体温高，可选用安乃近片或复方氨基比林配合地塞米松肌内注射。

（5）防止脱水及注意强心　对呕吐、腹泻严重病例应及时补充生理盐水、50％葡萄糖溶液及维生素等，防止脱水和自体中毒。同时应根据心跳的变化，使用强心剂。

此外，对于出血性胃肠炎应该用止血剂及时止血；对于寄生虫性胃肠炎首先应该注意除虫；对于病毒性胃肠炎可以采用抗血清；而对于中毒性胃肠炎最主要的还是排毒、解毒。总之，胃肠炎是一种常见且较为复杂的疾病，必须对症下药，才能达到防治的效果。

（五）胃扩张

胃扩张是由于胃内液体、食物或气体聚积，使胃发生过度扩张所引起的一种疾病。

【病因】犬胃扩张可分为急性胃扩张和继发性胃扩张。

（1）急性胃扩张　由于采食过量、食入干燥、难以消化或易膨胀、易发酵的食物，食后剧烈运动或饮入大量冷水。

（2）继发性胃扩张　主要继发于胃扭转、胃内异物、幽门阻塞、小肠梗阻、蛔虫阻塞、小肠扭转及肠套叠。另外，慢性肝脏、胆囊、胰腺疾病也可继发慢性胃扩张。

【症状】病犬表现腹痛嚎叫、不安，可见有嗳气、流涎和呕吐、呼吸浅快、心动过速、结膜绀红、腹围增大，触诊腹部动物表现疼痛感。严重病例可因脱水、酸中毒、胃破裂及心力衰竭死亡。

【诊断】根据临床症状，结合饲喂情况确诊。

【防治措施】治疗原则以止痛、排除胃内容物、缓解气胀为原则。

镇痛可选用杜冷丁 1 毫克/千克体重；排空胃内食物，可服食用醋 5～10 毫升、石蜡油 5～10 毫升；或乳酸 1～2 毫升、石蜡油 10 毫升，1～2 次/日；或用胃管导胃；或皮下注射阿扑吗啡（0.001～0.005 克）或碳酰胆碱（0.001 克/25 千克体重）催吐。

如通过上述方法无效或因胃扭转、胃内异物及小肠梗阻引起的胃扩张时，可施行开腹探查术，胃内异物如不能排除，应手术取出。

对于严重脱水的犬，应给予静脉补液、糖、补碱疗法。

（六）胃出血

犬胃出血是指各种原因引起的胃黏膜出血，临床上以吐血、便血及贫血为主要特征。

【病因】由于犬食入异物（如骨头、木片、塑料片、玻璃碎片）对胃黏膜造成机械损伤、中毒（如采食磷、砷等化学药物或误食老鼠药等）、传染病（如犬瘟热、钩端螺旋体病等）、严重的胃炎、胃溃疡、胃部肿瘤等，均可引起胃出血。

【症状】呕血，呕吐物呈暗红色，有酸臭味。血便，粪便呈暗黑色、煤焦油样。眼结膜和口腔黏膜苍白，呼吸加快，心音增强。病犬倦怠、乏力、步态不稳。病程较长时，可出现贫血、食欲不振、清瘦、皮下浮肿等。

【诊断】根据临床表现出的吐血、粪便潜血等症状，即可作出诊断。

【防治措施】

（1）加强饲养管理　避免犬食入异物、灭鼠药，做好疾病预防。特别要提醒的是，据有关资料介绍，犬对灭鼠药有特殊喜好，一定要注意不能让犬接触到灭鼠药以及被灭鼠药毒死的老鼠。

（2）治疗原则　消除病因、补血、止血和对症处理。

用硫酸亚铁 0.1～0.5 克、叶酸 5 毫克、安络血 1～5 毫克，一次口服，每天 2 次，连用 3 天。重度贫血的，输入健康犬鲜血 100～200 毫升，一次静脉输入；或者用 5％葡萄糖生理盐水 500 毫升、10％维生素 K_3 注射液 0.5～3 毫升，一次缓慢静脉滴注，每天 2 次，连用 3 天。中药治疗，用蒲黄 6 克、槐角 2 克、五灵脂 6 克、椿皮 8 克、炒当归 6 克、白芍 6 克、苦参 6 克、香附子 6 克、甘草 2 克，煎汤，1～2 次灌服或直肠滴入，每天 1 剂，连用 3～5 剂。

病犬要绝对安静，饲喂易消化的食物，少食多餐。也可在食料中加入少量蛋白酶、淀粉酶、脂肪酶或胰酶。

（七）直肠脱

直肠脱为直肠的一部分或大部分经肛门向外翻转脱出，幼龄及老龄犬发病率较高。

【病因】幼龄、老弱犬肛门括约肌和直肠韧带松弛，容易发生肠炎、腹泻和里急后重，可导致直肠脱出。便秘、直肠内的新生物、异物和直肠裂伤，可并发直肠脱出。腹压增大、拖延的难产也可导致直肠脱出。肠套叠是引发直肠脱的主要原因之一．

【症状】当直肠呈部分脱出时，病犬排粪或努责，由肛门处见到充血的黏膜由肛门突出。刚脱出时，直肠黏膜呈红色，且有光泽；脱出时间长则变成暗红色至近于黑色，脱出部分充血及水肿，可发展成溃疡和坏死；严重时直肠可全部外翻。

【诊断】直肠脱的犬，肛门突出物呈长圆柱状，脱出的直肠黏膜红肿发亮。如果持续脱出，时间较长的，黏膜变为暗红色至发黑，严重时可继发局部性溃疡和坏死。病犬常反复努责，在地面上摩擦肛门。仅能排出少量水样便。

【防治措施】首先要看的是脱出的直肠在体外的时间有多久、血肿的程度以及直肠有没有发生病变坏死。如果直肠脱出时间不长，水肿尚不严重时，可直接还纳；如果脱出的直肠高度水肿、不易还纳时，可用1%高锰酸钾水或1%明矾液清洗，而后用针头反复穿扎水肿的直肠黏膜，并轻轻挤压，放出肿胀黏膜中的液体后，在黏膜上涂一层石蜡油或在水肿部位多点注射医用酒精，待水肿黏膜皱缩后轻轻还纳。如果出现了坏死，就要及时切除病变坏死的部分，然后整复。

还纳后肛门一般用荷包缝合法缝合效果较好。缝线打结时不可过紧，留出排粪的空隙。缝合线保留4～7日。

术后给予流质食物，并治疗便秘、腹泻等疾病，减轻努责，防止直肠脱复发。

（八）便秘

便秘是指肠道内容物和粪团聚积于肠道的某部（主要在结肠和部分直肠），逐渐地变干变硬，使肠道扩张直至完全堵塞。若便秘时间过长，肠道内容物中的蛋白质异常发酵及其分解产物被吸收，可引起自身中毒，导致全身性变化。便秘是老龄犬和幼犬的常见疾病。

【病因】长期喂干食又限制饮水，饲料中混有泥土和沙粒，吞咽的野生动物未消化，或单纯喂多纤维植物，以及喂过量的骨头、骨粉或磷酸钙（未吸收的磷酸钙与大肠中排出的其他盐类结合，形成不溶解、不易移动的灰浆块）等，而引起便秘。

【症状】病犬常表现紧张不安，多伴有呕吐甚至呕粪，食欲渐减，尾巴伸直，步态紧张，脉搏加快，可视黏膜发绀，反复努责排便，但仅能排出少量硬粪球或黏液样物，手指在直肠内常能抠到像石块样的粪块。肛门发红和水肿，触诊后腹上部有压痛感，肠鸣音减弱或消失。

【诊断】根据病犬临床表现的全身状态和结粪的硬度，可作出诊断。

【防治措施】

（1）重在预防　加强犬的运动，坚持经常给犬梳理被毛，保持犬体表卫生。食物结构应多样化，应注意在食物中添加新鲜蔬菜，不宜喂鱼骨和鸡骨，喂猪骨和牛骨要适量。

（2）治疗原则　犬发生便秘后要早发现、早治疗。治疗原则以灌肠排出粪便、消炎为主。

早期便秘其粪球还不过分干硬，这时可用手捏压粪球，并逐个将其捏碎，再配合口服果导片（1～3 片/次）或一轻松片（1～2 片/次），可很快见效。对病程较长、便秘较重的病犬，用液体石蜡油或肥皂水灌肠，同时口服硫酸镁 10～20 克（加常温水 100～200 毫升）；对小型犬或便秘仅发生于后段直肠的可向肛门内打开塞露，间隔 1～2 小时打 1 次，打几次可解除秘结；对便秘持续时间长，上述方法均不奏效时，需行剖腹手术排便。此外，还需根据情况给予必要的支持疗法，主要是输糖补液，防感染，防自体中毒。对于由其他原因所致的便秘（如肝、胆、胰等的疾病），还应同时治疗原发病。

便秘缓解后，要注意调节饮食，宜喂一些易于消化的新鲜食物，足量饮水，以防复发。

（九）肛门囊炎

肛门囊炎是由于某种原因导致肛门囊导管闭塞，使肛门囊内的腺体分泌物贮积于囊内，刺激黏膜而引起的炎症，随后化脓病灶扩散到肛门周围。肛门周围分布着毛囊、汗腺、皮脂腺等，这些组织会产生表面和深部的化脓病灶，形成许多瘘管，以排出脓汁，这种情况称为肛门周围瘘。犬肛门周围的疫病中，肛门囊炎发病率最高。本病的发生与年龄、性别无关。

【病因】当肛门囊的排泄管道因某种原因而堵塞，或犬为脂溢性体质，皮脂腺分泌亢进，使囊内充满腺体分泌物，被细菌感染即可发生本病。

肛门囊炎与化脓性细菌有关，患慢性腹泻的犬、小型犬及肥胖犬，由于肛门括约肌等肌肉的张力下降，容易出现这种情况。

【症状】本病出现各种症状，这些症状多是由于肛门囊发炎、分泌物滞留、肛门不舒服引起的。病犬肛门呈炎性肿胀，常可见甩尾、擦舔并试图啃咬肛门，用肛门在地面或地板上蹭，步态独特，不断追着自己的尾旋转等，排便困难，拒绝抚拍臀部。接近犬体可闻到有腥臭味。炎症严重时，肛门囊破溃，流出大量黄色稀薄分泌液，其中混有脓汁。肛门探诊，可见肛门处形成瘘管，疼痛反应加重，出现肛门周围瘘。患肛门周围瘘的犬，以肛门为中心的会阴周围，可看到发出腐臭味的脓性分泌物，排便困难，引起便秘，尾部在地面上摩擦，肛门周围污秽不洁。随着病情恶化，出现发热、大便失禁、不通畅、腹泻、食欲不振、体重下降等症状。

【诊断】根据临床症状可初步诊断，通过直肠探诊或直肠镜检查，可确切诊断。

【治疗】治疗原则以祛除病因、消炎为主。

早期患犬用拇指和食指挤压肛门囊开口部，或将食指插入肛门与外面的拇指配合挤压，除去肛门囊内容物。若能配合氦氖激光治疗，效果将更加明显。然后，向囊内注入消炎软膏等。0.3%碱性品红溶液于清创后涂在肛门囊破溃处，或灌肠导泻后用绷带卷蘸品红溶液塞入直肠内，2~3次即可奏效。

症状较重时并伴有全身症状的犬，应全身抗感染治疗。阿莫西林，10~20毫克/千克体重，内服，每日2~3次，连用5日；5~10毫克/千克体重，皮下注射或静脉滴注或肌内注射，每日2~3次，连用5日。

肛门囊已溃烂或形成瘘管时，应手术切除肛门囊，注意不要损伤肛门括约肌和提举肌。修整成新鲜创口后常规缝合，术后4日内禁食或喂流食，减少排便，防止犬坐下及啃咬患处，每天带犬散步2次。

五、泌尿系统疾病

（一）肾功能衰竭

肾功能衰竭是指各种慢性肾脏疾病，或全身性疾病累及肾脏，使肾脏受损，肾脏参与和调节的排泄和内分泌功能减退，而致体内代谢产物潴留，水、电解质及酸碱平衡紊乱，多系统受累造成肾实质急性损害的一系列临床表现综合征。

【病因】引起慢性肾衰的原发性疾病或继发性肾脏疾病如慢性肾小球肾炎、慢性肾盂肾炎、糖尿病肾病、前列腺肥大、肿瘤等引起的尿路狭窄或梗阻等。此外，全身性疾病后期影响至肾脏（如原高血压、心力衰竭、心内膜炎、风湿等病）也可以引起慢性肾功能衰竭。

【症状】该病临床症状复杂，涉及机体的各个系统，并在疾病不同阶段表现也各不相同，但总体而言，主要有以下几方面：

① 全身性　烦渴、脱水、体重下降、营养不良、昏睡。

② 心肺系统　系统性动脉高压、贫血、心杂音、心脏肥大、节律不齐、呼吸困难、心包炎、水肿。

③ 泌尿系统　多尿、夜尿症、肾形态不规则、红细胞生成受损。

④ 胃肠道　食欲减退、恶心、呕吐、腹泻、胃肠道溃疡、口臭、尿毒症口炎、便秘。

⑤ 眼睛、皮肤和被毛　皮肤瘙痒、被毛脱落增加、黏膜苍白、视网膜病、突然失明、巩膜和结膜充血。

⑥ 神经肌肉　震颤、步态异常、肌肉无力、肌阵挛、行为异常、脑神经缺陷、癫痫发作、昏迷。

【诊断】犬慢性肾功能衰竭根据病史、临床症状和实验室检测等不难作出诊断。病史主要看是否有肾病、泌尿道感染、泌尿道结石等可引起肾脏损伤的过往史，临床症状包括各相关器官的伴发表现，而对该病确诊最为重要的就是实验室检测。

目前兽医临床常用的检测包括血液生化检测、血液常规检测和尿液检测，且各自在诊断中均具有其他项目不可替代的作用。临床应用中要综合考虑，并结合症状，对疾病尽可能地作出正确的诊断。

【防治措施】慢性肾功能衰竭治疗原则是阻止肾功能进一步恶

化，去除诱因，调整饮食，防治感染，纠正水、电解质和酸碱失衡，解除或减轻症状，防治并发症和替代治疗等。

（1）去除可逆因素　包括一些患者原发病经适当治疗后肾功能可得到一定程度改善或停止恶化。积极防治前述诱发肾功能恶化的因素，是保护肾功能的重要措施。

（2）饮食营养　低蛋白饮食可以延缓肾功能恶化，减轻尿毒症症状。可减少食饵中的蛋白质，必要时给予高生物价蛋白质，如鸡蛋、瘦肉等（每日喂 0.5～1.5 克/千克体重），勿喂奶类及肉骨头等。

（3）纠正水、电解质和酸碱平衡紊乱　消除水肿。纠正和预防脱水可采用静脉输液或皮下注射。

（4）降压　控制高血压是保护肾功能的重要措施。对容量依赖型高血压应限制水钠摄入。对轻中度患犬可加用利尿药，必要时加用降压药。

（5）对症治疗　严重贫血者可少量多次输血。要控制磷摄入，补充钙剂，可补充骨化三醇，促进小肠对钙、磷的吸收以及肾小管对钙、磷的重吸收，减少尿中钙、磷的排出，从而治疗低钙血症。对严重高磷可加用磷结合剂。恶心和呕吐可给予甲氧氯普胺（胃复安）或氯丙嗪口服或肌注。皮肤瘙痒，可给予皮肤润滑剂或抗组胺药等。神经精神症状，如烦躁可给予镇静剂，抽搐可给予地西泮（安定）、苯妥英钠等。另外，还可以使用腹膜透析疗法，清除体内代谢产物，净化血液，借以维持机体内环境平衡。

（二）肾炎

肾炎是肾小球肾炎的简称，是一种由感染或中毒后变态反应引起的肾脏弥漫性肾小球损害，可分为急性肾炎和慢性肾炎两种。以运步强拘、肾区触压疼痛，水肿和尿比重增加，尿中含有蛋白和沉渣为特征。很多动物都可发生，杂食动物，特别是食肉动物如犬、狐狸等发病较多。

【症状】

（1）急性肾炎　表现精神委顿、食欲减退、消化不良呕吐、肠炎、肾区疼痛、弓背、行走僵硬、排尿次数增多且很痛苦。早期少尿，尿色暗或粉红，浑浊，密度高。尿中有大量蛋白（超过20%），尿沉渣中细胞成分增多（注意，蛋白尿不是肾炎的特征，它还见于持续发热、过度用力和神经病时，而严重的肾损伤却可能不含蛋白），有血尿。尿沉渣中见蛋白管型、颗粒管型、红细胞管型或上皮管型及细菌等。水肿可出现，也可不出现。

（2）慢性肾炎　疾病牵涉到肾实质和间质，经过隐蔽，在发现之前已存在相当长时间。最常见的症状是剧渴并伴有多尿（无色，密度低，水样）。这是间质性肾炎的代偿性功能增强的表现，以促进多喝水，稀释尿（蛋白含量1%或测不出）。由于氯的逐渐丧失，所以组织的保水能力低，因而出现脱水现象。临床出现步态僵硬、弓背，结膜苍白、皮毛无光，局部脱毛并见慢性湿疹。发展病例出现酸毒血症，表现深呼吸，心音第二声强，脉实而紧张。X射线检查显示心肥大（特别是左心室）。透明管型是慢性间质性肾炎的特征。

【诊断】犬急性肾炎，外表可见症状，因肾区疼痛致使犬后肢运步拘谨或不敢站立，发病比较突然。很容易误诊为风湿性关节炎，只要检查肾区和尿检，就能区别诊断。

【防治措施】本病治疗以加强护理、抗菌消炎、利尿消肿、抑制免疫反应和防止尿毒症为治疗原则。

（1）急性肾炎治疗　静注大量维生素C（500毫克）和葡萄糖酸钙（2～5毫升）。尿里有细菌时可用广谱抗生素治疗。

（2）慢性肾炎治疗　同急性肾炎。考虑到氯的丧失和脱水，应静注10%氯化钠3～8毫升。

（三）膀胱炎

膀胱炎是指膀胱黏膜和黏膜下层的炎症。多由病原微生物感染所致，临床上以尿频、尿渣中有大量膀胱上皮、脓细胞、红细胞为特征。常发于雌性犬。

【病因】引起膀胱炎的主要原因有感染了病原微生物。如大肠杆菌、葡萄球菌、链球菌、变形菌等；邻近器官炎症的蔓延。如肾炎、输尿管炎、前列腺炎、尿道炎，特别是母犬的阴道炎、子宫内膜炎时，炎症很易蔓延至膀胱，引起膀胱炎；机械性损伤，如导尿管损伤、膀胱结石等都可刺激黏膜发生炎症。

【症状】分为急性膀胱炎和慢性膀胱炎两种。典型症状是疼痛性频频排尿，病犬频尿，或作排尿姿势，但每次仅排出少量尿液或不断呈滴状排出，且表现疼痛不安。严重时由于膀胱颈黏膜肿胀或膀胱括约肌痉挛性收缩，可引起尿闭，病犬疼痛不安，呻吟。急性膀胱炎时，尿频和尿少（几滴），但每天的尿总量仍在正常范围，排尿时疼痛。尿有氨味，颜色发暗、发黏，含有絮片，成碱性或中性反应。尿中有蛋白，沉渣中含磷酸盐结晶和上皮，大部分病例细菌检查呈阳性。慢性膀胱炎时，基本症状与急性者相似，但程度较轻，病程很长。

【诊断要点】尿沉渣镜检时，见有多量的白细胞、脓细胞、红细胞、膀胱上皮细胞及碎片。尿液浑浊，间或含有黏液絮片、脓液絮片和血凝块。

根据病史、病因、临床症状和尿沉渣检查，可作出诊断。

【防治措施】

一是改善饲养管理，适当休息，喂以无刺激性、富于营养和易消化的饲料。应适当限制高蛋白质饲料。

二是用消毒或收敛药冲洗膀胱。先用导尿管排出膀胱内的积尿，用微温盐水反复冲洗后，再用药液冲洗。

消毒：可用 0.05％高锰酸钾溶液、0.02％呋喃西林溶液、0.1％雷佛奴耳液。

收敛：可用1％～3％硼酸溶液、0.5％鞣酸溶液、1％～2％明矾溶液等。

严重的膀胱炎在冲洗膀胱后，灌注青霉素 80 万～120 万单位（溶于 50～100 毫升蒸馏水中）于膀胱中，并全身应用青、链霉素或其他抗生素。

三是可适当应用尿路消毒剂，如呋喃嘧啶，1 次用量为 4.4 毫克/千克体重，1 日内服 2 次。

四是注意防止微生物的侵袭和感染。实施导尿术时，应遵守消毒、无菌要求。对其他泌尿器官的疾病应及时治疗，以防蔓延。

（四）尿石症

犬尿石症是指尿路中的无机或有机盐类结晶的凝结物，即结石、积石或多量结晶刺激尿路黏膜而引起出血、炎症和阻塞的一种泌尿器官疾病。该病根据其结石部位不同，有尿道结石、膀胱结石和肾结石等。此病多见于老龄犬，膀胱和尿道结石最常见，肾结石只占 2%～8%，输尿管结石少见。结石是由磷酸盐或尿酸盐组成。尿结石常伴有尿路感染，结石类型不同，其感染率各异。

【病因】尿是高度饱和溶液，含有大量呈溶解状态的盐类及一定量的胶体物质，盐类与胶体之间保持相对平衡，一旦这种平衡被破坏，则尿中的盐类晶体就不断析出，进而围绕核心物质形成结石。尿结石形成的原因尚未完全清楚。一般认为与食物单调或矿物质含量过高、饮水不足、矿物质代谢紊乱、尿液 pH 值改变、尿路感染及病变等因素有关。临床调查表明，饮食结构单一，以肝脏、肉等高蛋白的物质为主食的犬易患本病。

【症状】尿石症的症状随结石发生的位置不同而表现有所不同。

（1）肾盂结石　病犬表现消瘦，饮食减少，精神差，不愿活动，排尿基本正常，有时有血尿。个别犬会出现下腰区疼痛、弓背等症状，但通常情况下临床症状不明显。

（2）膀胱结石　可引起病犬下泌尿道炎症，出现尿频、尿急、血尿以及疼痛性尿淋漓等。

（3）尿道结石　病犬除表现膀胱结石症状外，也常出现排尿困难、尿闭、膀胱充盈、腹围增大，严重的可能会形成会阴疝。雄性病犬在膀胱积满尿液时常引起疼痛性尿淋漓和间歇性尿失禁。

【诊断】一般根据膀胱充盈、尿频、血尿、尿闭等临床症状结合腹壁触诊可以怀疑为本病，然后通过 X 射线摄影、B 超检查进行确诊。

注意与膀胱炎、生殖系统损伤和泌尿系统损伤相区别。血尿是泌尿系统的常见症状，尿石症、膀胱炎、前列腺炎、生殖系统和泌尿系统损伤等均可引起血尿。膀胱炎尿少而频，血尿，浑浊恶臭尿以及排尿困难；而且血尿于排尿结束时尤为严重，触诊有疼痛的收缩反应，膀胱壁增厚，X射线检查无结石样颗粒。生殖系统损伤的血尿是产后或子宫内膜炎等小便带血，但尿急、尿频等症状不明显。泌尿系统损伤的血尿是由于外伤或寄生虫引起的血尿，前者有明显的外伤史，后者体重减轻、腹痛、便秘、呕吐。

【防治措施】

（1）犬尿石症的预防　要避免长期单一饲喂高蛋白、高磷、高钙的食物，钙、磷比例应保持在（1.2～2）∶1。加强锻炼，增加外出排便机会，减少尿液在膀胱内潴留时间。保证充足饮水，必要时，在饲料或饮水中适当添加食盐，促进犬多饮水、多排尿。如有条件，定期饲喂处方食品，促进体内结石的排出，同时加强饲养管理，防止本病的复发。李志强等报道，给患病犬饮用磁化水对尿结石有一定的预防和治疗作用。

（2）犬尿石症的治疗　对于膀胱胀满的患病犬，在治疗前应先行膀胱穿刺排尿以减轻膀胱内压，防止破裂。犬的尿道很细，在用保守方法能治愈的情况下，不主张进行膀胱或尿道切开，以免形成尿道瘘或成为膀胱内再次诱发结石的核心异物。对患病犬除进行外科手术治疗外，可辅助服用人的排石饮液，也可达到排石效果。

六、呼吸系统疾病

（一）鼻炎

犬鼻炎多由异物刺激、外伤和某些疾病继发感染所致。临床上有鼻黏膜充血、肿胀、打喷嚏和流鼻涕等症状。多发于春秋季节。

【病因】天气寒冷，鼻腔黏膜受到刺激，导致充血、渗出，以致残留在鼻腔内的细菌随之发育繁殖，造成黏膜发炎。吸入氨气和氯气，烟熏以及灰尘、花粉、昆虫等直接刺激到鼻腔黏膜，这样都会引起鼻腔黏膜发炎。继续发病可蔓延到周围的器官。

【症状】

（1）急性鼻炎　刚发病的时候，鼻腔黏膜呈现潮红、肿胀，频繁打喷嚏，而且经常摇摆头部或用前爪搔抓鼻子，同时一侧或两侧鼻孔流鼻涕，一开始呈透明浆液性，之后转变成浆液黏液性或黏液脓性的鼻涕，干燥后就在鼻孔的四周形成干痂。当病情加重的时候，鼻黏膜肿胀十分明显，导致鼻腔变得很窄，造成呼吸困难，能听到鼻塞的声音。伴病发结膜炎的时候，眼睛会出现流泪；伴病发咽喉炎的时候，出现吞咽困难，常伴有咳嗽，下颌淋巴结肿胀。

（2）慢性鼻炎　发病持续缓慢，流鼻涕有时多有时少，多见为黏液脓性。炎症如果不及时治疗，可能会造成骨质坏死以及组织崩解，所以鼻涕里有可能会混有血丝，同时伴有臭味。慢性鼻炎时由于鼻黏膜肥厚，故呼吸用力，并发出鼾鸣声。导致窒息或脑病的原因多为慢性鼻炎，此现象必须重视。

【诊断】根据临床症状，依照鼻腔的症状，若发现鼻腔黏膜潮红、肿胀、流鼻涕、打喷嚏及搔抓鼻部等，进行确诊。

【防治措施】治疗以除去病因为主，同时对症治疗。

对鼻炎的治疗，首先应除去病因，将病犬置于温暖的环境下，停止对犬的训练，适当休息。一般来说，急性轻症病犬，常不需用药即可痊愈。对重症鼻炎，可选用以下药物给病犬冲洗鼻腔：1%食盐水、2%～3%硼酸液、1%碳酸氢钠溶液、0.1%高锰酸钾液等，但冲洗鼻腔时必须将病犬头低下，冲洗后鼻内滴入消炎剂。为了促使血管收缩及降低敏感性，可用0.1%肾上腺素或水杨酸苯酯（萨罗）石蜡油（1∶10）滴鼻。有鼻塞时，可用可卡因0.1克或滴鼻净滴鼻。有全身症状及发烧时用抗生素，可用氨苄西林20～30毫克/千克体重，内服，每日2～3次；或者10～20毫克/千克体重，静脉滴注/皮下注射/肌内注射，每日2～3次。

（二）支气管炎

支气管炎是指气管、支气管黏膜及其周围组织的非特异性炎症。临床上以长期咳嗽、咳痰或伴有喘息及反复发作为特征。多在寒冷季节以及夜间或清晨发病。症状时隐时现，可以持续几分钟或者数天；症状有轻有重，严重时可危及生命。

【病因】原发性气管支气管炎是寒冷、机械、物理和化学等因素作用的结果。继发性气管炎由病原微生物感染引起，主要的病原体有病毒（犬瘟热病毒、犬副流行性感冒病毒、犬腺病毒Ⅱ型、疱疹病毒和呼肠病毒等）、细菌（支气管败血性博代氏杆菌、肺炎双球菌等）、寄生虫（肺丝虫、蛔虫等）、支原体等。气温骤降、呼吸道小血管痉挛缺血、防御功能下降等利于致病；烟雾粉尘、污染大气等慢性刺激亦可发病；黏膜变异、纤毛运动降低、黏液分泌增多有利感染；过敏因素也有一定关系。

【症状】分为急性支气管炎、慢性支气管炎和毛细支气管炎。

急性支气管炎一般在发病前无支气管炎的病史，即无慢性咳嗽、咳痰及喘息等病史。急性支气管炎起病较快，开始为干咳，以后咳黏痰或脓性痰。常伴胸骨后闷胀或疼痛、发热等全身症状，多在3～5天内好转，但咳嗽、咳痰症状常持续2～3周才恢复。

慢性支气管炎多数起病很隐蔽，开始除轻咳之外并无特殊症状，故不易被主人所注意。部分犬起病之前先有急性呼吸道感染如急性咽喉炎、感冒、急性支气管炎等病史，且起初多在寒冷季节发病，以后症状即持续，反复发作。慢性支气管炎的主要临床表现为咳嗽、咳痰、气喘及反复呼吸道感染。

长期、反复、逐渐加重的咳嗽是本病的突出表现。痰一般呈白色黏液泡沫状，严重时黏稠，痰量增多，黏度增加，或呈黄色脓性痰或伴有喘息，偶因剧咳而痰中带血。合并呼吸道感染时，呼吸困难［早期患犬可有胸闷甚至窒息感，不久出现以呼气困难为主的呼吸困难，并带有哮鸣音（如吹哨声）］。患犬呈现端坐姿势，头向前伸，用力喘气。发作可持续数分钟到数小时不等，一般可自行缓解或治疗后缓解。这种以喘息为突出表现的类型，临床上称之为喘息性支气管炎。肺部出现湿性音，查血白细胞计数增加等。本病早期多无特殊体征，在多数病犬的肺底部可以听到少许湿性音。

毛细支气管炎常常在上呼吸道感染2～3天后出现持续性干咳和发作性喘憋，常伴中、低度发热。病情以咳喘发生后的2～3天为最重。咳喘发作时呼吸浅而快，常伴有呼气性喘鸣音，即呼气时可听到像拉风箱一样的声音，每分钟呼吸50～70次，甚至更快，同时有明显的鼻翼扇动。严重时可出现口周紫绀，可合并心力衰竭、脱水、代谢性酸中毒及呼吸性酸中毒等酸碱平衡紊乱。临床上较难发现未累及肺泡与肺泡间壁的纯粹毛细支气管炎，故国内认为是一种特殊类型的肺炎，有人称之为喘憋性肺炎。

【诊断】本病主要根据明显的咳嗽和胸部听诊有干、湿性啰音以及 X 射线检查来确诊。胸部 X 射线检查，急性支气管炎可见支气管有斑状阴影；慢性支气管炎可见肺纹理增强，支气管周围有圆形 X 射线不透过部分。

【防治措施】

（1）加强饲养管理，提高犬的抵抗力。加强季节转换时犬舍的保暖工作，防止忽冷忽热和贼风侵袭。搞好环境卫生，定期做好消毒。做好主要传染病的免疫接种，定期驱虫。加强日常锻炼，提高机体的抗病能力。避免机械因素和化学因素的刺激，保护呼吸道的自然防御机能，及时治疗原发病。

（2）治疗原则　以祛除病因、平喘、止咳、化痰、抗菌消炎、抗过敏、补液、强心以及精心护理患病犬为主。

① 消除炎症　消炎常用抗生素，如青霉素、链霉素、四环素、土霉素、红霉素、卡那霉素及庆大霉素等。若与磺胺类药物并用，可提高疗效。

② 祛痰止咳　对频发咳嗽，分泌物黏稠、咳出困难时，可选用溶解性祛痰剂，如氯化铵 0.2～1 克/次。以 10%～20%痰易净（易咳净）溶液进行咽喉部及上呼吸道喷雾，一般用量为 2～5 毫升/次，1 日 2～3 次。溴苄环己铵（必消痰），其用量为 6～15 毫克/次，1 日 3 次，一般病例可用药 4～6 日，重病和慢性病例应持续用药。此外，也可应用远志酊（10～15 毫升/次）、远志流浸膏（2～5 毫升/次）、桔梗酊（10～15 毫升/次）、桔梗流浸膏（5～15 毫升/次）等。

③ 制止渗出和促进炎性渗出物吸收　10%安钠咖 2～3 毫升、10%水杨酸钠 10～20 毫升、40%乌洛托品 3～5 毫升，混合后静脉注射。

④ 气雾疗法　气雾湿化吸入或加糜蛋白酶，可稀释气管内的分泌物，有利排痰。如痰液黏稠不易咳出，目前超声雾化吸入有一定帮助，亦可加入抗生素及痰液稀释剂。

⑤ 呼吸困难　可进行吸入氧气疗法。

⑥ 厌食和脱水患病犬　须进行静脉输液，补充水分和营养。

⑦ 强心和缓解呼吸困难　为了防止自体中毒，可应用5％碳酸氢钠注射液等。

（3）预防和护理　为了延长缓解期，减少复发，防止疾病进一步发展，应该重视预防和护理工作。

① 预防感冒　避免感冒，能有效地预防慢性支气管炎的发生或急性发作。

② 注意休息　发热、咳喘时减少运动，否则会加重心脏负担，使病情加重，最好静下来，减少因运动带来的刺激。

③ 保持良好的犬舍环境卫生　保证犬舍空气新鲜流通，有一定湿度，控制和消除各种有害气体和烟尘。

④ 注意保暖　在气候变化和寒冷季节，注意及时保暖，减少冷热温度及刺激性味道，注意早晚温差过大时不放病犬外出活动，避免受凉感冒。注意观察病情变化，掌握发病规律，以便事先采取措施。

（三）支气管肺炎

支气管肺炎也称小叶性肺炎或卡他性肺炎，是细支气管及肺泡的炎症。临床上以张弛热、呼吸次数增多、叩诊有散在的局灶性浊音区、听诊有啰音和捻发音为特征。多发于幼犬和老年犬，一年四季均可发生，以晚秋至早春季节发生率较高。

【病因】支气管肺炎的发生主要是由于各种原因（如运输，过劳，饲养管理不当，感冒，厩舍空气浑浊，幼弱衰老，维生素缺乏甚至肺丝虫寄生和蛔虫移行等）致机体抵抗力降低时；平时寄生在呼吸道中的条件致病菌（如巴氏杆菌、肺炎球菌、葡萄球菌、链球菌、大肠杆菌等）则继起危害，发生本病，进而可引起周围犬的散发流行。此外，犬瘟热病也见小叶性肺炎。

【症状】患病犬咳嗽，病初鼻镜干燥，流黏液或脓性鼻液，有支气管啰音，发热 40℃以上，以后降到 39.3℃左右，呈现张弛热。脉搏随着体温的变化而变化，病初稍强，随着病程的发展，频率逐渐加快。呼吸加快，进而出现呼吸困难。精神沉郁，眼睛无神，眼分泌物增多，食欲不振或废绝，病变一般分布于前下部。由于病变范围大小不等，听诊结果不一样。如果是散在少数肺小叶发炎时，听诊、叩诊不显异常；如果病变范围较大（同时或相继感染很多肺小叶群时——呈融合性小叶性肺炎）则听诊肺泡音弱，有捻发音和气管啰音，听诊现浊音区。

【诊断】通常根据病史和临床症状可以做出诊断。根据症状及病理变化、胸部 X 射线检查，发现多发性大小不等、界限模糊的斑状阴影等变化，血液学检查中性白细胞总数增加，可以确诊。

【防治措施】

（1）增强抵抗力 增强户外运动，控制机械因素以及化学因素的刺激，加强保护呼吸道的自然防御机能，找出病因，及时采取治疗措施。

（2）治疗原则 主要以消炎、止咳、化痰、制止渗出和加强护理为治疗原则。可参照支气管炎的一些治疗方法。

① 抗菌消炎 用抗生素或磺胺药消除炎症。氨苄青霉素，30～50 毫克/千克体重，静脉点滴，每天 1～2 次；复方新诺明 0.5～2 片/次，每天 2 次，首次加倍；氧氟沙星 100～200 毫克/次，每天 2 次，静脉点滴。

② 祛痰 可用盐酸阿扑吗啡 0.015 毫升、稀盐酸 2.0 毫升、甘油 10.0 毫升、蒸馏水 150 毫升混合剂，每 3～4 小时 1 茶匙；或用碘化钾 3 克、碳酸氢钠 6 克加蒸馏水 150 毫升，1 日 3 次，1 次 1 茶匙。

③ 强心 用安钠咖、樟脑剂等。

④ 制止渗出 用葡萄糖酸钙 20 毫升，静脉注射；维生素 C 1000～2000 毫克、10％水杨酸钠 10～20 毫升、混糖盐水中静脉点滴。出现低氧血症时尽快输氧。

⑤ 镇咳、祛痰、解痉　可应用磷酸可待因，1～2毫克/千克体重，口服，每天2次；氯化铵，0.2毫克/千克体重，口服，每天2次；痰咳净，每次0.1～0.6克，含服；扑尔敏、苯海拉明也可在必要时应用。

慢性支气管肺炎时，内服碘化钠或碘化钾，20毫克/千克体重，每天1～2次。

⑥ 中药治疗　可应用止咳散、桑菊饮、二附汤、清金化痰汤等。

可采用犬用多用途干扰素或犬血浆，进行滴注，以提高犬的自身免疫力，加快康复。

（四）肺炎

肺炎是指肺实质的急性或慢性炎症，临床上以高热稽留、呼吸困难（气喘）、低氧血症、胸部叩诊有散在性或广泛性浊音区、胸部听诊有干湿啰音等、X射线照片有特殊表现为特征。

【病因】引起本病的病因非常复杂。主要是病毒、细菌侵害呼吸系统所致。由于感冒、空气污浊、通风不良、过劳、维生素缺乏，使呼吸道和全身抵抗力降低时，原来以非致病性状态寄生于呼吸道内或体外的微生物（葡萄球菌、链球菌、大肠杆菌、克雷伯氏杆菌及霉菌等），趁机发育繁殖，增强毒力，引起动物感染发病；吸入刺激性气体、煤烟及误咽异物入肺等；继发于某些疾病，如支气管炎、流行性感冒、犬瘟热或有寄生虫，如肺吸虫、弓形虫、蛔虫幼虫等。如犬患急性子宫炎、乳房炎时，其病原可经血液侵入肺组织而致病。

【症状】病犬精神不振，食欲减退或废绝，体温高热稽留，脉搏增至140～190次/分钟，结膜潮红或发绀，咳嗽，呼吸急促，进行性呼吸困难，常流铁锈色鼻液。肺部叩诊，病变部呈浊音或半浊音，周围肺组织呈过清音。初期听诊呼吸音减弱，以后转为湿性啰音。

【诊断】依据肺炎的诊断要点，对肺炎作出诊断并不困难。由于肺炎可由多种因素引起，要确定病因，确定肺炎是单一疾病还是某种传染病或寄生虫病的局部症状，则需要作全面而细致的检查，甚至必要的实验室检验。

【防治措施】治疗原则为消除炎症，祛痰止咳，制止渗出和促进炎性产物吸收。

本病病因为炎症由支气管向肺泡蔓延，肺泡充血、渗出严重，病犬呼吸困难明显，所以治疗除抗菌消炎、祛痰止咳外，还应重点减少支气管、肺泡的炎性渗出，并促进渗出物吸收。对肺炎病犬的抗菌消炎、祛痰止咳和解热用药与气管支气管炎治疗基本相同。临床实践证明，对肺炎的治疗通过静脉途径、气管内注射和使用医用超声雾化器给药，能明显提高疗效。此外，为缓解呼吸困难，常用氨茶碱 5～10 毫克/千克体重，肌内或静脉注射。在急性渗出阶段，可用 5% 葡萄糖氯化钠溶液 100～250 毫升、10% 葡萄糖酸钙 5～10 毫升和维生素 C 0.1～0.5 克静脉注射；地塞米松 1～2 毫克/千克体重，肌内注射。为促进支气管、肺泡渗出物吸收，可配合应用 10% 安钠咖 0.1～0.3 克/次、速尿 0.5～1 毫克/千克体重，肌内或静脉注射。

（五）肺水肿

肺水肿是指肺毛细血管内血液量异常增加，血液的液体成分渗漏到肺泡、支气管及肺间质内过量聚集所引起的一种非炎性疾病。临床上以极度呼吸困难、流泡沫样鼻液为特征。肺水肿是肺部循环疾病之一，可伴发于心肌炎型犬细小病毒感染，或药物过敏、输液过快或过多、中毒等，若抢救不及时，会造成动物死亡。

【病因】肺水肿的发生主要分为两类：一类是心源性肺水肿；另一类是非心源性肺水肿。心源性肺水肿主要是由于心脏性疾患所引起，如冠状动脉疾病、心肌病、心瓣膜病以及高血压等。非心源性肺水肿主要是因肺脏感染、中毒、过敏、药物使用过量以及剧烈运动等引起。另外，也有高原性肺水肿（如从海拔低的地方迅速到海拔高的地方、空气较稀薄的地方），以及遗传性肺水肿。

【症状】病犬一般突然发病，发病初期表现呼吸急促，张口呼吸，呼吸困难，呼吸次数明显增多，头颈伸展，眼球突出，静脉怒张，体温升高，烦躁不安，或黏膜发绀。严重时可见鼻孔内流出白色甚至粉红色的泡沫鼻液，口腔内咳出白色甚至粉红色的泡沫痰。

【诊断】临床见有上述症状，听诊肺部呼吸音呈湿性啰音。X射线照片显示肺野阴影密度较肺炎均匀，如毛玻璃状；阴影密度普遍升高，肺门血管纹理粗重，肺野亮度减低，肺纹理模糊、增粗且阴影动态变化快。轻度肺水肿是不能通过 X 射线诊断出来的，B超及心电图检测也有助于肺水肿的诊断。

【防治措施】治疗心源性肺水肿，应升高动脉血氧压、增加供氧量、给予利尿剂，并在保证血压、组织灌流和肾脏功能正常的同时降低心脏负担，辅助氧疗和镇定，可减少动物应激和不安。若肺水肿引起呼吸衰竭及呼吸肌无力时，就要进行人工呼吸通气。

对于非心源性肺水肿，现无特效药治疗，包括控制原发病因、辅助呼吸，保持动物水盐代谢正常。对已明确其病因的病例，可直接进行对因治疗；对于不明原因的肺水肿，也要进行积极的对症治疗，否则会直接危及动物的生命。

通常采取以下治疗措施：

① 纠正缺氧，进行吸氧。对于呼吸困难、严重缺氧的患病犬，应予以吸氧。

② 通过注射肾上腺素皮质激素降低毛细血管的通透性，来提高细胞对缺氧的耐受性。肾上腺素 0.1～0.5 毫升/次，皮下注射、静脉滴注或肌内注射，用生理盐水稀释 10 倍。

③ 应用抗生素抗感染治疗。由于感染、中毒等引起的肺水肿，应用抗生素可控制病原感染，减低毛细血管的通透性及细胞和蛋白质的渗出。

④ 采用放血术可降低肺毛细血管压，血量要根据犬的体型大小来决定。

⑤ 利尿。静脉注射呋塞米，可迅速利尿、减少循环血量、升高血浆胶体渗透压及减少微血管滤过液体量。

⑥ 氨茶碱是治疗肺水肿的首选药物。

⑦ 其他治疗方法，如：纠正酸碱失衡和电解质紊乱；应用肝

素或低分子右旋糖酐防止弥散性血管内凝血；用于防止呼吸衰竭的措施。

七、常见外科病

（一）创伤

【病因】创伤是因各种机械性外力作用于机体组织或器官而引起的软组织开放性损伤。犬的创伤多由互相撕咬争斗而发生咬创和裂创；尖锐物体可形成刺创；由锐利的刀片等或砍劈类物体能发生切创或砍创；由钝性物打击则形成挫创；由车轮碾压或重物挤压而形成压创。

伤后经过时间较短的创伤称新鲜创。发生创伤后一般都有如下特点：

① 有裂开的伤口，因而形成创围、创缘、创壁、创腔、创口。当创腔呈管状时称创道；创底浅在露于空间的伤面叫创面；若仅皮肤表皮被破坏则称为擦伤。

② 出血及组织液外流，根据损伤血管的种类不同，可分为动脉、静脉、毛细血管和实质性出血，临床上多为混合性出血。

③ 创伤疼痛的程度取决于损伤部位和动物种类。损伤部位神经分布越密集则疼痛越重；对疼痛反应敏感度由强到弱的顺序为猫、犬、马、牛、羊、猪、禽。

④ 有些创伤可引起运动失调或麻痹等机能障碍。

⑤ 较严重创伤可引起全身反应。伤后经过时间较长的创伤称陈旧创。根据有无感染可分为感染创、污染创、保菌创等。感染创一般有明显的脓汁从创口流出或者在创面上形成脓痂。感染创有时可出现体温升高和白细胞增数等全身症状。

【诊断】创伤的主要症状为出血、疼痛、撕裂。严重的创伤可引起机能障碍，如四肢的创伤可引起跛行等。

【防治措施】创伤治疗的一般原则是，根据创伤的轻重度采取相应措施。小的局部创伤只需在伤口涂些碘酒消毒后用硼砂缠住即可。受伤严重时，应先以压迫法或钳压法止血，并清洗消毒创伤口，进行必要的缝合。对于严重创伤要注意抗休克措施，如镇痛、补液等，同时要使用抗生素预防化脓性感染并积极进行局部治疗；对于创伤要消除影响创伤愈合的因素，如最大限度消除创内坏死组织、异物、血凝块和各种分泌物，保持创伤安静，改善局部血液循环，提高受伤组织的再生能力等。对创伤治疗的基本方法和技术分述如下：

（1）创围清洁法　先用灭菌纱布覆盖创面，防止异物和清洗液进入创腔。然后用毛剪剪去创围被毛，再用70％酒精棉球反复擦拭靠近创缘的皮肤；离创缘较远的皮肤可用肥皂水或0.1％新洁尔灭等消毒液清洗干净，最后用5％碘酊以5分钟间隔两次涂擦创面，注意要以从创缘向外划圈的方式涂擦。

（2）创面清洁法　揭去纱布块，用镊子除去创腔内一切可见的异物、血凝块、脓痂等，再用清洗液反复冲洗创腔。常用的清洗液有生理盐水、0.1％高锰酸钾、0.05％～0.1％新洁尔灭、0.05％洗必泰、0.1％雷佛奴尔等，可任选其一。清洗创腔后，用灭菌纱布块吸去创腔内残存液体。

（3）清创手术　用外科手术的方法将创内坏死、失活组织切除或剪除，消灭创囊、凹壁，扩大创口，保持排液通畅，力争使创伤7天左右即愈合。清创术前要根据情况对动物进行适当的麻醉或镇静。

（4）创伤用药　对于新鲜污染创，可选用青霉素粉、磺胺硼酸（1∶1）粉、碘仿磺胺（1∶9）粉、碘仿硼酸（1∶9）粉等撒布创腔内。对于化脓创，可选用磺胺碘仿甘油（7∶5∶100）、磺胺尿素（95∶5）、白糖粉等。当化脓基本停止，创腔内有新生的肉芽组织再生时，可选用碘仿凡士林（5∶95）、鱼肝油凡士林（1∶1）、碘仿凡士林蓖麻油（3∶20∶10）、鱼肝油磺胺嘧啶水杨酸（86∶10∶4）、紫药水、碘仿鱼肝油（1∶9）、水杨酸氧化锌软膏（4∶96）等。

（5）创伤缝合法　犬的创伤在经清创术后很多都可密闭缝合。应注意只有当创缘较整齐、创腔内无明显坏死组织、无异物、局部血循良好时才可密闭缝合。当清创术无法进行得很彻底时，可进行部分缝合，即在创口下角留一排液口，利于创液排出。有的还可对创口进行疏散的结节缝合，以减少创口裂开。有的先用药物治疗3～5天，无创伤感染时再进行缝合。经初期密闭缝合的创口如出现剧烈疼痛、明显肿胀、体温升高时，应及时拆除部分或全部缝线，进行开放疗法。对肉芽创也可进行缝合，称二次缝合，它可加速创伤愈合，减少疤痕组织的形成。

（6）创伤引流法　适用于创道长、创腔深的创伤，目的是防止创腔内潴留创液。一般常用适当长短、粗细的纱布条作引流物，可将纱布条浸以药液如青霉素溶液、20％氯化钠、20％硫酸镁等中性盐类高渗液等，用长镊子将纱布条两端分别夹住，将一端导入创底，另一端游离于创口下角。对于排液通畅的创伤不应采取引流疗法。引流后渗出物减少时，可停止引流。

（7）创伤包扎法　对创伤做外科处理后，根据部位和创伤大小，选择适当大小的纱布块放在伤部，再覆上一层脱脂棉块，最后用绷带固定。创伤绷带的交换时间应根据具体情况决定。当创内有大量脓汁，存在厌氧性、腐败性感染，以及创伤净化后出现良好肉芽组织的创伤，可不包扎实行开放疗法。

（8）全身疗法　当受伤犬出现明显全身症状时，必须进行全身治疗。对严重污染的较大新鲜创应全身应用抗生素，并进行输液、强心疗法，注射破伤风抗毒素或类毒素；对局部化脓剧烈的患犬，可静注10％氯化钙和5％碳酸氢钠。对严重创伤者必须注意加强饲养管理，补充含维生素的食品。

（二）脓肿

脓肿是急性感染过程中，组织、器官或体腔内，因病变组织坏死、液化而出现的局限性脓液积聚，四周有一完整的脓壁。常见的致病菌为黄色葡萄球菌。脓肿可原发于急性化脓性感染，或由远处原发感染源的致病菌经血流、淋巴管转移而来。往往是由于炎症组织在细菌产生的毒素或酶的作用下，发生坏死、溶解，形成脓腔，腔内的渗出物、坏死组织、脓细胞和细菌等共同组成脓液。由于脓液中的纤维蛋白形成网状支架才使得病变限制于局部，令脓腔周围充血水肿和白细胞浸润，最终形成以肉芽组织增生为主的脓腔壁。脓肿由于其位置不同，可出现不同的临床表现。

【病因】本病主要继发于各种局部性损伤如刺创、咬创、蜂窝织感染了各种化脓菌后形成脓肿；也可见于注射有刺激性药物（如10％氯化钙、10％氯化钠等）时误漏于皮下而形成无菌性的皮下脓肿。

【症状】各个部位的任何组织和器官都可发生，其临床表现基本相似。初期，局部肿胀，温度增高，触摸时有痛感，稍硬固，以后逐渐增大变软，有波动感。脓肿成熟时，皮肤变薄，局部被毛脱落，有少量渗出液，不久脓肿破溃，流出黄白色黏稠的脓汁。在脓肿形成时，有的可引起体温升高等全身症状，待脓肿破溃后，体温很快恢复正常。脓肿如处理及时，很快恢复；如处理不及时或不适当，有时能形成经久不愈的瘘管，有的病例甚至引起脓毒败血症而死亡。发生在深层肌肉、肌间及内脏的深在性脓肿，因部位深，波动不明显，但其表层组织常有水肿现象，局部有压痛，有全身明显症状和相应器官的功能障碍。

【诊断】根据临床症状诊断并不困难，浅部脓肿表现为局部红、肿、热、痛及压痛，继而出现波动感。深部脓肿为局部弥漫性肿胀、疼痛及压痛，波动不明显，试验穿刺可抽出脓液，也可做超声波协诊，即可确诊。

【防治措施】

一是加强饲养管理，减少外伤和正确进行注射操作。对有外伤的病犬加强护理和细心治疗，避免出现消毒不严导致伤口感染。

二是治疗原则为及时切开引流。对初期硬固性肿胀，可涂敷复方醋酸铅散、鱼石脂软膏等，或以0.5％盐酸普鲁卡因20～30毫升、青霉素钾（钠）40万～80万单位进行病灶周围封闭，以促进炎症消退。

脓肿出现波动时，应及时切开排脓，切口应选在波动明显处并与皮纹平行，切口应够长，并选择低位，以利引流。深部脓肿，应先进行穿刺定位，然后逐层切开。冲洗（用氧化氢溶液）脓肿腔及周围皮肤，消毒后用碘酒涂擦。安装纱布引流或行开放疗法，必要时配合抗生素等全身疗法。

深部伴有全身中毒症状者，可选用广谱高效抗生素和支援疗法。

（三）骨折

骨的连续性中断或完整性破坏称为骨折。按骨折处皮肤和黏膜的完整性分类，骨折可分为闭合性骨折和开放性骨折。闭合性骨折处皮肤黏膜是好的，骨折段在里面的，可以不用手术治疗。开放性骨折骨折处皮肤黏膜损伤，骨折段暴露在外，容易感染，需要紧急处理。一般后肢发生较多，尤其是股骨和胫骨，前肢较少，主要限于桡骨、尺骨和肱骨；此外，也有盆骨、颅骨等骨折病例发生。骨折常伴有不同程度的软组织损伤，如神经、血管、肌肉挫伤断裂、骨膜分离、皮膜破裂等。藏獒是好斗的大型犬，易导致咬伤骨折。一般骨折可自愈，多留下残疾。

【病因】各种直接或间接的暴力都可引起骨折。如摔倒、奔跑、跳跃时扭闪，重物轧压，肌肉牵引，突然强烈收缩，人为的打击，车祸，撞、压等都可引起骨折。此外，还有病理性骨折，如骨质疏松、骨髓炎、骨瘤，患佝偻病、骨软症的幼犬，即使外力作用并不大，也常会发生四肢长骨骨折。

【症状】骨折肢体变形，骨折两端移位（如成角移位、纵轴移位、侧方移位、旋转移位等），患肢呈短缩、弯曲、延长等异常姿势。其次是异常活动，如让患肢负重或被动运动时，出现屈曲、旋转等异常活动（但肋骨、椎骨的骨折，异常活动不明显）。在骨断端可听到骨摩擦音。此外，尚可出现出血、肿胀、疼痛和功能障碍等症状。在开放性骨折时常伴有软组织的重大外伤、出血及骨碎片，此时，病犬全身症状明显，拒食，疼痛不安，有时体温升高。

【诊断】骨折的特有症状根据外伤史和局部症状可以确诊，必要时进行 X 射线检查或照相。

【治疗】

第一步，紧急救护。最好在发病地点进行，以防因移动病犬时骨折断端移位或发生严重并发症。紧急救护包括，一是止血，在伤口上方用绷带、布条、绳子等结扎止血，患部涂擦碘酒，创内撒布碘仿磺胺粉；二是严重骨折伴有不同程度休克，或开放性骨折伴有犬出血时，首先应按内科疗法，维持内环境稳定，补给大量钙质和维生素 A、维生素 D 等。

第二步，整复。取横卧保定，在局部麻醉下整复。四肢骨折部移位时，可由助手沿肢轴向远端牵引，使骨折部伸直，以便两断端正确复位。此时应注意肢轴是否正常，两肢是否同长。

第三步，固定。对非开放性骨折的患部作一般性处理后，创面撒布碘仿磺胺粉，再装着石膏绷带或小夹板固定。固定时，应填以棉花或棉垫，以防摩擦。固定后尽量减少运动，经 3～4 周后可适当运动，一般经 40～60 天后可拆除绷带和夹板。

第四步，全身疗法。可内服接骨药，用云南白药；或用血竭 5克、乳香 3 克、没药 3 克、川断 3 克、煅然铜 3 克、当归 2 克、土虫 5 克、南星 1 克、川牛膝 3 克，共研细末，开水调服，每天 1次，连用 5 天；或用红花 5 克、黄瓜子 15 克、煅然铜 3 克，共研细末，开水调服，每天 1 次，连用 10 天。加喂钙片和鱼肝油等。局部肿胀、疼痛或发热时，采取开放疗法，全身用抗生素治疗。对开放性骨折患犬用破伤风抗毒素，以防感染。

第五步，护理。对病犬要精心护理，单独饲养，将食盆、水盆摆放到病犬跟前。

（四）结膜炎

犬结膜炎是最常见的一种眼病。以结膜充血和眼分泌物增多为特征。结膜炎的炎症主要发生于睑结膜和穹隆部结膜。根据病理性质，将其分为卡他性、化脓性及急性、慢性结膜炎。

【病因】机械性损伤，如眼睑外伤、结膜外伤、眼内异物刺激、鼻泪管闭塞、倒睫、眼睑内翻；化学性药物刺激，如石灰粉、氨气、各种有刺激性的化学消毒药液及洗浴药液误入眼内；传染性因素及寄生虫性因素，如犬瘟热、眼丝虫病。

【症状】急性结膜炎表现结膜充血，主要是睑结膜和穹隆部结膜充血。如炎症波及球结膜时，炎症反应强烈，可见少量浆液性、脓性乃至假膜样分泌物的眼屎，结膜肿胀、疼痛，睑裂狭窄或闭锁。慢性炎症时，眼结膜表面形成乳头和滤泡，肿胀不明显，缺乏光泽。泪液分泌减少引起的干性球结膜炎，表现眼睑痉挛。

化脓性结膜炎，眼睑皮肤发生湿疹，并有痒感。病程长可引起角膜浑浊。

【诊断】本病的症状主要有结膜充血、羞明、疼痛、流泪、自眼角流出分泌物，其性质视结膜炎的病情而异，有的呈浆液性，有的呈黏液性或黏液脓性，有的为脓性，排出的脓性分泌物常把上下眼睑粘在一起。有时炎症波及角膜，引起角膜溃疡。

【治疗】急性结膜炎充血严重时，用3%硼酸液或0.1%利凡诺液洗眼、冷敷，涂布消炎眼膏，每日4次。疼痛严重时，可用2%可卡因点眼。对慢性结膜炎可热敷，局部用较浓的硫酸锌或硝酸银溶液点眼。乳头增殖和形成滤泡的，可用结晶硫酸铜烧烙。

犬瘟热及犬传染性肝炎并发的结膜炎，应在治疗原发病的基础上，结膜囊内涂布氯霉素软膏，每日1～3次。支原体、衣原体所致，选氯霉素点眼液点眼，每日2～3次。细菌感染应根据药敏试验选药。真菌性结膜炎，用0.2%氟康唑眼药水点眼，每小时1次，连用3～4周，至临床刺激症状及局部体征完全消失。

由物理、化学因素刺激造成的结膜炎，应首先除去病因。未损伤角膜组织的，可结膜囊内涂布0.05%氟美松眼膏，每日1～3次；酸、碱侵入时，一定要彻底洗眼5～10分钟。

对有过敏因素的结膜炎，要除去致敏原，硫柳汞点眼，每日5～6次。根据情况并用广谱抗生素。

顽固性化脓性结膜炎，应选用1%碘仿软膏涂布，同时用普鲁卡因青霉素于眼底封闭。

（五）角膜炎

犬角膜炎是角膜组织发生炎症的总称，以角膜浑浊，角膜周围形成新生血管或睫状体充血，眼前房内纤维素样物沉着，角膜溃疡、穿孔、留有角膜斑翳为特征。角膜炎通常分为表层性、色素性、深层性及溃疡性四种。角膜炎是犬的常发眼病之一。

【病因】犬的结膜炎通常系由外伤或异物所致。患某些传染病和寄生虫病时也可发生。

【症状】外伤性角膜炎，在角膜表面可见外伤痕迹，损伤部粗糙不平。角膜上皮损伤和继发感染，则局部形成白色隆起——角膜浸润。角膜形成溃疡时，表现羞明流泪，视物模糊。或眼睑痉挛，角膜呈淡黄色或纯黄色浑浊。大面积溃疡时，可见角膜白斑翳，甚至造成角膜瘘管。

炎性刺激引起的角膜炎，多呈角膜浑浊。角膜穿孔时，房水急剧涌出，虹膜可被冲至伤口处，引起虹膜局部脱出、虹膜与角膜粘连、瞳孔缩小。

【诊断】急性角膜炎的主要症状是羞明、流泪、疼痛、眼睑闭锁、结膜潮红。外伤所致的则角膜表面粗糙不平，角膜浑浊，有的较轻微，只是一层半透明的薄翳，有的较厚，呈不透明的白膜，因而致病犬失明。病程较久的病例，角膜周缘充血，严重时可引起角膜穿孔。根据病因和临床症状基本可以确诊。

【治疗】治疗原则首先要了解炎症性质，然后除去病因，促进溃疡愈合，预防并发症发生。

（1）抗生素溶液的应用　一般浓度的眼药水主要用于轻度感染或预防感染；高浓度眼药水用于控制严重角膜感染；球结膜下注射用于控制角膜严重感染。角膜炎一般不用肌内或静脉注射抗生素，因为通过全身血液而达到角膜的抗生素浓度极低，不足以控制感染。

（2）激素的应用　过敏性角膜炎、角膜深层的炎症及角膜溃疡愈合后，基质尚有浸润水肿的，可用激素治疗。激素在角膜溃疡阶段禁用，尤其对病毒性角膜溃疡，激素将促进炎症恶化。

（3）扩瞳剂的应用　0.5%～1%阿托品滴于结膜囊内，放大瞳孔，减轻虹膜刺激，防止虹膜后粘连。瞳孔一经充分扩大，阿托品即应停用。

（4）溃疡面的灼烧　角膜溃疡可用腐蚀性化学药品如 20％硫酸锌、3％～5％碘酒、纯石炭酸或黄降汞眼膏，以促进角膜基质浸润和水肿吸收，减少瘢痕形成。用汞剂时应注意过敏反应。

（5）促进浑浊吸收的药物　角膜炎症接近痊愈时，可用 1％～2％狄奥宁或 1％白降汞或黄降汞眼膏，以减少瘢痕形成。应注意防止过敏反应发生。

（6）全身方面的治疗　内服维生素、激素，可改善角膜的刺激症状，促进溃疡愈合，减少瘢痕的形成。

（六）外耳炎

犬外耳道上皮的急性或慢性炎症，炎症常累及对耳轮和耳郭，有时伴发耳郭疾病或中耳炎。

【病因】引起外耳炎的因素很多，如摩擦、搔抓、异物、寄生虫的寄生，特别是水的浸入是引起外耳炎的常见原因。特别是潮湿阴雨，天气炎热时多发。

【症状】初期只见外耳道潮红、水肿、发痒，自耳道流出淡黄色浆液性分泌物，沾污耳下部被毛。动物表现不安，常摇头晃脑，或磨蹭搔抓耳朵。随着病情发展，局部肿胀加剧，或出现脓疱，流出棕黑色恶臭的脓性分泌物，常导致耳根部被毛脱落或发生皮炎，病犬听力降低。转为慢性时时好时坏，反复发作，并可引起耳道的组织增厚，甚至发生肿瘤，导致耳郭皮肤增厚、耳郭变形和听觉障碍。

【诊断】

一是全面的皮肤病史检查，因为耳是皮肤的延续。

二是必须做检耳镜检查。首先检查受感染和感染程度较小的耳。做无菌培养。然后进行渗出液的细胞学检测。同时观察有无出现红斑、黏膜脱落或溃疡、组织增生、渗出物（颜色、气味变化）或肿物。检查鼓膜的状态。

三是确诊需做进一步检查或治疗性诊断。包括细菌或真菌培养或药敏实验，皮肤取样检查和抗疥螨治疗试验，低过敏性食物试验，皮内试验或体外血液过敏试验。若怀疑药物反应，应停止局部或全身用药。做活组织检查，以确立是否存在增生物或免疫疾病。检查体内雌激素或睾丸素水平，若为性激素性疾病，可考虑做节育手术。检查甲状腺，并检查是否患有其他可影响耳的全身性疾病。

【治疗】急性病犬治疗前，应先以脱脂棉球堵塞外耳道，然后剪去周围的被毛，用生理盐水、0.1%新洁尔灭或3%过氧化氢液冲洗外耳道。冲洗时可将犬头部向患耳一侧倾斜，以利冲洗液流出，然后取出塞于耳道内的棉球，再用干棉球吸干耳道内的液体。

用耳镜检查外耳道深部，并用耳科镊子取出深部异物、耳垢或组织碎片，用双氧水清理分泌物，最后用硼酸甘油（1：20）液涂擦外耳道，每日2～3次。对化脓性外耳炎，按前法清洗后，用抗生素软膏或氧化锌糊剂（氧化锌2，淀粉3，羊毛脂1，凡士林1）涂擦耳道。严重时，每天冲洗1～2次，然后涂软膏。

全身症状明显的犬，可用抗生素作全身治疗。

对耳壳变形或长瘤状物的病犬，均应施行外耳引流术。

（七）风湿症

犬风湿病是一种反复发作的急性或慢性非化脓性炎症，其特征是胶原结构组织发生纤维蛋白变性以及骨骼肌、心肌和关节囊中的结缔组织出现非化脓性局限性炎症。本病常侵害对称性肌肉、关节和心脏等部位，是犬的一种常见病和多发病。

【病因】风湿症的发病原因尚不清楚，但目前认为它是一种自体免疫性疾病。即侵入病犬体内的溶血性链球菌能使机体产生相应的抗体，当存在有某些诱因，使链球菌重新侵入体内时，侵入的链球菌作为一种抗原物质，与存在于体内的抗链球菌抗体相结合，形成抗原-抗体复合物，这种抗原-抗体复合物便可引起风湿症的发生。风寒、潮湿、阴冷、雨淋、过劳以及咽炎、喉炎、扁桃体炎、饲养管理不当等都是引起风湿症的诱因。

【症状】本病的主要特征是突然发病，发病部位常常具有对称性和游走性，且易复发。临床常见的有肌肉风湿和关节风湿。

（1）肌肉风湿　常发生于颈部、肩部、腰部和股部的肌肉群，患病肌群肿胀、疼痛，触摸时肌肉僵硬，可引起运动机能障碍，步态强拘不灵活，但随着运动量的增加和时间的延长，症状有所减轻和消失。根据发病肌群的不同，症状也有差异。当颈部肌肉风湿时，表现为低头困难，头颈伸直或歪斜，活动不灵活。背腰部肌肉风湿时，背腰僵硬，稍拱起，凹腰反射减弱或消失。四肢肌肉风湿时则步态强拘，行动及站立困难，经常倒卧。咬肌、吞咽肌风湿时表现为咀嚼困难，饮水减少，易发生便秘。从整个病程看，患部具有激走性的特点，病犬呈间歇热，体温升高达 $1\sim1.5℃$，可视黏膜潮红，脉搏和呼吸增数，血沉稍快，白细胞数稍增。急性的病程较短，一般经数日或 $1\sim2$ 周即好转或痊愈，但易复发。慢性肌肉风湿常由急性转化而来，病程较长，可达数周至数月之久。严重患犬表现全身肌肉萎缩，僵硬。其中常有结节性硬结，行走困难，易疲劳，常卧地不起。

（2）关节风湿　其特点为关节红、肿、热、痛明显，疼痛游走不定，关节周围稀疏，骨小梁粗糙。软骨下骨板和骺的网状骨质稀疏，关节粗糙不规则，进行性病例则因纤维组织增生而引起关节僵直。关节周围淋巴结肿胀。X 射线检查发现患病关节的软组织和骨质发生变化。常发生在活动性大的关节，如肩关节、肘关节、髋关节、膝关节等。患病犬的关节囊周围组织水肿，关节外形肿大，触诊有热感，患病关节常常肿胀，局部疼痛。患犬起卧困难，运动时表现跛行，运步强拘，特别是清晨和卧地刚站起时最明显，但随运动的增加和时间的延长，跛行的症状可减轻或消除。

【诊断】根据病史和突然发病，局部红肿，有游走性且反复发作的特点，以及以上症状，即可确诊。

【治疗】

（1）消除病因　包括治疗原有疾病，消灭体外寄生虫，除去异物，调整饲料中的营养，改善饲养管理条件，搞好环境卫生，注意保温，犬舍保持干燥和有足够的阳光，勤换垫料，加强户外锻炼等。

（2）加强护理　减少或停止自我损伤，解除瘙痒，可给予镇静剂，或给病犬带上脖圈，防止继续啃咬患部。

（3）积极进行药物治疗　将抗生素与类固醇药共同使用 24 小时后，创面即可干燥，数天后形成痂皮；或对局部剪毛、清洗，除去痂皮后，涂敷抗生素油膏，同时用灭菌绷带包扎，并用解热镇痛、消炎、抗风湿药作全身治疗。用水杨酸钠注射液 0.1～0.5 克/次，肌注或静脉滴注青霉素 2 万～3 万单位/（千克体重·次）（用药前做过敏试验，过敏者禁用）；口服阿司匹林 0.2～1 克/次；保泰松 20 毫克/（千克体重·次），每日 2 次，3 日后用量酌减。

应用皮质激素类药物，口服泼尼松片 2 毫克/（千克体重·次），每日 1 次；地塞米松 0.25～1.0 毫克，肌注，每日 1 次；氟美松 0.125～1 毫克/千克体重，皮下注射；强的松 0.1～0.4 毫克/千克体重，肌内注射，每天 2～3 次；去炎松，关节内注射时 1～3 毫克/次，肌内或皮下注射时 0.11～0.22 毫克/千克体重，也可内服，剂量为 0.25～2 毫克/次，每日 1～2 次，连用 7 天。

维持神经恢复，改善血液循环，肌内注射维生素 B_1 50 毫克和维生素 B_{12} 0.5 毫克，葡萄糖酸钙注射液 0.5～2 克，静脉滴注或静脉注射补充钙质的不足。

反复发病的要注意食物疗法，更换某些饲料。

（八）　疝

疝，俗称疝气，是指腹部内脏器官经腹壁异常扩大的自然孔道或某些病理性破裂孔脱至皮下或其他腔隙的一种常见疾病。突出体表者叫外疝，未突出体表者叫内疝（如膈疝）。根据发生的解剖部位分为脐疝、腹股沟疝、腹壁疝和网膜孔疝等。可分为先天性疝和后天性疝。疝威胁犬的生长健康。

【病因】疝可分为先天性和后天性的两大类。先天性多见于出生仔犬和幼犬，脐孔和腹股沟环发育不良而生脐疝和腹股沟阴囊疝。后天性疝可见于各种年龄阶段的犬，多因腹壁受到强烈钝性外力冲击而引起，导致腹壁肌肉发生撕裂或破损。另外，各种能使动物腹压增高的因素，如跳跃、胀气、努责、妊娠等，都可促使疝的发生。其他某些能使腹壁受损的因素，如创伤、手术、化脓感染等，有时也会成为疝发生的主要原因。

【症状】犬常见的疝根据其发生部位不同分为脐疝、腹股沟阴囊疝和腹壁疝等。

一般的疝仅在局部突然出现一处或多处的柔软性隆起，当动物体位改变或用力压迫推送隆起部位时能消失，这时触摸该处体壁，可摸到体壁的孔状缺损部位（疝孔），当犬恢复常态体位或松手不再压迫，隆起又会重新出现，患犬强烈努责或咳嗽时隆起可随之增大。外伤因素引起的腹壁疝，在其发病早期局部伴有明显的炎症症状。

某些疝由于疝孔太小，脱出的内容物被疝孔缘挤压而发生嵌闭，这时疝内容物不能被推压送回腹腔，局部隆起紧张、硬实，伴有腹痛、腹胀、排粪或排尿受阻等。

脐疝多发生于 5 月龄内的幼犬，公母犬均可发生。病初，在患犬的脐部出现鹌鹑蛋至鸡蛋大小的无热痛、柔软具波动性的球形肿胀物；改变体位或用手压迫时，肿胀即可消失，且在肿胀部位常能触到一个小指甚至大拇指粗疝孔；当停止压迫或腹压增大时，肿胀物再次出现，一般局部症状轻微或不明显；如病程延长，疝内容物与腹膜粘连，可引起嵌闭性脐疝，肿胀物进一步增大、变硬，并与腹膜粘连，且患犬常出现呕吐、不食、体温升高、触摸患部表现疼痛等症状，此外还常继发肠臌气或便秘，改变体位或用手压迫已不能使肿胀物消失。

腹股沟疝多见于母犬，尤其是 2～6 月龄的幼龄母犬。在患犬的腹股沟部一侧或两侧出现形状不规则的肿胀物，病初肿胀物柔软而有波动性，热痛不明显，症状轻微。患犬仰卧，人为提高后躯，并用手压迫肿胀部位时，肿胀物缩小甚至消失。而当患犬重新站立，停止压迫肿胀部位时，肿胀物再次出现；病后期，肿胀物显著增大、变硬，在与腹膜发生粘连后，改变体位，用手压迫肿胀物不能缩小或消失，且触摸和压迫肿胀部位时，患犬常出现腹痛不安等症状。

【诊断】根据临床症状诊断。外疝要注意与血肿、脓肿、淋巴外渗、蜂窝织炎及肿瘤等相区别，同时要区别可复性、不可复性和嵌闭性疝。肠嵌闭性疝，胸部 X 射线检查可以确诊。

【防治措施】

一是对先天性疝气的患犬，不宜留作种用，应淘汰，杜绝近亲繁殖。

二是在母犬分娩时，采取正确的接产方法，正确断脐，在幼犬断脐后，应注意脐孔周围的无菌处理，以免感染发炎，影响疝孔的愈合，而发生疝气。

三是加强饲养管理，营养结构要合理，对幼犬不要让其过食饱饮，也不能让其剧烈运动（如急剧跳跃等），对成犬应尽可能分开饲养，以免因相互斗架、撕咬、爬跨等而诱发本病。

四是治疗。疝可视具体情况采用不同的治疗方法。犬龄较小而且脐疝较小的，不需手术，采用保守疗法，即可达到比较满意的治疗目的。如果疝孔较大或者疝内容物不易被还纳回腹腔，可以实行手术治疗，特别是种用母犬，更需及早治疗，以免在将来母犬生产时引起更为复杂的疝部病变。

手术具体方法如下：

① 术前患犬应停食半天。

② 患犬采用全身麻醉并适当保定。对脐疝患犬应仰卧保定，对腹股沟疝患犬采取仰卧保定并使其处于前低后高的状态，以利于寻找疝孔和还纳疝内容物。

③ 确定疝孔部位。通过改变体位，触摸疝囊，仔细寻找疝孔，一般病初容易找到，如病程长，疝内容物增大并已与腹膜发生粘连，则不易寻找。

④ 将疝囊上靠近疝孔的皮肤按常规无菌处理后，纵向切开，如无粘连，直接将内容物还纳腹腔，钝性分离腹膜，以袋口缝合法封闭疝孔。在封闭疝孔时，一定要确保缝针不损伤肠管等脏器，疝孔缝合完毕后，在创口周围撒青霉素粉 1～2 支（0.5 克/支），以防感染，皮肤结节缝合。若肠管、生殖器官等脏器与疝囊发生粘连，则应小心剥离粘连部分，然后进行缝合。

八、生殖系统疾病

（一）假孕症

假孕症是指母獒发情后在未交配或交配后没有受孕的情况下，出现一系列妊娠母獒所特有的变化。假孕症虽然并不会引起生殖道的疾病，但会影响母獒的正常繁殖。

【病因】一般认为可能与黄体活性延长有关。犬发情排卵后，无论受孕与否，都会在卵巢形成黄体。黄体分泌的孕酮是一种维持妊娠和引起妊娠变化的激素。如果黄体存在时间延长（有时可达100天之久），并且孕酮分泌量与怀孕犬相同时，就会引起某些母獒出现类似怀孕的症状。

【症状】假孕症多发生在发情后的2～3个月这一期间。母獒出现腹部增大，触诊腹壁可感觉到子宫增长变粗，乳腺发育胀大并能泌乳，但不形成初乳，母獒表现急躁不安，寻找暗处做窝，喜欢饮水，食欲不佳，有时还会出现呕吐、多尿、阴道分泌物呈牛奶样，但黏稠性降低等症状。

【诊断】根据配种史、腹部触诊、X射线摄影及超声波诊断，排除真正怀孕即可确定诊断。

【防治措施】轻症者可自愈，无需治疗。重症者可使用激素治疗，如甲基睾丸酮，犬内服日量为10毫克；己烯雌酚，肌内注射或口服，其剂量均为1.2～2.5毫克/次，连用5天。对常发的母獒，不适种用并应实施去势术，从根本上杜绝假孕的发生。

（二）不孕症

不孕症是指1.5～2岁时发过情，近1～2年不发情或有不正常发情又屡配不孕的犬暂时性或永久性不能繁殖的统称。

【病因】由于发病原因不同，主要有以下几种因素：

（1）先天性不孕　是有生殖器官发育不全或两性畸形。患犬到达配种年龄时不发情，或有发情表现而配不上，检查可见外生殖器异常。

（2）饲养管理不当引起的不孕　由于饲料不足、品质不佳及饲料单纯等，引起蛋白质、维生素、矿物质、微量元素的缺乏，造成代谢紊乱、生长发育停滞、消瘦、营养不良、过肥等，致性机能障碍、性激素生成不足，使母獒不发情或发情不受孕，或受孕后流产、产死胎等。

（3）疾病性不孕　除布氏杆菌、结核杆菌、弓形虫、钩端螺旋体等感染引起的传染病可致母獒不孕外，某些生殖器官疾病，如卵巢囊肿、持久黄体及子宫感染等也可造成病犬长期不发情、不孕。

（4）环境变化引起的不孕　由于藏獒的迁移、转群、转场，或者出现海拔、气候、光照、气温、饲料、主人更换等生活条件与环境变化时，较敏感的母獒往往难以在短时间内适应，有些母獒表现出不发情或发情不排卵。

【症状】主要表现不发情，或发情却屡配不孕，甚至无法交配。

【防治措施】

一是先天性不孕不作种用。

二是由饲养管理不善引起的不孕，在消除了不孕的原因之后一般可以恢复。

三是由疾病引起的不孕以治疗疾病为主。

四是对乏情的可试用孕马血清、绒毛膜促性腺激素及雌激素进行治疗。用量，孕马血清（精制品每支含 400 单位、1000 单位、3000 单位）为 25～200 单位/次，皮下或肌内注射，1 日或隔日 1 次；绒毛膜促性腺激素为 25～300 单位，肌内注射；己烯雌酚为 0.2～0.5 毫克/次。

（三）公犬不育症

公犬不育症是指公獒在交配中不能射精，或排出的精液中无精子、死精、精子畸形，或成活率低等不能使卵子受精。

【病因】发生原因很多，主要有营养不良，如饲料质量不好，缺乏维生素（主要是维生素 A，维生素 E）；运动不足，配种过度或长期不配种；公獒年老体衰，生殖器官疾病（隐睾、睾丸发育不全、睾丸萎缩、睾丸及附睾炎等）或感染某些疾病，如布鲁氏菌病、结核病、内分泌紊乱（雄激素不足），副性腺（如前列腺）炎和遗传原因等引起；另外，公獒肥胖以及龟头、生殖器疾病于交配时造成疼痛等，都可造成不孕症。

【症状】主要表现公獒无性欲，见发情母獒阴茎也不能勃起（阳痿），或勃起后也不射精。检查精液品质不良。

【防治措施】应改善饲养管理条件，给以足够的营养物质，以增强体质。要加强体力锻炼，配种要适度，防止过多或过少。对生殖道的疾病要给以适当治疗。对性欲缺乏的公獒，可内服甲基睾丸素（甲基睾丸酮）10毫克或肌内注射丙酸睾丸素（丙酸睾丸酮）20～50毫克/次。对治疗无效或年老体衰的公獒，应淘汰不作种用。

（四）流产

流产即妊娠中断，是由于母獒体内外各种因素的影响，破坏了母体与胎儿正常的孕育关系所致。

【病因】引起流产的原因很多，主要有各种机械性损伤，如腹部受到碰撞、冲击、创伤及腹部手术等，极易造成流产；多种传染病，如患布鲁氏菌病的母獒往往在外表上看不出异常，但在妊娠的45～55天即发生流产，犬瘟热、结核病、传染性肝炎等也使流产的发生率增高；母獒患有弓形虫病时，也常可引起流产；生殖器官疾病，如慢性子宫内膜炎，精子和卵子异常，胎盘、胎膜异常等；母体内分泌失调，如甲状腺机能减退及孕酮分泌量不足；另外，各种全身性疾病和饲喂不当、营养缺乏等均可能引起流产。

【诊断】流产的临床诊断一般比较容易，如发现妊娠母獒不足月即发生腹部努责，排出活的或死的胎儿即可确诊。要注意的是大部分病例并不一定能看到流产的过程及排出的胎儿，而只是看到阴道流出分泌物。在妊娠早期发生的隐性流产，由于胚胎已被子宫吸收，阴道也无异常改变。遇有这些情况就要对母獒做全面的检查，先看看营养状况如何，有无其他疾病，然后仔细地触诊腹壁，以确定子宫内是否还存有胎儿。有时母獒所怀胎儿只有一个或几个流产，剩余胎儿仍可能继续生长到怀孕足月时娩出，称之为部分流产。

对流产的病因诊断非常重要，只有弄清病因，才能确定病犬能否继续配种和采用何种治疗方法。如患有布鲁氏菌病的母獒，就不能再配种怀孕，即使妊娠了，最终还要流产。病因诊断比较复杂，需要做多项实验室检查，如血清学试验、激素测定、尿液分析、阴道分泌物的微生物培养等。有条件者，母獒流产后，獒主应将产出的流产胎儿做各项检查，并送兽医检验单位检查。

【防治措施】妊娠母獒的子宫和胎儿的维系结构是体内较脆弱的部分，任何不利的因素作用于母体后，首当其冲受到伤害的是子宫和胎儿。因此，只有全面、仔细地从饲养管理、疾病防治等工作入手，才能确保妊娠安全。

对母獒出现流产征兆时，要采取保胎措施。可给病犬肌内注射黄体酮，其剂量为2～5毫克/次，连用3～5天，并进行对注射黄体酮症治疗。如病犬体质虚弱，要及时输液、补糖。体温升高，血象呈炎症变化时，要注射抗生素。对胎儿排出困难、胎衣不下或子宫出血等症状，应注射催产素等催产药物（用量为2～10单位/次）。对胎儿已腐败的病例，除注射抗生素外，还应用0.1%高锰酸钾液冲洗生殖道。

为防止流产，配种前应检查母獒有无布鲁氏菌病等传染性疾病。妊娠期间应加强饲养管理。对有流产病史的母獒，可在妊娠期间注射黄体酮，预防流产。

（五）难产

难产是指母獒在分娩过程中发生困难，超过了正常的分娩时间而不能将胎儿娩出的现象。若对难产处理不当，不仅会引起母獒生殖器官疾病，影响以后的繁殖机能，甚至可造成母体或胎儿或母子的死亡。

【病因】难产的发生既有母体的因素，也有胎儿的因素。以母体因素为主引发的难产称为母体性难产，以胎儿因素为主引发的难产称为胎儿性难产。

（1）母体性难产　母体性难产主要包括娩力不足、产道异常。娩力不足指母獒在分娩过程中，子宫的再发性收缩力和腹壁肌肉的收缩力减退，蠕动的次数减少。这样使胎儿运动到子宫体及骨盆腔前沿成为困难，故而成为难产的因素之一。影响娩力不足的因素主要在饲养管理上，饮食不合理，饲料配方不当，缺乏必需的矿物质、维生素、微量元素等，且母獒过度肥胖，缺乏运动；自身状况如年老体弱，怀胎过多或分娩时伴有其他疾病；其他因素，如分娩时外界环境对怀孕母獒的影响，嘈杂及陌生的环境使之精神紧张；缩宫素使用的时机不当或过频、过量；过早地实施人工助产，过度压迫腹壁等。这些都对娩力不足产生影响。

产道异常常见的情况有 3 种：一是骨盆狭窄；二是子宫颈口与外阴部狭窄；三是妊娠后期子宫体扭转。这 3 种情况中任何一种因素都可以使生产母獒在分娩过程中发生难产。

（2）胎儿性难产　由于胎儿的异常造成母獒分娩困难，不能将胎儿顺利娩出的病理状态称为胎儿性难产。这种情况多见于初产母獒单胎，其胎儿过大，亦见于胎位不正、胎儿脑积水、皮下水肿、腹水、软骨营养障碍和双畸形。

① 胎儿过大　如胎儿体重或体型过大，不能顺利通过产道则引起胎儿性难产。造成胎儿过大的因素有初产母獒单胎或胎儿数较少，妊娠后期母獒营养过剩或妊娠期延长。

② 胎儿发育缺陷　如因染色体异常而造成的胎儿畸形。胎儿腹水、皮下水肿、脑积水等和羊膜积水。

③ 胎儿阻塞　当胎儿从两个子宫角同时进入产道时，两个胎儿会挤于子宫入口的前部，造成胎儿性难产。这种情况比较少见。

④ 胎位胎势不正　母獒正常分娩的胎位是胎儿口吻部和两前肢朝外，以伏卧的姿势产出；也有的胎儿以尾部和两后肢朝外伏卧产出（倒位），通常也不会造成难产，均属正常。但如出现其他胎位胎势则易引起难产，属异常胎位。临床上较多见的胎位异常有胎儿姿势异常。这是一种较为多见的一种形式的难产，主要是胎儿在进入子宫后，由于胎儿本身的活动及子宫的收缩等因素造成胎儿的头部和四肢的方向改变，这种改变即成为不利于胎儿产出的姿势，因此必须经过纠正复位方能产出。例如，正生分娩时（即胎头先

露，先产出头部及两前肢），胎头过低或过高；颈部屈曲，头部转向侧方，胎头过大或畸形；两前肢屈曲不能进入产道。倒生分娩时（两臀部外露，先产出臀及两后肢），两后肢于盆腔外，两后肢分开；胎头过大时，躯体中部已产出产道外，胎头仍未过子宫颈口或骨盆腔及外阴。还有横向胎儿，多见于经产母獒或助产者助产方法不当所造成。或是两个胎儿同在子宫体中，此时每个胎儿进入骨盆腔成为困难，造成难产。

胎儿活力不足或死亡也会导致难产。

【诊断】有以下情况之一可判定为难产：

① 从配种的当天开始计算，母獒妊娠的天数大于 72 天。

② 阴道检查发现盆腔阻塞。

③ 直肠内温度已降至正常值，且无努责的迹象。

④ 腹部强烈收缩持续 30 分钟以上而未产出胎儿。

⑤ 第一个胎儿在 12 小时之前已产出或上一个胎儿在 4 小时之前已产出而分娩进程不再继续。

⑥ X 射线检查发现胎儿胎位不正，胎儿未被送达产道。

⑦ B 超检查发现胎儿心跳弱，处于应激状态。

⑧ 第一个胎儿排出之前已经见到绿色的胎水从母獒的阴道中排出。

⑨ 母獒出现全身性异常如持续的呻吟、弓背、精神委顿或肌肉震颤等。

【助产】对于难产的助产，应根据不同的难产类型，采取不同的助产方法。

（1）胎儿异常性难产　对于胎儿轻度异常的患犬先进行矫正和牵引，但应避免对胎儿及母体产道的伤害。助产时将右手中指伸入阴道，左手腹壁配合进行矫正后可注射催产素催产。对于胎儿过大的情况，可矫正牵引进行助产。若助产无效，胎儿尚存活时，可行剖宫产术。对于胎儿已发生死亡的可采取适度的截胎方法将胎儿分割取出。对于胎儿绝对过大和严重畸形的可行剖宫产或截胎术。

（2）产道异常性难产　对于骨盆狭窄，胎儿存活可进行剖宫产取胎；胎儿已死亡时可施行截胎术，截胎无效时则进行剖宫产取胎。对于子宫颈开张不全、子宫扭转、宫外孕、胎盘粘连等引起的难产，只能施行剖宫产取胎。对于外阴偏小引起的难产，胎儿通过有困难时，可施行外阴部切开。

（3）娩力不足性难产 如果是母獒身体衰弱而阵缩无力时发生难产，通过注射催产素、诱发阵缩通常有一定效果。在犬只生下第一只仔犬或阴道指检产道和胎位正常，但阵缩无力者可以注射催产素 5～10 国际单位/次，间隔 30 分钟，连续注射 2～3 次，并用手向后帮助推压腹部。多次小剂量注射催产素优于单一的大剂量注射。使用催产素前可先静注 10％葡萄糖酸钙注射液 10 毫升增强子宫收缩。一般情况下，即使使用催产素，也需要人的帮助才能顺利分娩。阵缩虽然是垂体后叶发动的，但也受环境和外界刺激的影响，有神经质的犬在不是自己选择的场所不分娩，有的由于陌生人打扰而宫颈开张不全或子宫阵缩无力，在产力不足时可人为诱发阵缩，用手指刺激产道或用手指插入肛门刺激产道。

（4）其他异常分娩 早期破水就是异常分娩；正常分娩时胎儿最外层的薄膜破裂，其中的羊水一点点流出，具有润滑产道的作用，持续时间很长，如果在短时间内就全部流出，起不到润滑的作用，造成分娩困难。如果处理不当，仔犬会很快死亡。这时必须借助器械和人力来辅助分娩，将胎儿拉出，辅助的要领是：首先往产道内灌注洗涤剂，当阵缩努责开始时，随着阵缩施力，阵缩停止时也暂时停止施力，到阵缩努责再次开始时继续往外拉，这样可以把胎儿拉出来。但不要用力太大，否则会将胎儿拉断导致死亡。在反复助产后仍不能顺利产出时，应考虑实施剖宫产。

（5）剖宫术 剖宫术是犬妊娠 58～60 天以后，经腹切开子宫壁直接取出胎儿的手术。剖宫术应该以保全母仔生命为前提。目前这类手术应用的范围很广，而且手术操作技术比较容易掌握，但如何恰当掌握适应证还比较难。如必须剖宫术而未做手术，则可造成孕犬或胎儿死亡；如不须手术而做了手术，会给孕犬带来不必要的痛苦，故应尽量给予试产的机会，密切观察产程，观察中发现矛盾及时解决，争取阴道顺利分娩的机会。确实因为母獒骨盆狭窄、产道异常以及畸形胎儿、死胎、单胎横卧子宫，药物助产无效时，必须尽快实施剖宫产，以保母獒安全。剖宫产的术式有子宫体切开术和子宫角切开术，目前以后者居多。

【预防】由于犬难产的原因复杂，种类繁多，因此应采取综合措施加以预防。

（1）做好选育工作　存在与产科相关疾病的犬尽量少配或不配。如存在腹壁疝、骨盆骨折、子宫和阴道纤维组织增生、子宫肿瘤及有难产史的犬不适合配种用。

（2）防止过早交配　母獒达到性成熟、体成熟、体况和膘情都正常时即可配种。

（3）加强怀孕母獒的运动　一般认为"加强怀孕母獒的运动，可导致母獒的流产"，这种观点是不对的；相反，合理散放怀孕母獒，不仅可以增强母獒体质，增加母獒产仔时的产力，而且可增强血液循环，增强仔獒的活力。妊娠母獒运动要适度，一般在妊娠前期每天运动 2 小时，妊娠后期 3 小时左右，临产前可适当运动。

（4）合理控制母獒的营养　营养太好，可使胎儿过大而发生难产；营养不足，可使胎儿发育不良而出现弱胎。因此，针对采食量不大、食欲不旺盛的母獒可增加一些高蛋白的饲料；而对一些采食量大、食欲旺盛的母獒可相对控制食量，特别是在怀孕 45 日龄以后，要注意调整母獒的营养，防止胎儿过大或过小。

（5）减少母獒产仔时的恐惧心理　母獒在产前要提前进入产房，让其熟悉生产环境，尽量不要更换饲养员，保证产区安静。

（六）产后搐弱症

产后搐弱症是一种以低血钙为特征的代谢性疾病。表现为肌肉强直性痉挛，意识障碍。本病在产前、分娩过程中及分娩后均可发生，但以产后 2～4 周期间发病最多，且多见于泌乳量高的母獒。

【病因】缺钙是导致发病的主要原因。胎儿骨骼的形成和发育需要从母体摄取大量的钙，产后随乳汁也要排出部分钙，如果母獒得不到及时的钙补充，体内就会缺钙。缺钙引起神经肌肉的兴奋性增高，最终导致肌肉的强直性收缩。

【症状】一般是突然发病，没有先兆。病初呈现精神兴奋症状，病犬表现不安，胆怯，偶尔发出哀叫声，步样笨拙，呼吸促迫。不久出现抽搐症状，肌肉发生间歇性或强直性痉挛，四肢僵直，步态摇摆不定，甚至卧地不起。体温升高（40℃以上），呼吸困难，脉搏加快，口吐白沫，可视黏膜呈蓝紫色。从出现症状到发生痉挛，短的约 15 分钟，长的约 12 小时，经过较急，如不及时救治，多于 1～2 天后窒息死亡。

【诊断】快速诊断十分重要，结合临床症状，检测血钙含量，如血钙低于 6 毫克/100 毫升即可确诊。

【防治措施】为预防产后搐搦症，在分娩前后，食物中应提供足量钙、维生素 D 和无机盐等。泌乳期间要注意日粮的平衡和调剂。

治疗用静脉注射 10% 葡萄糖酸钙 5～20 毫升（须缓慢注入），同时静脉注射戊巴比妥钠（剂量为 2～4 毫克/千克体重）或盐酸氯丙嗪［剂量 1.1～6.6 毫克/（千克体重·次），肌内注射］控制痉挛。母獒口服钙片或在食物中添加钙剂。

九、神经系统疾病

犬癫痫病是神经系统的一类慢性疾病，表现为运动、感觉、意识行为障碍。以发作的突然性、暂时性和反复性为特征。

【病因】犬癫痫病一般有原发和继发两种。

原发性癫痫是犬的一种遗传性疾病，占犬癫痫病的绝大多数。可能是由于长期近亲繁殖，导致大脑皮层和皮质下中枢对外刺激过敏，容易感受外界极轻微的刺激，诱发疾病。一般发病的年龄为 1～4 岁。所以基因方面的控制是很重要的，不要近亲繁殖的政策是有科学依据的。

继发性癫痫多由疾病带来神经损伤而引起。一般主要分为疾病及外伤性癫痫（如犬瘟感染、破伤风感染、寄生虫寄生、脑内肿瘤、头部受到外伤等）、代谢性癫痫（如低血糖、低血钙、贫血、低血钠、维生素 B₁ 缺乏、肝性脑病、热射病、尿毒症代谢循环毒素中毒等）、中毒性癫痫（如有机磷中毒、一氧化碳中毒等）。

【症状】癫痫发作可以分为前驱症状期、先兆期、爆发期及发作后期四个阶段。

第一个阶段，前驱症状期，在癫痫发生前几小时到几天不等。这个阶段，犬会出现主人可以察觉的行为改变。

第二个阶段，先兆期，不是所有的犬都具有。这个阶段，犬会显得非常不安，出现哀鸣、焦躁、躲藏、流涎，有的还会出现呕吐。这种状况会持续几秒钟到几分钟。

第三个阶段，爆发期，也就是实质性的癫痫发作，其表现包括肌肉控制失调，有的则出现意识丧失。犬这时可能会出现伸展前肢、摔倒、抽搐、战栗、奔跑以及大小便失禁等情况。这个阶段可以持续几秒钟到几分钟。

最后一个阶段，发作后期。这是犬逐渐恢复正常的阶段。这时候犬可能精神错乱，并感到困惑。这种状况可能持续几分钟到几小时，而且不少犬此时会非常口渴或饥饿。

根据犬癫痫病临床症状，犬癫痫发作主要可分为既有意识丧失又有痉挛发生的大发作，以及仅有短时间晕厥、不伴有痉挛的小发作两种类型。癫痫病发作的间隔时间长短不一，有的 1 天发作几次或数次，有的间隔数天、数月甚至 1 年以上，在发作间隔期其表现和健康犬完全一样。

（1）大发作　病犬突然倒地、惊厥，发生强直性或阵发性痉挛，全身僵硬，四肢伸展，头颈向背侧或一侧弯曲，有时四肢划动呈游泳状。随肌肉抽搐、意识和知觉丧失，牙关紧闭，口吐白沫。眼球转动，巩膜明显，瞳孔散大，鼻唇颤动，大小便失禁，发作持续时间数秒钟至几分钟。发作后期，惊厥现象消失，意识和感觉恢复，患犬自动站起，表现疲劳、共济失调、精神沉郁。

（2）小发作　突然发生一过性的短暂意识障碍，呆立不动，反应迟钝，痉挛抽搐状轻微且多表现在面部，如眼睑、口唇震颤、眼球旋动、嘴溢白沫，如频繁发作则可发展到大发作。局限性发作，可表现为头部或局部肌肉群抽动，如眼睑颤动、眼球旋动、口唇震颤等。意识不丧失，恐惧、躲藏、惊叫，无意识地非自主活动。

【防治措施】犬癫痫病发作的时候饲养员要镇定，陪在犬的身边，帮它保持平衡。它如果能站，就不要非让它躺下，抚摩它，跟它温柔地说话，一定要平静，人的惊慌会让它更紧张。有的病情严重的犬发作的时候可能咬到自己，应该准备一个软的、专门垫牙的东西，切忌用手垫。同时一定要注意保护自己，因为犬癫痫病发作时可能会咬伤周围的人。

注意癫痫药不是救急的，在血液中达到一定浓度才会发挥作用。应该事先了解犬的最高用量。切忌加大用药剂量，量太大了还会使患病犬中毒致死。

癫痫病犬应该喂给最营养、最科学的狗粮，同时还要补钙及 B族维生素，对稳定和营养神经很有用。保持犬的心情轻松愉快，尽量避免粗暴对待。尽量避免和异性犬接触，以免引起患病犬情绪波动。

对患病犬要做记录。记录应该包括：发作时间，持续时间，发作的动作，当天吃过什么，天气怎样，是否曾经特别兴奋或者害怕等一切可能成为刺激的事情，甚至还有其他犬的特别表现，以及吃药的情况、药量、次数等，以找到一些规律来帮助预防。

对那些发作和发情有密切联系的犬，应该实行绝育。但注意至少要控制到 2 个月以上没发作才能实施绝育手术，因为癫痫病犬麻醉有风险。一定要找经验丰富的兽医做绝育，并且选择尽量安全的麻醉方式。

目前癫痫治疗是以药物控制治疗为主，大部分都是不能得到根治的，尤其是继发性癫痫。癫痫是属于慢性的神经疾病，需要长期治疗，不能随意停药。即使病犬很长时间没有抽搐，也不能停药、减药，可以说是终身服药。治疗上要针对癫痫类型合理用药，这是抗癫痫治疗的一条重要原则。

治疗大发作，一般主张选择苯妥英钠，苯妥英钠不能控制的病例，加用苯巴比妥或扑癫酮，改用抗癫灵往往可获疗效。

治疗小发作首选药是乙琥胺，作用强，毒性小。对精神运动性发作可选用苯妥英钠或加用扑痫酮。处理癫痫持续状态，首选安定0.5～1毫克/千克静脉注射，也可以用苯巴比妥6～12毫克/千克肌注或静注，或苯妥英钠5～10毫克/千克加5％葡萄糖稀释缓慢静注，同时注射维生素 B_1 或者维生素 B_6 10～20毫克/只。

预防性给药时，如果发病时间在早晨，那么晚上的药量就应该大于早上的量，反之亦然。

十、中毒性疾病

（一）中毒的一般治疗原则

有毒物质可以通过皮肤、黏膜、消化道和呼吸道进入犬机体，引起机体中毒。一般的治疗原则如下：

1. 阻止毒物的进一步吸收

这是最先做的工作，也是最重要的一步。可以采用冲洗法，尤其是毒物经皮肤吸收时，用清水反复冲洗患病犬的皮肤和被毛，彻底冲净，或放入浴缸中清洗。清洗时，人应戴胶皮或橡胶手套，轻擦轻洗。为了加快有毒物质的消除，在皮肤上可以使用肥皂水（敌百虫中毒时例外）冲洗，以加快可溶性毒物的清除。

催吐是使进胃的毒物排出体外的急救措施，在吃入毒物的短时间内效果好，常用硫酸铜溶液。也可使用阿扑吗啡，静注0.04毫克/千克体重，或肌注、皮下注射0.08毫克/千克体重。如果此药用后抑制动物呼吸，长时间呕吐不止，就应该用麻醉性拮抗药减轻其毒副作用。当毒物已食入4小时，大多数毒物已进入十二指肠时，不能用催吐药物。

洗胃是在不能催吐或催吐后未见效的情况下使用的方法。毒物摄入2小时内使用效果好。洗胃可以排出胃内容物，调节酸碱度，解除对胃壁的刺激及幽门括约肌的痉挛，恢复胃的蠕动和分泌机能。对于急性胃扩张也可用此方法。主要用胃管、开口器和洗胃液，常用温盐水、温开水、1％～2％氯化钠溶液、温肥皂水、浓茶水和1％苏打液等。最好在麻醉状态下进行。有时麻醉过程中动物即呕吐，可排出部分毒物。洗胃的液体按 5～10 毫升/千克体重的量，反复冲洗，洗胃液中加入 0.02%～0.05% 活性炭，可加强洗胃效果。

吸附方法是使用活性炭等吸附剂，使毒物吸附于药的表面，从而有效地防止毒物吸收。但应注意的是，治疗中毒要用植物类活性炭，不要使用矿物类或动物类活性炭。具体方法是用 1 克活性炭溶于 5～10 毫升水中，犬用 2～8 克/千克体重，每日 3～4 次，连用 2～3 日。服用活性炭后 30 分钟，应服泻剂硫酸钠，同时配合催吐或洗胃，疗效更好。但活性炭对氰化物中毒无效。

泻药是促进胃肠内毒物排出的又一种方法，常用盐类泻剂如硫酸钠和硫酸镁，口服 1 克/千克体重。液体石蜡，口服 5～50 毫升。注意不能使用植物油，因为毒物可溶于其中，延长中毒时间。

2. 加快已吸收毒物的排除

利尿剂可加速毒物从尿液中排除，但应在病犬的水及电解质正常、肾功能正常的情况下进行，常用速尿和甘露醇。速尿，5 毫克/千克体重，每 6 小时 1 次，静注或肌注；甘露醇，每小时 2 克/千克体重，静脉注射。使用时，若不见尿量增加，应禁止重复使用。见效后，为防脱水可配合静脉补液。

改变尿液酸碱度可加速毒物的排除。口服氯化铵可使尿酸化，口服 200 毫克/千克体重，可治疗犬因酞胺、苯丙胺、奎尼丁等所致的中毒。苏打可使尿液呈碱性，治疗弱酸性化合物中毒，如阿司匹林、巴比妥中毒等，静注或口服。

3. 对症治疗

根据中毒情况，采取相应的对症措施，如用强心药、扩支药和调节酸碱平衡及补液等方法综合治疗与护理。

（二）华法令中毒

华法令，又称华法林、杀鼠灵、3-α-(丙酮基苄基)-4-羟基香豆素、灭鼠灵，商品名杀鼠酮、鼠敌等，可用于毒杀家鼠和其他鼠类。

【症状】抗凝血类杀鼠药，最为常见，导致慢性中毒。出血是最大特征，但在此症状出现前常有 2～5 天潜伏期，主要表现为精神极度沉郁，体温升高，食欲减退，贫血，虚弱，内外出血。外出血表现为鼻出血，呕血，血尿，血便或黑粪。内出血发生在胸腹腔时，出现呼吸困难；发生在大脑、脊椎时，出现神经症状；发生在关节时，出现跛行，还可见关节腔内出血、皮下及黏膜下出血，皮下出血可引起皮炎和皮肤坏死，严重时鼻孔、直肠等天然孔出血，中毒量多，可在胃出现典型出血症状及死亡。慢性中毒可表现为贫血、水肿、心力衰竭，末期可出现痉挛和麻痹。病程很长时可出现黄疸。

【治疗】早期催吐、急性中毒补血，补充维生素 K；对于亚急性中毒，皮下注射维生素 K，直到凝血时间正常后，改为口服维生素 K_1，15～30 毫克，每天 2 次，连续 4～6 天。严重的需输新鲜全血 10～20 毫升/千克体重，前半段要快，后半段 20 滴/分钟。华法令、鼠敌中毒有时需 1 个月，应用巴比妥盐镇静或轻度麻醉辅助治疗。

保险起见，只要怀疑是这类中毒，均应立刻口服维生素 K_1。

（三）有机氟中毒

有机氟主要包括氟乙酰胺、氟乙酸钠及其他氟乙酸盐。

【症状】犬喝了被有机氟化合物污染的水，或吃了被氟乙酰胺毒死的鼠，氟乙酰胺进入体内 30 分钟就可中毒发病，引起中枢神经兴奋。表现不安，呕吐，呼吸困难，心律失常，排便次数增加，疯跑狂叫，肌肉阵发性或强直性痉挛，口吐泡沫，最后昏迷与喘息，在抽搐中因呼吸抑制和心力衰竭而死。

【治疗】本病预后不良，应尽早抢救。以促进毒物排出、运用特效解毒药和对症治疗为治疗原则。

乙酰胺（解氟灵）是治疗氟中毒的解毒剂，它具有延长中毒潜伏期、减轻发病症状等作用。用量每次 0.1 毫克/千克体重。首次用量为全天量的一半，剩下的一半分成 4 份，每 2 小时注射 1 次。

有机氟的毒性作用迅速，一定要及早用药，剂量一定要足够。若与氯丙嗪、巴比妥类镇静药配合使用，可降低中枢神经的兴奋性。

可配合催吐和洗胃，让病犬吃生鸡蛋清，保护消化道黏膜。静脉注射葡萄糖酸钙 5～10 毫升也有益处。

（四）安妥类灭鼠药中毒

安妥类灭鼠药是一种强力灭鼠药，为白色、无臭味的结晶粉末。

【症状】误食后引起肺毛细血管通透性加大，血浆大量进入肺组织，导致肺水肿。犬食入几分钟至数小时后，病犬出现呕吐、口吐白沫，继而腹泻、咳嗽、呼吸困难、精神沉郁、黏膜发绀、鼻孔流出泡沫状血色黏液。一般摄入后 10～12 小时出现昏迷嗜睡，少数在摄入后 2～4 小时内死亡。由于呼吸困难，犬多采取坐姿，脉速弱，低温，12 小时后，可能因缺氧死亡。

【治疗】此药中毒无特效解毒药，可用催吐、洗胃、导泻、补液、利尿的方法。

（五）磷化锌类灭鼠药中毒

磷化锌也称二磷化三锌，是一种常用灭鼠药，呈灰色粉末状。

【症状】通常在食入 15 分钟至 4 小时内出现症状，引起腹痛、不食、呕吐、昏迷嗜睡、窒息、腹泻、便血。呕吐物含黑血，暗处可见磷光，并有乙炔气味。运动失调、狂吠，体温升高和酸中毒，最后四肢挣扎，感觉过敏，直至肌肉痉挛，由于缺氧导致死亡。

【治疗】磷化锌中毒时无特效解毒药，治疗原则是促进毒物排出和对症治疗。

可灌服 0.2%～0.5% 硫酸铜溶液 10～30 毫升催吐。洗胃可用 0.02% 高锰酸钾溶液，然后用 15 克硫酸钠导泻。静脉注射高渗葡萄糖溶液保肝。早期也可应用 5% 碳酸氢钠洗胃，口服 5% 碳酸氢钠增加胃酸碱值，防止磷化锌释放。24 小时禁食，减少胃酸分泌。

（六）敌鼠钠中毒

敌鼠钠也称敌鼠钠盐、双苯杀鼠酮钠盐、2-二苯基乙酰基-1,3-茚满二酮钠盐等。淡黄色粉末，纯品无臭无味，原药稍有点气味。属抗凝血杀鼠药。本品对鸡、猪、牛、羊较安全，而猫、狗、兔较敏感，死鼠要深埋处理。

犬中毒后，全身自发性地大出血，创伤、针扎后出血不止。急性中毒病例无任何明显症状而死亡，剖检多见脑、心包、胸腹腔有出血。亚急性中毒病例从吃入毒物到死亡，一般需经2～4天时间，中毒初期精神不振、厌食、不愿活动、黏膜苍白、贫血、有出血点、皮肤紫斑、体温下降，继续发展表现为持续呕血、血便、血尿、眼内出血、共济失调，最后痉挛、昏迷而死亡。妊娠犬流产，死后剖检可见全身广泛性出血。病程较长的犬可见体温升高和黄疸。

治疗原则是排出毒物、运用特效解毒药和对症治疗。

如发现犬误食中毒时，可用特效解毒药维生素 K_1 解毒，按0.5～1.5毫克/千克体重剂量加入葡萄糖或生理盐水静脉注射，每12小时注射1次或每日2～3次，连用1周左右。

促进毒物排出可采取催吐、洗胃和导泻方法。导泻用盐类泻剂硫酸镁，10～20克/次，6％～8％溶液，内服。

对出血过多的犬需进行输血治疗，输血量按10～20毫升/千克体重，开始输血时速度可快些，输入一半后，速度要放慢。

抗休克、抗毒素、保护心血管系统可用地塞米松，1～4毫克/千克，缓慢静脉滴注。

（七）士的宁中毒

士的宁毒性极强，通常用作灭鼠药的时候染成红色、紫红色、绿色。

【症状】在摄入10分钟到1小时内出现，最早为恐惧，感觉过敏，肌肉僵硬，腹部、颈部肌肉僵直。最明显怕光，声音、触摸等刺激因素存在时，可有强烈的癫痫样发作，类似破伤风，体表无创伤，双手击掌痉挛程度加重。

【治疗】没有出现痉挛和感觉过敏时，可以催吐，洗胃，使用镇静剂，气管插管输氧，必要时可实施人工呼吸。

静脉注射戊巴比妥钠，20毫克/千克体重，同时静脉滴注5％葡萄糖溶液250毫升加维生素 C 0.5 克。

（八）胆骨化醇中毒

胆骨化醇是粒状毒饵。

【症状】食入后 24 小时内出现症状，如呕吐、厌食、多尿、烦渴、高血钙。

【治疗】食入后要尽快催吐，并灌服 1 克/毫升的活性炭，此后应用硫酸钠治疗高血钙，摄入毒物后的 24 小时、48 小时、96 小时要连续检测血钙。中毒后 1 周内，要避免阳光直射，喂低钙狗粮。

（九）砒甲硝苯脲中毒

砒甲硝苯脲商品名为灭鼠优，呈粉末状。

【症状】呕吐，腹痛，肌肉颤抖，全身无力，之后出现糖尿和失明，12～24 小时出现昏迷，呼吸、心功能衰竭。

【治疗】早期催吐，洗胃，尼克酰胺 500～1000 毫克肌内注射，此后 48 小时内每 4 小时肌内注射 200～300 毫克，2 周内每日 3 次口服尼克酰胺 200 毫克。生还后要常验尿，及早发现糖尿病。

（十）有机磷化合物农药中毒

有机磷是目前使用最广的一种农药，属有机磷酸酯类化合物，品种多，属于广谱杀虫剂，对人、畜均有毒性，有的属剧毒类。目前我国生产和使用的有机磷农药有数十种之多，根据小白鼠的经口半数致死量可分为四类：一是剧毒类，包括甲胺磷、内吸磷和对硫磷等；二是高毒类，包括敌敌畏、甲基对硫磷和三硫磷等；三是中毒类，包括乐果、乙硫磷和敌百虫等；四是低毒素，包括马拉硫磷等。

有机磷化合物中毒是犬饲养中的常见现象。其发病机理及途径为经畜体呼吸道、皮肤特别是消化道进入体内。因此，犬误食、误饮被有机磷农药、兽药污染的食物或水、配制或喷撒有机磷农药、飞散的粉末、雾滴被犬吸收；滥用有机磷药物治疗犬皮肤寄生虫病等，均可导致犬中毒。

【症状】由于各种有机磷农药的毒性、摄入量、中毒途径及机体的健康状态不同，中毒的临床表现和发展经过也多种多样。但大多数呈急性经过，病犬往往在吸入、食入或皮肤沾染有机磷农药后数小时内突然发病。病初精神兴奋不安，肌肉痉挛，一般从眼睑、颜面部肌肉开始，很快扩展到颈部、躯干部乃至全身肌肉，轻则震颤，重则抽搐，四肢肌肉阵挛时，病犬频频踏步，横卧时则做游泳样动作。瞳孔缩小，严重时呈线状。

病犬流涎，食欲大减或废绝，腹痛，肠音高朗，连绵不断，不断排稀水样便，甚至排便失禁。重症后期，肠音减弱乃至消失。全身汗液淋漓，尤以胸前、会阴部及阴囊周围严重。体温升高，呼吸明显困难。心跳急速，脉搏细弱，结膜发绀，最后由于窒息而死。

【治疗】

（1）脱离毒物接触　吸入或接触者，应立即撤离有毒物的环境，除去污染的衣服和鞋袜。用肥皂水或2%碳酸氢钠彻底清洗污染部位。

（2）洗胃　口服中毒者，应尽早探咽导呕或应用其他催吐方法，排除毒物，并用2%碳酸氢钠溶液或1∶5000高锰酸钾溶液或清水洗胃。

（3）解毒药物的应用　特效解毒剂常用的有碘解磷定、氯解磷定、双复磷和双解磷。以上制剂均应稀释后缓慢静脉滴注。如注射速度太快、剂量过大，或未经稀释而静注，均可发生中毒。如能与阿托品合用可提高疗效。

硫酸阿托品缓慢静脉注射，用量为0.05毫克/千克体重。间隔6小时后，皮下或肌内注射硫酸阿托品，用量为0.15毫克/千克体重。当犬口腔干燥、瞳孔散大、呼吸平稳、心跳加快时，可停止用药。对严重病例，最好将阿托品与碘解磷定、氯解磷定配合使用。碘解磷定（派姆）、氯解磷定（氯磷定）是胆碱酯酶复活剂，但对上面提到的农药中毒疗效差，必须与阿托品同时使用。碘解磷定用量为每次20毫克/千克体重，静脉注射，必要时12小时重复用药一次。氯解磷定用量是每次20毫克/千克体重。双复磷通过血脑屏障，作用类似阿托品，用量为每次15～30毫克/千克体重。但个别犬对碘解磷定、氯解磷定过敏，应注意。此外，苯海拉明也可，1～4毫克/千克体重，口服，每日3次，主要针对出现肌肉痉挛、震颤的病例。

（4）对症治疗　呕吐、腹泻严重者需静脉输液治疗；脑水肿时，静滴20％甘露醇；发生肺水肿时，静脉滴注高渗葡萄糖液；出现呼吸衰竭时，将患病犬移到通风处，给氧，并注射呼吸兴奋剂，以改善呼吸和兴奋呼吸中枢；使用保肝药物加强肝脏解毒，适量静脉滴注葡萄糖液、维生素C、肝泰乐等；出血性膀胱炎者，静滴5％碳酸氢钠以碱化尿液；心肌炎者补钾和给予能量合剂；变性血红蛋白血症者，静注美蓝。

（十一）氯化烃类农药中毒

氯化烃类农药主要有DDT、六六六、TDE等。

【症状】极度兴奋，狂躁不安，头颈部首先震颤，既而波及全身，流涎不止，不食或少食，腹泻。重者黏膜发红，坐卧不安，不时出现阵发性全身痉挛，嘴角有白色泡沫。听觉、触觉表现过敏，如果毒物经口服入，可出现呕吐，体温升高，一旦倒地，便四肢乱划，呈角弓反张，这是与其他毒物中毒的症状区别点。

【治疗】可用清洗法和洗胃，不可以催吐，否则会导致肌痉挛。然后用盐类泻剂导泻。

给予镇静药可对症治疗犬的过度兴奋。由于犬脱水、不食，应静脉输液。经皮肤中毒者应用大量温肥皂水清洗局部，经口中毒者灌服活性炭和人工盐。

控制过度兴奋，常用的有地西泮和戊巴比妥，但如果无抽搐现象，不可应用戊巴比妥，只可应用地西泮。

（十二）氨基甲酸酯类中毒

氨基甲酸酯类主要有虫螨威、灭多虫、西维因、呋喃丹、合杀威、混杀威等。

【症状】类似有机磷中毒，但其持续时间较短。

【治疗】和有机磷治疗基本相同，应尽快注射硫酸阿托品，必要时可重复用药。

（十三）砷化物中毒

砷及其化合物多用作农药、灭鼠药、兽药，砷本身毒性不大，但其化合物的毒性却极其剧烈，用药不慎可引起人和动物中毒。犬常因误食含砷的灭鼠药而中毒。

【症状】剧烈腹痛、肌肉震颤、流涎、呕吐、步伐蹒跚、腹泻、口渴、后肢麻痹，口腔黏膜肿胀，齿龈变成暗黑色，严重时可见口腔黏膜溃烂、脱落。个别犬呈兴奋状态、抽搐、出汗、身体末梢发凉，有的部位肌肉麻痹。公犬可见阴茎脱出。

【治疗】治疗以促进毒物排出、运用特效解毒药和对症治疗为原则。促进毒物排出，对急性中毒犬，应立即催吐、洗胃，投服吸附剂和导泻剂，如鸡蛋清、活性炭、硫酸钠等；对慢性中毒犬可给予利尿剂以促进毒物的排出。

常用10%二硫基丙醇1～2毫升，间隔1～2小时肌内注射1次，连用3～4次；也可静脉注射20%硫代硫酸钠溶液40～50毫克/千克体重。

（十四）酚中毒

酚广泛应用于公共卫生消毒，常见的酚制剂有石炭酸、来苏儿、愈创木酚、二甲苯。

【症状】损害神经系统，接触的皮肤发红，有渗出。引起精神不振、呕吐、强直性痉挛、麻痹。

【治疗】因皮肤接触酚制剂中毒的，把局部皮肤用水洗净，然后用10%乙醇冲洗，再用浸油敷料包扎患部。

误食酚制剂而中毒的，可洗胃，口服牛奶、鸡蛋清或活性炭，静脉给予利尿剂，肌内注射异丙肾上腺素。

（十五）食物中毒

【症状】变质食物中的细菌，如葡萄球菌、沙门氏杆菌、肉毒梭菌等，大量细菌产生毒素引起犬的中毒。食物变质引起的毒素包括肠毒素、内毒素和真菌毒素等。食入变质食物越多，症状越重，严重者可在食入后12小时内死亡。多数犬呈现严重呕吐、腹痛、下痢和急性胃肠炎症状。病犬精神沉郁，心力衰竭，体温正常或稍微降低。中毒严重时，可引起抽搐、不安、呼吸困难和严重惊厥、心率加快、后躯麻痹，终致虚脱而死亡。

【治疗】治疗原则是停止饲喂腐败变质的食物、催吐、抗菌消炎和其他对症治疗。

（1）催吐　未出现呕吐的犬，要尽早进行催吐或洗胃；出现呕吐的犬先不要止吐，等其将已食入的变质食物呕吐完后，才可以应用止吐药。

（2）促进毒物的排出　应用吸附剂和缓泻剂，如活性炭、硫酸钠等，加速毒素从消化道排出。

（3）抗菌消炎　为防止肠道内细菌继续生长繁殖、产生毒素，及时给予广谱抗生素。庆大霉素、阿莫西林、环丙沙星等肌内或皮下注射或静脉滴注。

（4）对症治疗　补液可静脉或皮下注射葡萄糖、维生素C、内服苯海拉明；抗休克、抗毒素、保护心血管系统可注射地塞米松；止吐止泻可注射硫酸阿托品和氢溴酸东莨菪碱；保护胃肠道黏膜可内服白陶土。

（十六）食盐中毒

食盐是动物生理上不可缺少的物质，植物性饲料中一般含钠和氯的数量较少。为了补充这两种元素，并增进动物的食欲，应当在日粮中补给食盐，但过量易引起中毒。食盐中毒是因犬过量采食含盐多的腌制食品或添加鱼粉，致使犬体内的盐分含量超过了正常标准，而引起的中毒。食盐中毒的发生与否与犬饮水量有着密切关系，当犬摄入多量食盐制品时，如果充分地供给饮水，由于能促进食盐的排出，因而不易引起中毒；如果饮水不足或是剧烈运动、天气炎热等原因致使机体缺水，则容易诱发中毒。

【症状】食盐中毒的主要临床特征是神经症状和消化功能紊乱。犬中毒后烦躁不安、转圈、肌肉震颤、口渴喜饮、少尿、流涎、厌食、呕吐、腹泻、脱水、体温正常、脉搏快而弱、呼吸浅表、运动失调、四肢麻痹，最后因心力衰竭而死。慢性中毒可见犬喜饮水、食欲减少、消瘦、流涎、瘙痒、失明、精神沉郁、转圈运动、昏迷，经2～3天因呼吸衰竭而死。

【诊断】根据过量采食含盐量高的食物和机体脱水等病史以及

具有严重而明显的神经症状等，即可作出初步诊断。

【防治措施】为了防止犬食盐中毒的发生，必须在配制饲料时准确掌握食盐量。如喂饭店剩菜时，一定要注意菜汤的添加量。其次，剩菜要少加、拌匀，不要将剩菜中的肉、鱼作为犬日粮中的主要动物性食品。要坚持煮熟后饲喂。当食盐量超过饲料2％时，可能引起中毒。对于盐腌的鱼、肉更要慎重，要经浸泡除盐后再用，并随时注意供给清洁的冷饮水。避免在炎热的夏季或剧烈运动后饲喂高盐食品。

对犬食盐中毒的治疗，目前尚没有特效治疗药物，主要采取促进体内氯化钠的及时排出并结合对症治疗的综合治疗方案。

怀疑犬发生食盐中毒时，应该及时供给清水，分多次饮用，这样既保证必要的饮水量，又防止中毒犬短时间内大量饮水而加重脑水肿。同时内服催吐剂，促使胃肠内的食盐尽快排出。

轻度中毒一般不需要用药治疗即可痊愈。

对出现严重神经症状的病犬，除催吐、用0.1％高锰酸钾水溶液洗胃、多饮清水外，可给病犬内服少量油类泻剂，促进胃肠内食盐的排出，避免再次吸收，并尽早应用10％葡萄糖酸钙静滴，用钙离子置换出钠离子，以恢复体内离子平衡，缓解中毒症状。

也可用牛乳兑水灌服、皮下注射尼克米0.3～0.5毫升、给大量15％葡萄糖水令其自由饮用或灌服、水中加溴化钾和双氢克尿塞、肌注安钠咖每只3毫升等治疗办法，效果也很好。

肌内注射硫酸阿托品5～10毫克或盐酸氯丙嗪5～15毫克解痉镇痛。为了缓解脑水肿症状，降低颅内压，应用25％山梨醇或高渗葡萄糖溶液静滴。

附　录

一、中国藏獒登记管理办法

第一章　总　　则

第一条　中国畜牧业协会犬业分会（简称犬会）为了加强藏獒管理，保护、繁育我国纯种藏獒，提高其遗传质量，规范会员饲养、繁殖藏獒行为，维护广大会员利益，向社会推荐优良的纯种藏獒，推动藏獒行业健康、可持续发展，根据《中华人民共和国畜牧法》及其配套法规和《藏獒》国家行业标准，制定本办法。

第二条　中国畜牧业协会受国家畜牧行业管理部门委托，负责全国纯种犬登记和血统证书发放工作，同时《藏獒》国家行业标准规定了由中国畜牧业协会组织实施全国藏獒登记工作，犬会是中国畜牧业协会分支机构，代表协会依法组织实施藏獒登记管理工作。

第三条　受犬会委托，地方藏獒（犬业行业组织、俱乐部）以及犬会指定的有资质的獒园和个人根据《藏獒》国家行业标准也可以进行纯种藏獒登记工作。

第二章　藏獒登记

第四条　品种登记是藏獒资源保护和培育的一项基础性工作。将符合《藏獒》国家行业标准的藏獒来源、血统及体形外貌等有关资料登记、储存在专门的数据库系统中。凡品种登记的后代，由犬会颁发血统证书。犬会对全国藏獒注册登记是确认藏獒血统纯正的唯一方式，其注册登记实行芯片管理制度。注射的芯片是鉴别注册纯种藏獒身份的唯一标志，也是幼犬进行注册登记的唯一标识。

第五条　原代中国藏獒登记：是指对申请登记藏獒的父母双方或其中任意一方未在犬会登记藏獒进行的登记。

（一）基本条件

1. 申请人须是犬会会员，并是犬只的实际主人。

2. 登记的藏獒犬主，要有固定獒园并在犬会注册。

（二）犬只命名

犬只命名（不允许包含重大地名、名人姓名等社会敏感词），一般采用獒园名＋××××（犬只名称最好能体现性别特征）。

（三）登记程序

1. 由獒主在"獒网"上填写申请登记藏獒信息，或向犬会及其委托的地方犬业组织和指定有资质的獒园（或个人）提交"犬只纯种登记申请表"。

2. 犬会工作人员、委托的地方犬业组织、犬会指定有资质的獒园（或个人）在獒园或犬会认定的中国藏獒展览会及相关活动中进行芯片注射。

3. 将芯片信息和根据犬会要求提供的 DNA 检测样品（血统认定用）以及登记费一并交给犬会。

4. 犬会将信息收录到纯种藏獒管理系统，颁发"中国藏獒纯种鉴定书"并对该藏獒进行终身管理。

5. 原代中国藏獒登记及注射芯片收工本、管理（从登记到死亡全过程管理，包括犬只血统、比赛成绩、繁殖质量、发展状况等）费 300 元/只。

6. 獒主是登记藏獒的责任人，承担登记藏獒的法律责任。若有虚假或法律纠纷需要鉴定的犬会可以提供 DNA 鉴定，费用獒主自付。

第六条　新生藏獒登记

（一）基本条件

1. 犬主必须是犬会的注册会员，为登记犬的实际主人，且须在犬会注册獒园名称。

2. 申请登记犬的父犬和母犬，须在犬会完成登记的犬。

3. 繁殖人须出示公犬主人开具的"藏獒配种证明"（第一联），交配时照片及母犬"中国藏獒纯种证书"或血统证书原件（复印件）。

4. 犬只登记及注射芯片的幼犬须出生 2～10 个月。

（二）犬只命名

参照第五条犬只命名。

（三）登记程序

1. 由繁殖人（母犬主人）向犬会提交"注册登记申请表"（尽量由网上提交），所提供的犬只登记的资料必须真实、准确。

2. 犬会安排工作人员、委托的地方犬业组织和指定有资质的獒园（或个人）对犬只进行基本个体审查，主要包括犬只牙齿检查、睾丸检查、色素检查和毛质检查。合格后注射芯片进行登记。将公犬主人开具的"藏獒配种证明"（第一联）和母犬血统证书原件（复印件）或"中国藏獒纯种证书"以及芯片信息、犬会要求提供 DNA 检测样品（血统认定用）、登记费一并交给犬会。

3. 犬会收录信息到纯种中国藏獒管理系统，并颁发血统证书。

4. 犬只注册登记及芯片注射收工本、管理（从登记到死亡全过程管理，包括犬只血统、比赛成绩、繁殖质量、发展状况等）费300元/只。

5. 獒主是登记藏獒的责任人，承担登记藏獒的法律责任。若有虚假或法律纠纷需要鉴定的犬会可以提供 DNA 鉴定，费用獒主自付。

第三章　血　统　证　书

第七条　血统证书是登记注册纯种藏獒的血统证明文件，犬会拥有血统证书的所有权，繁殖人和犬主人拥有使用权。

第八条　血统证书登记内容：主要包括犬只名称、性别、犬主、繁殖者、出生日期、DNA 检测信息等基本资料和犬只父母、（外）祖父母、（外）曾祖父母四代的基本信息。

第九条　血统证书管理

（一）血统证书主人的变更条件和程序

1. 变更登记的主人必须是犬会注册会员，且该会员为中国公民。

2. 凡多人同时拥有同一只公（母）犬，必须在犬会确认唯一犬主。

3. 注册登记的犬主人（实际所有者）出现变更情况后，必须在 7 天内向犬会提交原主人确认签字后的"犬主变更登记单"和犬只血统证书，由犬会办理转让登记，犬主变更登记是犬会为继任主人继续提供繁殖服务的唯一前提。

4. 犬会收到"犬主变更登记单"的当日，即为犬主变更登记的时间，变更成功的继任犬主将会收到犬会发放的新血统证书。血统证书变更收取工本费 50 元/只。邮寄费另计。

（二）血统证书补发

1. 证书遗失或严重损毁等情况需要补发血统证书的，会员应填写"血统证书补发申请表"，并直接邮寄给犬会，同时须交回破损原本或出示丢失证明。

2. 犬会给申请人新血统证书号码时，同样直接邮寄给证书申请人，同时宣布原血统证书号码作废。

3. 血统证书补办收费标准，50 元/证。邮寄费另计。

（三）血统证书注销

1. 因登记犬遗失或死亡等原因需要注销血统证书的，须在遗失或死亡后的 20 天内，将该犬血统证书原件邮寄至犬会，并填写"犬会血统证书注销登记单"。

2. 血统证书已经注销的犬只，将在官方网站公布注销犬只信息。对已经证实死亡，但在规定时间未进行犬只血统证书注销的会员，将给予警告、通报、情节严重的取消会员资格。

（四）血统证书邮寄

1. 犬会对注册登记犬的血统证书，一律通过挂号信方式寄送繁殖人（有特殊需求的会员可以派人到现场领取，或采用 EMS 特快专递等方式领取血统证书费用自理）。

2. 犬主在收到血统证书 10 日（以邮寄时间为准）内，电话回复犬会进行确认，未领取确认的血统证书，视为无效血统证书，犬会将立即宣布作废。

3. 犬会不接受因会员不及时更新地址，造成血统证书丢失，提出免费补做血统证书的申请。

4. 繁殖人领取血统证书后，须对血统证书的正确性进行检验，并在繁殖人栏目中签字确认，没有繁殖人签字的血统证书视为无效证书。

第四章 附 则

第十条 已完成注册登记的犬，才具备参加犬会组织或承认的展会或比赛的资格。

第十一条 本办法由犬会负责解释。

第十二条 本办法自发布之日起执行。

二、中国藏獒纯种登记管理暂行办法

第一章 总 则

第一条 为了加强中国藏獒（Chinese Tibetan Mastiff，CTM）管理，保护藏獒资源、推广纯种藏獒、提高藏獒质量，促进藏獒发展，受国务院畜牧行政主管管理部门委托，根据《种畜禽管理条例》制定本办法。

第二条 本办法所称中国藏獒是指原产于中国青藏高原，经牧民和爱犬者长期驯化饲养的高大勇猛、忠诚机智、性格刚毅的工作犬。

第三条 中国畜牧业协会犬业分会负责中国藏獒纯种登记工作，会员必须遵照本办法进行藏獒繁殖、登记和管理。

第四条 经登记的纯种藏獒后裔，通过鉴定颁发血统证书。

第二章 中国藏獒纯种规范

第五条 藏獒体形特征：藏獒属大型犬，身体结构粗壮匀称，肌肉发达有力，头尾平衡适度，动作敏捷矫健，从容自信，速度极快，并耐力持久。

第六条 藏獒生物学和行为特征：藏獒是喜欢食肉和带有腥膻味食物的杂食动物，耐严寒，不耐高温；听觉、嗅觉、触觉发达，视力、味觉较差；领域性强，善解人意，忠于主人，记忆力强；勇猛善斗，护卫性强，尚存野性，对陌生人具有攻击性。

第七条 藏獒头部：头大额宽，与身体结构匀称；两耳下垂，长宽比例接近；眼小呈杏仁形；嘴粗短丰满，微呈方形；颜面皮肤松厚；鼻和唇呈黑色，鼻形宽大，鼻孔圆形。

第八条 藏獒颈部：粗壮，颈毛丰厚，长短协调，颈下松弛下垂，形成环状皱褶。

第九条 藏獒躯体：藏獒背部平直，前后宽度基本一致，胸部宽厚，腹部平坦，臀部宽短。

第十条 藏獒尾大、毛长，卷于臀上，呈菊花状，下垂时尾尖卷曲。

第十一条 藏獒四肢粗壮直立，强劲有力，腕部角度适中，飞节坚实，爪呈虎爪形，掌肥大，步态匀称。

第十二条 藏獒毛长度为 8—30 厘米，按颈毛、尾毛、背毛、体毛、腿毛、脸毛的顺序递减；被毛呈双层，底层被毛细密柔软，外层被毛粗长。其毛色主要有：

黑色：全身黑色，颈下方、胸前可有白色斑片（胸花）。

铁包金：黑背，黄（或棕红）腿，两眼上方有两个黄（或棕红）圆点，称四眼，毛色齐，胸花小为佳。

黄（或棕红）色：全身毛色为金黄、杏黄、草黄、橘黄、红棕，毛色齐，胸花小为佳。

白色：全身雪白，鼻镜呈粉红色，无杂色为佳。

第十三条 藏獒体尺

体高：肩胛骨顶端到站立地面的垂直距离，雄性 65 厘米以上，雌性 60 厘米以上，高并匀称者为佳。

体长：从肩关节到坐骨结节后缘距离，雄性 75 厘米以上，雌性 70 厘米以上，长并匀称者为佳。

胸围：肩肋骨后角处量取胸部的垂直周径，雄性 80 厘米以上，雌性 75 厘米以上。

管围：左前肢前骨上三分之一处量取水平周径，雄性 16 厘米以上，雌性 15 厘米以上，粗并匀称者为佳。

第三章 中国藏獒综合等级评定

第十四条 外貌评定指标

序号	项目	评 定 标 准	标准分数
1	外貌	体型高大,体格强壮,结构匀称,肌肉发达,形态凶猛,长毛型的像雄狮,短毛型的像猛虎	15 分
2	头部	头大,额宽,鼻短,分狮头型和虎头型;狮头型外观似狮,额顶后部及脖周围毛长;虎头型外观似虎,毛短	15 分
3	眼睛	眼球为黑色,四眼型的眉心侧有对称的黄色圆点,杏仁形或三角形,大小适中。下眼底内红肉露出(叫做吊眼)为佳	5 分
4	耳朵	呈"V"字形,下垂,耳位低,紧贴犬头的两侧,两耳片要肥厚而形大,双耳的间距要宽	4 分
5	嘴	吊嘴,上嘴皮下吊,下嘴的下方长约 5～7 厘米,牙齿整齐,咬合后,盖位至犬嘴的下颌,后部垂弯折;平嘴,上嘴皮未垂吊于犬嘴巴下方的;包嘴,看似上下如包壮,厚肉多。咬合有力,上下颌强壮	4 分
6	颈部	颈粗,长短适中,颈部皮肤吊有垂皮,被浓厚的毛覆盖,脖子下面左方垂吊两条明显的皮嗉带	4 分
7	胸部	胸部深阔发达,双腿间距要大,腰长而粗	4 分
8	前肢	粗壮直立且相互平行,肩位与地面垂直,上半部有饰毛	5 分
9	后肢	有力,肌肉发达,后膝关节角度适当,少许倾斜,脚跗关节低。从后观察其两肘垂直平行,后部长有 5 厘米左右的饰毛	5 分
10	体躯	躯体强壮,腰背宽平,胸部深至肘位,肋骨部分有弹性,躯体长度比身高长,髂骨节比前肩胛骨峰部略高	5 分
11	脚趾	脚趾靠拢且大小适度,趾拱,垫厚而坚韧,各趾紧包,如虎爪状	5 分
12	尾巴	尾根粗毛密长,正卷菊花状、斜菊花状呈于臀部上	10 分
13	背	背宽匀称为佳	4 分
14	步态	强壮有力,轻盈自如,快步行走时,后肢拖步样	5 分
15	被毛	躯体有密而长的被毛,底毛呈羊毛状,厚密,颈及肩部呈鬃毛状,尾毛浓密	10 分
合　计			100 分

第十五条　行为特征评定指标

序号	评 定 标 准	标准分数
1	藏獒气质刚强,反应灵敏,勇猛善斗,忠于主人,生气勃勃	100 分
2	气质刚强,反应灵敏,生气勃勃,绝不胆怯	90 分
3	反应灵敏,性情温顺,勇猛度一般	80 分
4	反应不够灵敏,没有勇猛度,领域性不强	70 分
5	反应不灵敏,胆怯,走步站立不直,领域性不强	60 分

第十六条　毛色评定指标

序号	评定标准	标准分数
1	毛色纯正,色泽分明,油光发亮,无杂毛,长毛型,背毛达 15～25 厘米	100 分
2	毛色纯正,色泽分明,无明显杂毛,油光发亮,胸花不超过手掌	90 分
3	毛色纯正,油光发亮,胸、腹、背部有不明显的杂毛	80 分
4	毛色有少许杂毛或四眼不明显	70 分
5	毛色差,但头脸好,身体各部均匀	60 分

注：藏獒的胸部允许出现小片白毛（胸花），以小为佳。

第十七条　体尺评定指标

雄性藏獒/厘米				雌性藏獒/厘米				标准分数
肩高	体长	胸围	管围	肩高	体长	胸围	管围	
76	90	95	18	70	86	90	18	100 分
70	85	90	17	66	78	85	17	90 分
68	78	83	17	64	74	79	16	80 分
66	76	81	16	62	72	77	16	70 分
64	74	79	16	60	70	75	15	60 分

注：如有一项在许可范围内向下浮动不超过 2 厘米,仍按本标准给分；如低于标准 2 厘米的扣 10 分。如果评判者一致认为此獒品质好,可以单给加 10 分。

第十八条　藏獒等级综合评定

等级	总评分数	备注
特 A 级	≥360 分	单项指标必须达 90 分(含)以上后裔 30%以上 A 级,75%以上 B 级,不出现 D 级
A 级	330～359 分	单项指标必须达 80 分以上后裔 50%以上 B 级,不出现 D 级
B 级	300～329 分	单项指标必须达 70 分以上后裔 30%以上 B 级,90%以上 C 级
C 级	270～299 分	单项指标必须达 60 分以上
D 级	240～269 分	单项指标必须达 60 分以上

注：1. 不经后裔评定藏獒不评特 A。

2. 雄藏獒 B 级以下不能作种用。

3. 雌藏獒 C 级建议不繁殖,D 级不能繁殖。

第十九条　后裔评定

成年藏獒后裔评定是根据其后代品质进行。选择配偶应不低于被评定级别。

特 A：后裔 30％以上 A 级，75％以上 B 级，不出现等外。

A：后代中 50％在 B 级以上，但不得出现 D 级和等外。

B：后裔 30％以上 B 级，90％以上 C 级。

C：后代 50％为 C 以上，个别为 D。

D：后代 90％以上为 D 级。

第四章　纯种藏獒登记方法

第二十条　组建中国藏獒纯种鉴定专家委员会，设主任委员一人，副主任委员和委员若干人，具体负责中国藏獒纯种鉴定工作。

第二十一条　鉴定地点为中国畜牧业协会犬业分会组织的各种有关活动场地，或规模较大的藏獒养殖场。

第二十二条　每次鉴定采用专家打分，取其平均分，一般鉴定不能少于 5 位指定专家，较大活动不少于 7 位指定专家，涉及专家自己的藏獒，该专家要自觉回避。

第二十三条　任何单位和个人都必须服从专家组鉴定和评级，专家组有权取消任何藏獒鉴定和评级资格。

第二十四条　凡纯种藏獒必须埋植芯片，特优级藏獒必须采血提取 DNA 长期保留，其他藏獒自愿采血提取 DNA 长期保留。

第二十五条　凡纯种登记的藏獒变更主人、更名、死亡等都必须告知中国畜牧业协会犬业分会进行变更。

第五章　附　　则

第二十六条　本办法自公布之日起实施。

第二十七条　本办法由中国畜牧业协会犬业分会负责解释。

三、中国藏獒繁殖管理办法

第一条　中国畜牧业协会犬业分会（简称犬会或 CNKC）为了加强藏獒管理，提高藏獒遗传质量，向社会推荐优良的纯种藏獒，推动藏獒行业健康、可持续发展，根据《中华人民共和国畜牧法》及其配套法规和《藏獒》国家行业标准，制定本办法。

第二条　中国畜牧业协会受国家行业管理部门委托和《藏獒》国家行业标准规定，负责全国藏獒繁殖管理工作，犬会代表其具体实施该项工作，包括种用藏獒评定、配种、登记等。

第三条　种用藏獒（简称种獒）是指经犬会评定，公獒达 B 级（含 B 级）以上，母獒达 C 级（含 C 级）以上，健康无遗传疾病的藏獒。

第四条　种獒的认定

种獒必须具备以下条件。

（一）必须是犬会登记的纯种藏獒。

（二）藏獒最小年龄公犬满 12 月龄，母犬满 10 月龄。

（三）经由犬会主办的一年一届的中国藏獒展览会本部展上被评定为公獒 B 级（含 B 级）以上，母獒 C 级（含 C 级）以上的藏獒；或者由犬会主办、支持的地方藏獒展览会上，在犬会指派 4 位以上审查员评定下，公獒达 B 级（含 B 级）以上，母獒达 C 级（含 C 级）以上者可以认定为种獒，但只能初步定为公獒达 B 级，母獒达 C 级。

第五条　经认定的种獒由犬会颁发"中国藏獒种犬证书"。

第六条　繁殖资格认定

（一）必须是犬会认定的种獒。

（二）必须在犬会注册的獒园中才能繁殖。

（三）2009 年、2010 年度繁殖资格另行规定。

第七条　配种证明

（一）《中国藏獒配种证明》是犬会登记具有繁殖资格纯种藏獒公、母犬进行交配的唯一证明文件。

（二）具备繁殖资格的公犬犬主向犬会申请领取"中国藏獒配种证明"。

（三）具备繁殖资格的公、母犬交配后，由犬主必须清晰完整的填写"中国藏獒配种证明"（三联），第一联交给母犬主人留存，第二联公犬犬主留存，犬只交配后的 7 天内电话告之犬会，并将第三联和配种照片由公犬主人在 15 天内邮寄到犬会，超过 15 天（以邮戳为准）邮寄的"中国藏獒配种证明"均视为无效。

（四）公犬和母犬为同一主人所有时，交配过程应有无利益关系的第三者监督，并在"中国藏獒配种证明"上签字。

（五）犬会在收到"中国藏獒配种证明"后，向公犬主人和母犬主人核实"中国藏獒配种证明"的真实性，确认无误后犬会承认配种有效，并在犬会官方网站上公布配种信息。

（六）配种证明收费标准：100 元/份。

第八条　禁止配种

犬会禁止不具备资格的藏獒配种，也严格禁止藏獒与不同种类的犬之间进行配种。

第九条　种公犬主义务

1. 犬主应有细心管理和调教种獒的义务。

2. 公犬交配时，须做有效的帮助。

3. 年内种公犬交配次数一般不得超过 30 次，第一年交配不能超过 20 次。

第十条　种母犬犬主义务

1. 不准未满 10 个月龄的母犬用于繁殖，若与没有"中国藏獒纯种证书"或血统证书的公犬交配须经犬会同意。后代只能进行原代藏獒登记。

2. 须在配种前一星期，将"中国藏獒纯种证书"或血统证书副本寄给公犬犬主，并附带声明（母犬健康无传染病、皮肤病，犬舍也没有传染病发生）。

3. 提倡幼獒满 8 周龄后出售。

第十一条　对于违反犬会相关规定，有意弄虚作假造成恶劣影响的会员，视情节轻重，犬会有权给予相应的处罚，直至停止其拥有犬只的繁育资格。

第十二条　本办法于 2009 年 8 月 9 日由犬会理事会讨论通过，并发布执行。

第十三条　本办法由犬会秘书处负责解释。

四、中国藏獒獒园登记与管理办法

第一条　中国畜牧业协会犬业分会（以下简称犬会）为了加强獒园管理，促进獒园与行业内外以及獒园间交流、合作，提高管理水平，增加经济和社会效益，制定本办法。

第二条　申请登记的獒园必须要有足够的空间和登记在册的藏獒。獒园拥有者须到当地工商等行政管理部门注册成法人单位（不一定与獒园同名）。

第三条　会员向犬会提出申请，填写獒园名称登记申请表，交犬会审批。合格者，犬会颁发"獒园名称登记证书"和牌匾。

第四条　獒园名称为×××獒园（名称中不得包含纯种、纯血、基地、中心等词汇，獒园名称应尽可能简单明了、方便记忆）。

第五条　獒园名称一经登记注册，犬会将对该名称加以保护，为避免獒园名称重复，犬会采取优先注册法，确认后予以公示。

第六条　犬会只对已注册獒园所繁殖的纯种藏獒提供登记服务。

第七条　獒园名拥有人每年必须于1月底前交纳年费，否则将失去犬会对该獒园名的保护，其他会员有权申请使用该獒园名。

第八条　会员可申请獒园名永久注册，申请获准后，獒园名拥有人可终身使用该名称。

第九条　獒园登记注册费用

1. 首次注册费用300元，牌匾与证书工本费400元，合计700元。

2. 年费200元。

3. 永久獒园名注册费用2000元，牌匾与证书工本费400元，合计2400元。

4. 犬会单位会员和理事（只对尽义务成员）免费进行獒园登记，但要交纳牌匾工本费400元。

第十条　中国藏獒纯种基地条件与管理

（一）条件

1. 獒主本人为中国畜牧业协会犬业分会会员。

2. 獒园全部藏獒由审查员依据《藏獒》标准鉴定为纯种藏獒，并注射芯片进行纯种登记。

3. 必须淘汰全部非纯种藏獒。

4. 必须具有 30 条以上种獒规模。

5. 有规范的獒园，并有足够的养殖空间。

（二）评定办法

1. 由獒园提出申请，两位犬会理事推荐。

2. 犬会组织有关专家进行验收、评定。

3. 对评定通过的獒园在獒网上公示 30 天，广泛征求行业意见。

4. 对无异议的评定通过獒园授予"中国藏獒纯种基地"，颁发证书与牌匾。

（三）管理办法

1. 被授予"中国藏獒纯种基地"的獒园每年 12 月 10 日前必须按犬会要求汇报獒园基本情况，逾期不报视为放弃此称号，予以取消。

2. 采取动态管理办法，原则两年检查评估 1 次，对不符合条件的獒园取消"中国藏獒纯种基地"称号。

3. 犬会免费组织评定，但申请獒园须提供审查专家差旅费和证书、牌匾工本费。

4. 在獒网上开辟"中国藏獒纯种基地"专栏，进行宣传推广。

第十一条　精品獒园条件与管理

（一）条件

1. 獒园必须是"中国藏獒纯种基地"。

2. 有 5 条以上在籍的 A 级中国藏獒。

（二）评定办法

每年中国藏獒展览会本部展后评定一次，并在獒网上公示 30 天，对无异议的獒园授予"中国藏獒精品獒园"称号，颁发证书与牌匾。

（三）管理办法

同第十条（三）。

第十二条　星级獒园条件与管理

（一）条件

1. 獒园必须是"中国藏獒纯种基地"。

2. 根据自家獒园在籍 A 级中国藏獒数量定级。

7—8 条	A 级中国藏獒	一星级獒场
9—10 条	A 级中国藏獒	二星级獒场
11—12 条	A 级中国藏獒	三星级獒场
13—14 条	A 级中国藏獒	四星级獒场
15 条以上	A 级中国藏獒	五星级獒场

（二）评定办法

每年中国藏獒展览会本部展后评定 1 次，并在獒网上公示 30 天，对无异议的獒园授予"中国藏獒×星级獒园"称号，颁发证书与牌匾。

（三）管理办法

同第十条（三）。

第十三条　本办法由犬会秘书处负责解释。

第十四条　本办法自发布之日起实施。

五、中国名牌獒园管理办法

第一章　总　　则

第一条　为推进中国藏獒行业名牌战略的实施，规范中国名牌獒园的评定，加强中国名牌獒园的监督管理，指导和督促獒园提高繁殖与管理水平，增强獒园市场竞争力，推动中国藏獒行业健康有序发展，根据国家有关法律法规，结合行业发展需要和行业协会职能，制定本办法。

第二条　本办法所称中国名牌獒园是指具有一定数量 A 级优质藏獒群、适合养殖藏獒环境条件、犬舍，并且繁殖和管理水平全国领先的獒园。

第三条 中国名牌獒园评定工作坚持獒园自愿申请，科学、公正、公平、公开，不搞终身制，不向獒园收费，不增加獒园负担的原则。

第二章 组 织 管 理

第四条 中国畜牧业协会犬业分会（以下简称犬会）统一组织实施中国名牌獒园的评定、管理工作，并推进中国名牌獒园的宣传、培育工作。

第五条 各省地方犬业（藏獒）行业协会负责按条件推荐所辖区域獒园工作，并协助做好监督管理工作。

第三章 申 请 条 件

第六条 申请中国名牌獒园称号，应具备下列条件。

（一）獒园及其经营必须符合国家法律法规规定。

（二）具有适合养殖藏獒的环境条件和犬舍，并且繁殖和管理水平全国领先，具有专业管理人员，其中至少一人懂计算机网络技术。

（三）獒园拥有自家繁育血系三代以上，且每代都必须有 A 级藏獒，存栏 A 级藏獒 5 条以上。

（四）獒园必须是中国畜牧业协会犬业分会 2011 年 4 月 1 日后认定的"中国藏獒纯种基地"。

（五）獒园及其负责人（獒主）积极参加行业推广与公益活动，并自愿为行业发展贡献力量和奉献爱心。

（六）獒园必须按中国畜牧业协会犬业分会颁布的中国藏獒登记管理办法、中国藏獒繁殖管理办法、中国藏獒獒园登记与管理办法进行藏獒登记、繁殖和獒园登记。

（七）本獒园内所有种獒及幼獒必须全部注射芯片，具有种獒资格的藏獒必须预留个体 DNA 检测数据，确保所出售幼獒血统的真实性。买卖过程中如有疑义，购买者有权要求提供幼獒的 DNA 数据或进行 DNA 鉴定，配种必须填写配种证明（包括自家和对外配种）。

第七条 凡有下列情况之一者，不能申请"中国名牌獒园"

称号。

（一）反国家法律法规进行经营的獒园。

（二）在藏獒繁殖、登记、评级、比赛等过程中弄虚作假的獒园。

（三）近 3 年来未参加行业推广活动，不关心行业公益事业的獒园。

（四）近 3 年来自家藏獒发生过重大流行性疫病的獒园。

（五）近两年来未繁殖出 A 级藏獒的獒园。

第四章　评定办法

第八条　申报

各獒园根据第六、七条自愿申报，如实填写"中国名牌獒园"申报表（略）。

第九条　推荐

每个申报獒园必须由省级地方犬业组织或两名以上中国畜牧业协会犬业分会理事推荐。

第十条　评选

由犬会组织专家进行评选，产生初选结果。

第十一条　公示

将初选结果在协会官方网站上公示 2 周。

第十二条　抽检

对公示后无疑义的获选獒园进行抽查，进一步核实申报情况。

第十三条　颁发牌匾

对获选獒园授予"中国名牌獒园"称号，颁发"中国名牌獒园"证书及奖牌。

第五章　监督管理

第十四条　"中国名牌獒园"有效期 3 年。在有效期内獒园在宣传推广中使用"中国名牌獒园"标志，并注明有效期间。法律法规另有规定的除外。

第十五条　获中国名牌獒园称号的獒园，犬会委托其进行自家和与之相关藏獒的登记、管理、推广。

第十六条 获中国名牌獒园称号的獒园，必须安排专门管理人员即犬会联络员，负责信息收集、整理、发布，犬会根据联络员工作细则（另行制定）发放补贴。

第十七条 中国名牌獒园在每年 1 月 30 日前将前一年情况按要求向犬会报告，也可以网上报告。

第十八条 若有违背行业利益和上述第六条所述情况出现，取消"中国名牌獒园"称号，并通报批评。3 年内不再受理该獒园的中国名牌獒园申请。

第六章 附 则

第十九条 本办法由中国畜牧业协会犬业分会负责解释。

第二十条 本办法自发布之日起实行。

六、中国藏獒标准

中华人民共和国农业行业标准　　　NY 1870—2010

藏獒

Tibetan mastiff

2010-05-20 发布　　　　　　　　2010-09-01 实施

中华人民共和国农业部

前言

本标准附录 A、附录 B、附录 C 为规范性附录。

本标准由中华人民共和国农业部畜牧业司提出。

本标准由全国畜牧业标准化技术委员会归口。

本标准起草单位：中国畜牧业协会、西藏自治区畜牧总站。

本标准主要起草人：沈广、苏鹏、周春华、范琼、张晓峰、章海朝、石达、边珍、边巴次仁、德吉拉姆、格桑达娃。

藏 獒

1 范围

本标准规定了藏獒定义、体型外貌基本特征。本标准适用于藏獒品种登记、品种鉴定和等级评定。

2 术语和定义

下列术语和定义适用于本标准。

2.1　藏獒 Tibetan mastiff（TM）

原产于青藏高原，经牧民和爱犬者长期驯化饲养，培育为高大勇猛、忠诚机智、性格刚毅的犬种。

2.2　种用藏獒 Tibetan mastiff breeder

经国家畜牧行业组织评定，公獒达 B 级（含 B 级）以上，母獒 C 级（含 C 级）以上，健康无遗传疾病为种用藏獒。

2.3　藏獒品种登记 Tibetan mastiff registration

品种登记是藏獒资源保护和培育的一项基础性工作，将符合品种标准来源、血统及体型外貌等有关资料登记、储存在专门的数据库系统中。凡品种登记的后代，由国家畜牧业行业组织颁发血统证书。

2.4　测量用具 Measuring appliance

测量体高、体长用杖尺。测量胸围、管围用皮尺。测量前，测量用具必须用钢尺加以校正。

2.5　姿势 Pose

测量体尺时，藏獒端正站在平坦坚实的地面上，前后肢和左右肢分别在一直线上，头自然前伸。

2.6　体高 High

由肩胛骨顶端到地面的垂直距离。

3　品种特征

3.1　行为特征

警觉性高，领地意识强，对主人忠诚，对陌生人有敌意，善于保护主人和财产。气质刚强，秉性悍威，尊贵而高傲，动作敏捷矫健，力量强大，耐力持久，记忆力强。

3.2　体型外貌

属大型犬，体型高大，骨骼粗壮，结构匀称，体长略大于提高，肌肉丰满结实。头大额宽，表情庄严，被毛呈双层，头部、颈部、背部、臀部长有丰厚饰毛。

3.3　头部

头较大、额头宽阔，顶骨略圆，额头与吻部比例协调。耳位较低，自然下垂，向前贴于面部，呈"V"字形，长宽比例接近，眼睛大小适中，呈深褐色，为杏仁形，深邃有神，吻部粗短丰满，微呈方形，上下颚十分强壮，上唇两侧适度下垂、弯曲形成褶皱，颜面皮肤松厚，鼻镜和唇呈黑色，鼻形宽大，鼻孔圆形。

3.4 颈部

颈部粗壮，肌肉发达，略呈拱形，长度与身体比例协调，颈部饰毛丰厚，颈下皮肤松弛下垂，形成褶皱。

3.5 躯干

整体粗壮，背部平直，前后宽度基本一致，胸廓深宽，肋骨开张良好，腰部短而强壮，腹部微收，腹线略平行于背线，臀部宽短，稍倾斜，十字部与马肩隆相平。

3.6 前躯

肩部肌肉丰满，肩胛骨适度后倾。上臂骨与肩胛骨基本等长，两者之间角度略大于90°，前肢肌肉丰满，骨骼发达，两前腿相互平行，跗关节正对后方。前腿系部角度适中，足大且与身体成比例，猫足。

3.7 后躯

后躯强壮，筋腱有力，肌肉丰满，骨骼发达。后肢直且相互平行，膝关节和跗关节适度弯曲，飞节结实，猫足。

3.8 尾部

中等长度，尾形大，毛长，卷于背上，呈菊花状，下垂时尾尖卷曲，尾根位置较高。

3.9 被毛

被毛呈双层，粗硬、丰厚，底层被毛细密柔软，具有很好的保温性。外层被毛粗长，有光泽，被毛长度8厘米以上为长毛型，并按颈毛、尾毛、背毛、体毛、腿毛的顺序递减，头颈部饰毛长且丰厚。短毛型相对较短，饰毛不明显（尾部饰毛差距不大）。受温度高低和季节性变化脱毛明显，公獒毛量及饰毛长度大于母獒。

3.9.1 铁包金

头部、背部、腹部呈黑色，四肢、吻部、下颌、股内侧呈棕黄色（或棕红），两眼上方有两个棕黄（或棕红）圆点，毛色分界整齐、明显，胸花小为佳。

3.9.2　黄（或棕红）色

全身毛色为杏黄、草黄、金黄、橘黄、红棕，毛色均匀，胸花小为佳。

3.9.3　白色

全身白色，无杂色为佳。

3.9.4　黑色

全身黑色，颈下方、胸前有白色斑片（胸花）。

3.9.5　除铁包金、黄（或红棕）色、白色和黑色以外，允许有灰色、狼青色等颜色。

3.10　步态

前躯适度伸展，后躯蹬地有力，前后躯配合协调。步伐稳健，移动灵活，速度加快时四肢落点趋向于身体的中线，向前奔跑时足迹呈一直线。

4　体尺

雄性提高 66 厘米以上，雌性 62 厘米以上，体型高大且匀称者为佳。体长与提高的比例约为 10:9。

5　生理特征

5.1　性（体）成熟、寿命

公獒 1 岁性成熟，母獒 8 个月性成熟，公獒和母獒 2 岁左右体成熟，繁殖适龄期为 18 月龄以上。平均寿命为 13 岁，少数达 18 岁以上。

5.2　繁殖

母獒每年秋冬发情 1 次，妊娠期为 60 天左右，平均窝产仔 6～8 条。

6　适应性

适应性好，抗病力强，耐高寒、高热和高湿环境。

7　藏獒品种登记

藏獒品种登记见附录 A。

8 体型外貌评定

体型外貌评定见附录 B。

9 等级综合评定

等级综合评定见附录 C。

附录 A

（规范性附录）

藏獒品种登记

A.1 组织

藏獒品种登记工作由国家畜牧行业组织负责并组织实施。

A.2 登记程序

A.2.1 一（原）代登记

对体型外貌特征符合标准，但系谱不详的藏獒进行登记。登记工作可在犬展等组织活动中或獒园内开展，登记时必须有 2 名以上专业审查员参与，经专业审查员认定签字后，由国家畜牧行业组织埋植芯片，并颁发"藏獒纯种鉴定证书"。

A.2.2 新生幼獒登记

对父母及以上代次已通过登记在案，且系谱清楚的藏獒所生后代进行登记，登记工作主要在獒园内开展，也可在犬展等组织活动中进行，登记程序如下。

A.2.2.1 提交父母代配种证明

公母种獒配种后，填写"藏獒配种证明"，并经公母獒獒主前肢和配种照片（附有日期照片为有效）作为登记的依据。

A.2.2.2 血统证书

登记工作人员根据"藏獒配种证明"和有效配种照片，在獒主协助下给 50～90 日龄的幼獒进行登记和埋植芯片，填写"藏獒血统证书申请表"。国家畜牧行业组织依据申请表、埋植芯片以及品种登记资料颁发血统证书。

A.3 登记编号

编号由 22 位字符组成：

分为县级编码（6 位）＋品种代码（7 位）＋出生年月（4 位）＋性别（1 位）＋顺序号（4 位）

110100＋TM00000＋0001＋M/F＋0001

A.4 芯片

经登记的藏獒必须埋植芯片，特 A 级应采血提取 DNA 基因长期保存，其他等级自愿选择。

A.5 变更

经登记的藏獒变更主人、更名或死亡等，应在国家畜牧行业组织进行备案变更。

附录 B

（规范性附录）

体型外貌评定

B.1 头部评定指标

见表 B.1。

表 B.1 头部评定指标

序号	项目	评 定 标 准	标准分数
1	额	额宽,平,顶骨略圆。额头与吻部比例协调	15 分
2	眼睛	眼睛为褐色,深者为佳,杏仁形,大小适中,嵌入面部位置适中,眼角略带倾斜,目光深邃有神	10 分
3	鼻	鼻短,鼻梁坚挺,鼻形宽大,鼻孔圆形,颜色多呈黑色	10 分
4	耳	呈"V"字形,长宽比例接近,向前紧贴面部的两侧,耳位较低基本与眼睛水平线相平,两耳片肥厚而形大,双耳的间距要宽。耳位过低、过高为缺点	10 分
5	吻部	吻部粗短,呈方形,嘴唇呈黑色,丰满,盖住下颚,上唇两侧适度下垂,下唇角低垂、弯曲形成褶皱,吻部尖细和过度吊唇为缺陷	15 分
6	牙齿/颚	牙齿整齐,剪式咬合或水平咬合,42 颗牙齿,不缺齿(6/6 门齿,2/2 犬齿,8/8 前臼齿,4/6 臼齿),咬合有力,上下颚强壮,上下颚突出为严重缺陷	10 分
7	头部整体	头部整体匀称,表情庄严,被毛均匀,面部有适当褶皱但不宜过多过深,额顶后部及颈部饰毛丰厚	30 分

B.2　体躯评定

见表 B.2。

表 B.2　体躯评定指标

序号	项目	评　定　标　准	标准分数
1	颈部	粗壮,长短适中,肌肉发达,颈下皮肤松弛下垂,形成褶皱,颈部饰毛丰厚	10 分
2	胸部	深阔发达,胸深达肘关节,肋骨有弹性	10 分
3	腰背	背部宽平,前后宽度基本一致,腰短且强健。弓背或塌背是严重缺陷	10 分
4	臀部	臀部宽短,稍倾斜,肌肉发达	10 分
5	前躯	前肢粗壮有力,直立且相互平行,肌肉丰满,骨骼发达,肩部肌肉丰满,肩胛骨适度后倾,肩胛骨与上臂骨基本等长,两者之间角度略大于 90°。肘关节正对后方,前腿系部角度适中,前足大而圆,脚趾靠拢,趾拱,垫厚而坚韧,呈猫足	15 分
6	后躯	强壮,筋腱有力,肌肉丰满,骨骼发达,后肢直且相互平行,膝关节和跗关节适度弯曲,与前躯角度相协调,飞节结实。自然站立时,飞节以下与地面垂直,呈猫足	15 分
7	尾	长度适中,不应超过跗关节,尾大、毛长,站立或行进时尾部始终卷于背上,呈菊花状,兴奋时会有节奏地摇摆,下垂时尾尖卷曲,尾根位置较高。尾不能卷起或不能自然放松是缺陷	10 分
8	体尺	公獒体高 66cm 以上、母獒 62cm 以上,体型高大且匀称者为佳,体长与提高比例约为 10∶9。低于标准 2cm 以上为缺陷	20 分

B.3　被毛评定

见表 B.3。

表 B.3　被毛评定指标

序号	项目	评　定　标　准	标准分数
1	毛色	铁包金:头部、背部、腹部呈黑色,四肢、吻部、下颌、股内侧呈棕黄色(或棕红),两眼上方有两个棕黄(或棕红)圆点,毛色分界整齐、明显,胸花小为佳 黄(或棕红)色:全身毛色为杏黄、草黄、金黄、橘黄、红棕,毛色均匀,胸花小为佳	25 分

序号	项目	评 定 标 准	标准分数
1	毛色	白色:全身白色,无杂色为佳 黑色:全身黑色,颈下方、胸前有白色斑片(胸花) 除铁包金、黄(或红棕)色、白色和黑色以外,允许有灰色、狼青色等颜色	25分
2	毛质	底层被毛细密柔软,具有很好的保温性。外层被毛粗长,有光泽。凡波浪、卷曲、丝状被毛为缺陷	25分
3	毛量	双层被毛,毛量丰富为佳。公獒毛量大于母獒,按季节和气温变化有明显的脱毛、换毛	25分
4	毛长	毛长8cm以上为长毛型,并按颈毛、尾毛、背毛、体毛、腿毛、脸毛的顺序递减,头颈部毛长且丰厚。短毛型相对较短,饰毛不明显。公獒饰毛长于母獒	25分

B. 4 气质与步态评定

见表 B. 4。

表 B. 4 气质与步态评定指标

序号	项目	评 定 标 准	标准分数
1	气质	威武庄严,气质刚强,反应灵敏,勇猛无畏,忠于主人,生机勃勃。胆怯和狂躁是严重缺陷	40分
2	步态	前躯适度伸展,后躯蹬地有力,前后躯配合协调。步伐稳健,移动灵活,速度加快时四肢落点趋向于身体的中线,奔跑时足迹呈一条直线 在步态展示中,后躯蹬地有力 行进过程中,头部和颈部应保持适当的位置,过度前探或高抬都显示出不正确的肩胛位置 站立与行走时尾部应始终卷于背上,显示出良好的身体结构及高贵气质	60分

附录 C

(规范性附录)

等级综合评定

C. 1 等级综合评定

见表 C.1。

根据外貌特征评分总和评定，分特 A 级、A 级、B 级、C 级、D 级和等外。

表 C.1 等级综合评定

等级	总评分数	备 注
特 A	≥360	单项指标须达 90 分（含）以上，后裔无 D 级和等外
A	330～359	单项指标须达 80 分以上
B	300～329	单项指标须达 70 分以上
C	270～299	单项指标须达 60 分以上
D	240～269	单项指标须达 60 分以上
等外	≤239	

C.2 后裔评定

成年藏獒后裔评定要根据其后代的品质，选种选配公獒等级应不低于母獒。

特 A 级：后代中 30％以上为 A 级，75％以上为 B 级，不允许有 D 级和等外。

A 级：后代中 30％为 B 级以上，不允许有等外。

B 级：后代中 50％为 B 级以上，允许个别出现 D 级和等外。

C 级：后代中大部分为 C 级以上，个别为等外。

D 级：后代大部分为等外。

C.3 评定规则

C.3.1 根据体型外貌、行为特征、被毛颜色、体尺和后代品质等进行综合评定，且参考父母血系和等级。

C.3.2 评定分 3 次，即 1 岁、2 岁、3 岁，1 岁以内根据血统、体型外貌、行为特征、被毛颜色和体尺进行初选。8 岁以上不再评定，但可根据后代情况调整等级。

C.3.3 未经后裔评定的不得评特 A 级。

七、美国藏獒协会藏獒标准

美国藏獒协会由藏獒爱好者组成，旨在保护为世界所钟爱的东方神犬——藏獒，加强对藏獒的选育、饲养和培育。在美国藏獒协会不只一个，但其宗旨都是向美国人民介绍藏獒。通过举办犬展，进行犬业比赛，或者直接举办专门的藏獒比赛，唤起人们关心、热爱藏獒。

美国藏獒协会 1999 年关于藏獒的简介如下。

藏獒具有多数其他犬品种所不具有的特性，但藏獒仍是一个原始的犬品种，以母犬每年只发情 1 次为标志。但总的说来，藏獒是低变异性的，它们也缺乏通常的"狗狗味"。

藏獒全年保持双层被毛，除春天和夏天外，不会脱毛，脱毛一般持续 4 周。所以藏獒在一年中可以保持较长的防护毛，直到秋季内层毛开始生长。在脱毛期间，需要对犬进行有规律的刷拭。

藏獒性成熟缓慢，母犬 3～4 岁性成熟，公犬 4～5 岁性成熟。虽然每只犬有不同的个性，但总体上，它们是勇敢的犬，天生具有对家门和主人强烈的保护意识，对陌生人有强烈的敌意。性格刚毅。它们对不同的生活环境都能良好适应。它们有很高的智力和超常的记忆力，一旦认识了某人将几乎不会再忘记他。

藏獒作为一种大型犬，需要足够的活动空间和适当锻炼，它们在户外很活跃而在家里十分安静。由于千百年来藏獒被驯养用于看护牛羊等家畜，有发展成为夜吠犬的趋向。藏獒性情刚毅，跟人或其他动物适当接触，进行适当的调教，会有助于藏獒比较融洽地与人接触并生活在一起。藏獒又是以咀嚼和挖掘而出名的。咀嚼是任何犬品种的小犬在出牙时获得的一个习惯。咀嚼可以通过给小犬提供一些安全无害的东西使藏獒的咀嚼习惯向无破坏的方面发展。挖洞更是藏獒特别喜爱的一种消遣活动，在家庭养犬条件下，必须设法阻止这种行为。否则，除非你有许多地方，可以放纵它们胡作非为。

正如前面提到的，藏獒非常聪明，具有从事多种工作的能力，天生的本能使它们能成为优秀的家园守卫者。它们对孩子很有耐心，它们是出色的家犬。当藏獒出现在赛场上时，也是一道美丽的风景线。它们聪明而独立，从来不屑和易训练的品种相比较，但它们可以被驯服，它们警觉，独立性强，能做出正确的判断。

藏獒标准Ⅰ

藏獒原产地：中国西藏。

总体外貌：性格特点、气质、头和颅骨、颈、前躯、身体、后躯、步态、被毛、体尺、缺陷。

对藏獒总体外貌要求强壮有力，体格高大，独立。

A. 生长特点　藏獒是一种用作守卫防护的伴侣犬，性成熟缓慢，母犬 2～3 岁，公犬至少 4 岁时完全性成熟。

B. 气质（脾性）　独立而具有保护意识。

C. 头和颅骨　头宽大，枕骨和头顶的界限明确，从枕骨到额，与从额到鼻镜的比例相等。鼻稍短，鼻端部很宽，从不同的角度都可以观察到鼻饱满而方，鼻宽色美，鼻孔开张良好。

D. 眼睛　非常传神，大小适中，稍带褐色，呈椭圆形，稍有倾斜。

E. 耳朵　大小适中，呈三角形，耳位低，朝下垂吊并紧贴头部，警觉时耳根微微竖起。耳表面覆盖有柔软的短毛。

F. 嘴　嘴形呈方形剪刀状的嘴筒粗壮，开合有力；上下牙精密交搭并与颚相垂直；嘴唇发育良好，下唇有皱褶，从两眼下方伸展，直到嘴角。

G. 颈　颈粗壮，呈拱形，颈下有垂皮，颈上长有密厚直立的鬃毛。

H. 前躯　肩部发育良好，肌肉发达；颈肌强健，前肢正直，粗壮，覆盖有短毛。

I. 中躯　背腰宽平，肌肉发达，臀部丰满，胸部宽深，肋骨有弹性，形成心形的肋骨笼。老年犬体长稍大于体高。

J. 后躯　肌肉发育良好，后膝关节与跗关节坚强有力，发育正常，棱角明显，蹄大而厚实，趾间有短毛。

K. 尾　长度适中，高于飞节，从背部最高线生长，朝一侧卷曲，尾毛浓密。

L. 活动步态　步态稳健、灵活，步伐轻捷有弹性，速度快时步调一致，散步时慢而随意。

M. 被毛　公犬被毛情况好于母犬，质量比数量更重要。正常情况下，被毛在寒冷季节十分长密，但在较温暖的月份被毛变得非常稀疏。毛硬，直立，没有丝缠性，不卷曲，也不呈波浪形，颈和肩部被毛形成鬃状外形，尾与后臀部被毛浓密。

N. 颜色　有纯黑色、黑棕色、褐色、金黄色、灰色、棕褐色和灰色带金黄斑色。胸部可以有白心，爪上也可以有极少量的白毛，眼睛上部、四肢下部和尾下呈棕褐色或金黄色。

O. 体高　公犬最低 66 厘米（26 英寸），母犬最低 61 厘米（24 英寸）。

P. 缺陷

a. 任何与前面谈到的条件不相符处均被认为缺陷，严重的程度应完全与缺陷的程度相一致。

b. 不合格：蓝眼睛或单只蓝眼睛均被认为不合格。

c. 公犬应有两个完全正常的睾丸，单睾或隐睾均是有缺陷的，应淘汰。

藏獒标准Ⅱ

藏獒兼有结实的体格和卓越优雅的力量，这些与它的冷漠、忍耐性以及聪明的表情一起，被描述为有权势而不呆板，威严而不粗野，敏捷而不鲁莽。在严酷的条件下，这种具有一定结构和功能的藏獒，作为牧民主要的保护者，拥有行动敏捷和极大的忍耐力。

藏獒明显的特征是与丰厚的颈毛融为一体的头部轮廓，着生有浓密长毛的尾巴卷曲在背部，随意而有力地摆动着。威严高贵的姿势，种质，体态结构，力量和对称性的全部外表，完全是一个典型藏獒的整体图画。

A. 头部　藏獒的头部有明显的特征，结构匀称，比例协调，呈三角形。从前面看，像熊的头形，而耳朵是下垂的。

a. 头颅　藏獒的头颅宽大，头顶部呈拱形，有一轻微的沟槽，从头顶顶部延伸到头骨的中部，并与枕骨结合，发育良好。

b. 嘴筒　嘴宽深，与头成比例，更显出藏獒像熊的特点。嘴应既不粗糙，又不长，颌壮，但不如颊显著。从头顶到鼻端的比例不超过从头顶到枕部的比例。

c. 唇　上唇边缘圆而厚，覆盖着下唇。藏獒的下唇不是很发达，有一皱褶，使下牙床裸露。唇后面有犬特殊的液体分泌腺（呈蓝灰色、棕色等），其可能与被毛的颜色有关，但有斑点或肉色的为不合格。

d. 鼻　鼻应宽大，鼻镜湿润。

e. 牙齿与咬合　牙齿大，洁白，正确位置的牙齿形成一个合适的剪刀状的咬合。水平咬合是可以接受的，但不是最好的。下颌突出，使下颌比上颌突出的咬合为不合格。

f. 眼睛　大小适中，位置恰当，眼睛边缘有轻微的倾斜，杏仁状。眼睛的颜色是琥珀色到深棕色。有斑点或肉色的眼睛不合格。

g. 耳朵　耳朵下垂，大小适中，"V"字形，耳尖圆形，耳朵紧贴颊面，当处于警戒状态时，能稍微向前竖起。成年犬，从眼睛外角到嘴角有明显的皱褶，随着年龄的增长，皱褶更加明显。

B. 外形　身体强健，十分匀称。颈强壮有力，肌肉丰满，长度适中，呈现出一个颈峰。当犬在警觉状态时，令人产生一种勇敢和尊严的感觉。颈与肩融为一体，成年的藏獒应当颈下有垂皮，而公獒颈下的垂皮应更明显；背肌肉发达，背腰宽平、紧凑。胸宽深，前胸可延伸到肘部。体长大于体高，体长与体高的比为10：9。肋骨发育良好，体侧微呈拱形。腰肌发达，成年的藏獒腰部稍向上拱，但不明显。臀微有倾斜，到尾根处坡度是细微的，不会约束后躯的运动。尾毛长密，呈束状，向上侧卷于臀上或腰上。当藏獒运动时尾是卷起来的，而休息时，有时是垂下的。尾也是藏獒的重要品种标志，松散，或像镶上去的加边旗帜，或卷曲非常紧，以致形成双层卷曲而不能自然放松的尾巴，都被视为是不合格。藏獒颈肩结合良好，肩与背呈 30°～35°，肌肉发育良好，不粗糙。腿强健，正直，骨骼粗大，但骨骼的结构多不良，以致影响自由敏捷的运动。太短或太长的腿都是不良的，腿的长度从地面到肘部是鬐甲处总高度的 50%～55%。系部强健结实，轻微的倾斜，应有一定的柔韧性和弹性。脚爪（爪子）圆形，紧凑，拱形的趾，爪垫厚，坚韧，部分个体有残留趾。后躯强健有力，肌肉丰满，粗重而不粗糙。大腿发育良好，肌肉发达，从后面看，两腿在飞节处有轻微的拱形。后膝关节有平衡作用，坚强有弹性。飞节强韧，飞节以下两腿平行。

C. 背毛　藏獒有抗天气的双层背毛，外层被毛长度适中，布满全身。下层绒毛极其丰富，并与气候有关。当生活在较寒冷的气候条件下时，自然生长出大量的下层绒毛。但在夏天的几个月里，藏獒自然减少了下层绒毛生长的数量。这不会使其处于不利地位。藏獒脸部、头部和耳朵的被毛短而光滑。一层较长、多结构、厚密的被毛围绕颈部形成翎领，从枕部、肩部一直到尾部，前腿和后肢跗关节以下的被毛，在一定程度上较长，后腿上有厚而多的被毛，尾毛长而密，形成一束。

D. 颜色　所有的颜色和变化都能被接受，白色斑点容许存在于所有的颜色中。

E. 步态　运动中的藏獒呈现出自由有力的步态。有敏捷地越过各种变化地形的能力，步态灵活而有弹性。从走到小跑或奔跑，藏獒前、后腿步伐均有力、整齐，行踪呈一条线，说明该品种犬在任何运动中都能确保身体的平衡和优美的体型。

F. 体尺　成年公獒肩胛处最低高度为 63.5 厘米（25 英寸），平均范围为 63.5～71.1 厘米（25～28 英寸）。成年母獒肩胛处最低高度为 61 厘米（24 英寸），平均范围为 61～66 厘米（24～26 英寸）。在评估藏獒时，应当首先考虑坚实度、各项体尺比例和平衡。

G. 气质　藏獒是机灵、聪明、忠实的工作伴侣，具有保护的本能和天生的敏感性，是传统家畜放牧饲养的典型的护卫者。它们的性情让人喜爱，活泼而不过分，自然地怀疑陌生人。当有响动时，它们会认为有义务去对待。但出现下列情况之一的，例如在有挑衅性的情况下或不能控制地去攻击、无反应或极度的紧张、胆怯都是不合格的，必须淘汰。

八、中国藏獒展览会管理办法

第一章 总　　则

第一条　中国畜牧业协会犬业分会（以下简称犬会）为了加强藏獒展览会的管理，创造公正、公开、公平獒展环境，提高獒展质量，推动我国藏獒行业健康、可持续发展，依据国家有关法律法规、《藏獒标准》和犬会有关规定，制定本办法。

第二条　犬会秘书处负责协调制定全年藏獒展计划，并组织实施和管理；各地地方藏獒俱乐部负责地方展计划的拟订，报犬会秘书处列入计划后组织实施；犬会理事单位根据工作需要组织的藏獒展须报犬会秘书处列入计划后组织实施。

第三条　未列入计划的藏獒展览会，犬会及其藏獒俱乐部理事、会员不许组织和参加，否则取消理事和会员资格。

第二章 藏獒展管理

第四条　参展条件

1. 獒主须是犬会注册会员，境外的参展獒主须是犬会的名誉会员。

2. 须在犬会通知的报名截止日期前报名，并且缴纳报名费。

3. 参展藏獒必须在犬会完成登记，非犬会颁发血统证书的参展犬只必须转发为犬会血统证书方可允许参展。

4. 所有参展藏獒须身体健康。患病、发情期母獒及怀孕30天以上母獒禁止参展。

5. 所有参展藏獒须有效的免疫证明（免疫证、健康证、车辆消毒证明等）。如果因参展藏獒没有或缺少以上所述相关证明，造成犬业主管单位禁止藏獒参展及一切相关后果，由獒主自行负责。

6. 根据《藏獒标准》，由审查员判定为严重失格的藏獒禁止参展。

第五条 獒展比赛规则

1. 公正、公平、诚信、合理；倡导友谊第一、比赛第二，以獒会友精神。

2. 根据《藏獒标准》，由审查员打分、工作人员利用计算机自动统计系统现场计算并公布成绩。

3. 成绩的取得：根据《藏獒标准》的要点分头版、体躯、被毛、步态与气质四项，各项满分 100 分，每位审查员只对其所属单一一项进行打分，各项平均分总和即为该犬只最终得分。A 级，B 级，C 级，D 级；若得分低于 240 分，属"等外"，不进行芯片注射。对于未参赛的已报名犬只，按弃权处理，参赛犬只得 0 分。

4. 会前聘请审查员，原则参加评审的审查员固定不变，工作人员对审查员所打成绩实行保密，但对每位审查员进行考核，以最接近平均成绩为佳，最后统计出审查员的平均成绩。依此评出审查员得分顺序，并对前 5 名授予年度最佳中国藏獒审查员，最后两名在下一年的獒展上不得聘为审查员。

5. 采取审查员独立打分方式。不同审查各项评委交叉排位，要求每个审查员独立进行工作。审查员在审查期间禁止与外界联系。各分项审查员不低于 3 位。

6. 奖项分组：根据毛色分铁包金、黄（红）色、白色、黑色四组；根据性别分公、母两组；根据要点分头版、体躯、被毛、步态与气质四组。采取一次打分，各分组利用原则。

7. 各项打分要点包括：

头版：头、额、眼、鼻、耳、吻部、牙齿。

体躯：颈、肩、胸、背、腰、臀、四肢、足、尾等部位的骨骼及肌肉，体尺。

被毛：毛质、毛色、毛量、长度。

步态与气质：犬运动时前躯后躯的运动状态及四躯的协调性；静止及运动时犬只的气质。

8. 藏獒赛前应进行打理，以体现出藏獒的最佳状态；牵犬师要着装整洁，佩带组委会颁发的统一号码牌，并按规定完成比赛程序。

9. 比赛程序：经检录人员核对参赛犬只编号方可上场。首先，在场地中央做站立静态展示；而后由牵犬师牵引绕场做快步走（慢跑）。场上时间约为 90 秒。

10. 任何个人和组织都不准干涉审查员和工作人员工作。否则责任自负。

第六条　奖项设定：根据展会情况设置不同奖项

1. 单项奖：年度百强、年度最佳、年度优胜奖等。

2. 团体奖：年度综合实力奖、单毛色综合实力奖、中国藏獒（单毛色）新秀团体总分优胜奖等。

第七条　藏獒展种类

藏獒展类别分为国家展、国家巡回展、地方展。各类藏獒展必须列入犬会全年犬展计划。

1. 国家展是由犬会主办的全国性藏獒展览会，每年定期、定地召开。

2. 国家巡回展由犬会主办，由犬会、地方俱乐部、地方行业组织等承办，统一命名为年度中国藏獒展览会（地名）展。

3. 地方展是由犬会或地方俱乐部主办的地方性藏獒展览会，定期或不定期召开。

第八条　参展须知

1. 报名日期截止后，凡参展报名犬只必须正常参展，无故退出犬只视为自动弃权，不退还其报名费用。如遇特殊情况，需要临时调换犬只，须在截止日期前同组委会联系。

2. 展会开始前一日组委会将设立现场办公室和会员服务部，参会会员必须及时到现场办公室办理相关手续（领取号码标识、秩序册、比赛须知等），展会当日将不再办理任何参展犬只的相关手续。

3. 会员参展时须携带本人身份证明和会员证（卡），参展犬血统证书复印件及参展犬的有效防疫免疫证明，以备管理机构现场查验。

4. 参会人员应遵守国家《治安管理条例》及本次比赛的相关规则。

5. 参展前要尽量保持犬只清洁，给犬洗澡和梳理被毛、剪指甲、清理耳垢等，使犬以最佳的状态前去参展。但必须保证犬只自身毛质和毛色特征参展，犬会有权根据审查员意见取消染色犬的本次参展资格。

6. 展期间要绝对服从工作人员的安排和评审员的评价，对无理取闹和扰乱会场秩序者，犬会将取消其本次参展资格。参展犬未经评审员同意不得随意弃赛。

7. 未报名参展的犬及非会员的犬严禁进入展场。

8. 参展期间，参展犬如出现疾病症状，应及时到兽医处诊断治疗。

9. 为了保证展会现场秩序，场内严禁散发各类宣传品。

10. 为了保证活动场地的清洁，会员应尽量避免参展犬只在比赛过程中排泄，会员在条件允许下应自觉对犬只排泄物进行清理。

11. 携犬住宿的会员必须自带犬笼，自觉遵守住宿地点相关规定，如有犬只伤人或意外发生，由犬主承担全部责任。

12. 所有参展犬只不允许服用任何含刺激性或兴奋性药物，犬会有权根据审查员要求，对任何一只有疑问的参展犬只进行违禁药物的检测，会员必须无条件接受检测工作，如果被检测的参展犬只存在问题，犬会有权对犬主作出相应处罚。

第三章　附　　则

第九条　本管理办法由犬会秘书处负责解释。

第十条　本管理办法自发布之日起执行。

九、犬赛管理暂行办法

为了加强犬赛管理，创造公正、公开、公平犬赛环境，提高犬赛质量，尽快与国际接轨，推动我国犬业健康发展，依据国家和中国畜牧业协会犬业分会（以下简称犬会）有关规定以及国际犬赛制度，制定本办法。

第一条　为了加强犬赛管理，创造公正、公开、公平犬赛环境，提高犬赛质量，尽快与国际接轨，推动我国犬业健康发展，依据国家和中国畜牧业协会犬业分会（以下简称犬会）有关规定以及国际犬赛制度，制定本办法。

第二条　犬会秘书处负责协调制定全年犬赛计划，并组织实施和管理；各地地方行业组织（设有联络部）负责地方展计划的拟订，报犬会秘书处协调列入计划后组织实施；犬会理事单位根据工作需要组织的犬赛须报犬会秘书处协调列入计划后组织实施。

第三条　犬赛采取国际畜犬联盟（FCI）赛制。犬会鼓励优秀犬只参加计划内犬赛。

第四条　只有在犬会登录的犬只才能参加比赛，犬主必须是犬会会员，港、澳、台犬主必须是犬会的名誉会员，国外的参赛犬只必须有中国犬主（犬会会员）。

第五条　犬赛类别分为国家展、地方展、联合特别展、单独展。各类犬赛必须列入犬会全年犬赛计划。在各类展中可以设置训练、运动性赛事。

（一）国家展是由犬会主办的全国性赛事，每年定期、定地召开。

（二）地方展是由地方行业组织主办的地方性赛事，定期或不定期召开。

（三）联合特别展是由多部门联合主办的区域性多犬种或单犬种特别犬展。

（四）单独展是由犬会、地方行业组织、俱乐部等主办的单一犬种犬赛。

第六条　犬赛组别划分、赛事流程和规则遵照 FCI 赛事要求。

第七条　冠军登录采取 CC（ChampionCompetition）卡制，其具体管理办法由犬会另行制定。

第八条　对列入犬会犬展计划、在犬会登录的满一岁以上的参赛获胜犬采取全国积分制，并定期公布排行榜。犬只积分是在犬赛中击败对手的只数之和。

第九条　犬种分群按 FCI 办法执行。

第十条　犬赛审查员的选派和邀请工作由犬会秘书处负责。其遵循的原则为：

（一）选派和邀请审查员工作必须公正、公开。

（二）拟选派和邀请的审查员必须具有国际组织审查员相应资质或经犬会培养、认可，并经验丰富、人品端正人员。

（三）审查员不得连续两年审查同一展会。并五年内未在中国贩卖或中介买卖犬只者。于犬赛开始前两个月在中国犬业网站上公示，若有人提出确切证据证明该审查员有贩卖或中介犬只的，犬会有权解除聘约。

（四）犬赛结束后，主办单位应向犬会提交该审查员审查情况报告，同时填写审查情况表。

第十一条　有不服从审查员等犯规行为者，本会将给予停赛一年的处罚；发情中母犬请勿参赛；有攻击行为的犬只请勿报名参赛，否则犬主须负全部责任。

第十二条　本管理办法由犬会秘书处负责解释。

第十三条　本管理办法自发布之日起执行。

参 考 文 献

[1] 崔泰保 . 藏獒饲养管理与疾病防治 . 北京：金盾出版社，2013.

[2] 崔泰保，鄢珣 . 藏獒的选择与养殖 . 北京：金盾出版社，2012.

[3] 王占奎 . 中国藏獒 . 郑州：河南出版集团，中原农民出版社，2007.

[4] 金朝宁，司彦明 . 青海藏獒的发展现状与前景 . 养殖与饲料，2010，（7）：95.